高等学校网络空间安全专业系列教材

网络安全与保密

（第二版）

胡建伟　主编
马建峰　主审

U0378896

西安电子科技大学出版社

内 容 简 介

　　网络安全和密码学是当今通信与计算机领域的热门课题。本书内容新颖而丰富，主要讲述了基本的密码学原理，各种加/解密算法及其应用，网络协议的安全漏洞和防护措施，系统安全技术，程序代码安全以及无线通信网络安全等内容。各章节都提供了大量的参考资料和习题，以供读者进一步学习、研究。

　　本书可作为高等院校信息对抗、通信、电子或计算机相关专业的教材，也可作为相关领域的研究人员和专业技术人员的参考书。

　　本书配套的幻灯片、实验材料以及引用的部分参考资料可以在网站 http://see.xidian.edu.cn/hujianwei 下载。

　　★ 本书配有电子教案，有需要者可登录出版社网站，免费提供。

图书在版编目(CIP)数据

网络安全与保密/胡建伟主编. —2 版. —西安：西安电子科技大学出版社，2018.8(2021.1 重印)
ISBN 978－7－5606－3382－4

Ⅰ.①网…　Ⅱ.①胡…　Ⅲ.①计算机网络—安全技术—高等学校—教材
Ⅳ.①TP393.08

中国版本图书馆 CIP 数据核字（2015）第 135855 号

策划编辑　马晓娟
责任编辑　马晓娟　董小兵
出版发行　西安电子科技大学出版社（西安市太白南路 2 号）
电　　话　(029)88242885　88201467　　　　　邮　　编　710071
网　　址　www.xduph.com　　　　　　　　　电子邮箱　xdupfxb001@163.com
经　　销　新华书店
印刷单位　咸阳华盛印务有限责任公司
版　　次　2018 年 8 月第 2 版　2021 年 1 月第 7 次印刷
开　　本　787 毫米×1092 毫米　1/16　印张 20.25
字　　数　479 千字
印　　数　19 001～21 000 册
定　　价　48.00 元

ISBN 978-7-5606-3382-4/TP

XDUP 3674002－7

*** 如有印装问题可调换 ***

前　　言

2014 年 2 月 27 日，中央网络安全和信息化领导小组成立，标志着我国正式将网络安全提升至国家安全的高度。网络空间逐渐成为继陆、海、空、天之后的"第五空间"，网络和信息安全已经成为国际社会关注的焦点和热点。网络空间在国际经济、政治中的地位日趋重要，网络安全形势更为复杂，加强网络安全已成为当务之急。

要想提升国家网络空间安全的整体实力，需要推动和普及信息安全全民教育水平。2015 年 6 月，"网络空间安全"正式获批成为国家一级学科，为信息安全人才的培养奠定了坚实的基础。本书的出版也是恰逢其时，旨在为我国网络安全人才的培养做出一份贡献。

本书作者长期从事网络安全教育培训工作，深知网络安全人才培养的不容易，也一直致力于建立和维护多层次、多种类、高水平的网络安全人才培养体系，通过多种形式发现和选拔网络安全人才。由于网络安全涉及计算机科学、网络技术、通信技术、密码技术、信息理论等多种学科，而且有很强的工程应用背景，要较好地掌握网络安全技术，需要读者有相当的自主学习能力和浓厚兴趣。本书也算是作者对自身长期安全教育工作的总结，希望能对有志于网络安全工作的读者起到抛砖引玉的作用。

全书从密码学、网络协议安全性、各类应用安全问题、系统安全机制、代码安全等方向重点阐述网络安全存在的安全隐患和对应的安全解决方案。全书尽可能从不同网络层次、不同用户角度阐释网络安全技术。

本次修订的主要内容包括：

(1) 增加了对网络安全体系结构和安全评估方法的介绍；

(2) 增加了对基本密码分析技术的讨论；

(3) 给出了指纹识别的基本原理；

(4) 增加了基于角色的访问控制技术；

(5) 增加了恶意代码的分析技术；

(6) 更多地用图形化方式表示安全的动态过程。

限于作者的水平，书中不当之处在所难免，诚恳期待广大读者提出宝贵意见。

胡建伟

2014 年 6 月

第一版前言

　　互联网与我们的生活息息相关，人们可以在网络允许的技术范围内，利用网络资源从事各种信息活动。在科学研究、技术开发、工农业、电子商务、教学、医疗保健、服务咨询、文化娱乐等几乎一切领域的信息处理和交换都可以利用网络来实现，从而大大地提高人类活动的质量和效率。但如同许多新技术的应用一样，网络技术也不啻是一柄人类为自己锻造的双刃剑，善意的应用将造福人类，恶意的应用则将给社会带来危害。

　　本书分六个部分来论述。

　　第一部分对网络安全所涵盖的基本概念进行了简单介绍，包括黑客群体、组网技术及其安全性、网络安全模型以及基本的安全技术等，使读者能尽快熟悉网络安全的相关知识。

　　第二部分分三章进行讨论，分别介绍了与密码学相关的理论知识，包括常规加密算法、公钥加密算法、散列函数和数字签名等。

　　第三部分按照互联网参考模型的协议层次结构由下往上分别进行讲述。其中，第5章根据 TCP/IP 协议存在的安全漏洞以及相应的攻击方法来讨论互联网的安全问题；第6~8章则依照 TCP/IP 存在的安全问题逐一讨论：第6章介绍了虚拟专用网和 IP 层安全协议，第7章叙述了传输层的安全套接层(SSL)协议，第8章论述了密码学理论的应用——身份认证和公钥基础设施(PKI)。

　　第四部分着重从系统的角度来讨论网络的安全性。其中，第9章以访问控制和系统审计为重点；第10章讲述了防火墙技术；第11章介绍了入侵检测系统，并分别从不同的角度对入侵检测技术进行了详尽的讨论。

　　第五部分主要研究软件（移动）代码的安全问题。其中，第12章重点介绍了缓存溢出、格式化字符串代码漏洞及预防办法；第13章介绍了移动代码安全技术；第14章介绍了恶意代码和计算机病毒。

　　第六部分对其它的安全主题进行了简单的介绍。其中，第15章讨论了流行的无线通信网的安全问题；第16章介绍了一种积极的网络安全防御技术：蜜罐主机和欺骗网络，其对间接提升网络的安全和预测新的网络入侵有着重要意义。

　　本书各章节都提供了大量参考资料以供读者进一步细查。本书配套的实验内容和幻灯片可以在网站 http://see.xidian.edu.cn/hujianwei 下载。

　　本书的参考教学时数为 40~50 学时，实验需另外安排。本书在选材上尽量做到少而精，而且尽量反映当前最新、最接近实际的网络安全技术。限于水平，书中难免有疏漏和错误之处，敬请广大读者批评指正。

　　参与本书编写的人员还有汤建龙(第二部分及第12、13章)和斯海飞(第9、11章)。

　　在编写本书的过程中，得到了西安电子科技大学电子对抗研究所众多同事的支持和帮助，在此深表谢意。

胡建伟

2003 年 8 月

目　　录

第 1 章　网络安全综述

1.1　安全的概念和术语

安全的最大问题是如何确定安全的度。拿一间私人住宅来说，我们可以设想出一系列安全性逐步递增的措施：

(1) 挂一窗帘以免让人从外面窥视到房子里的一举一动。

(2) 门上加锁，以免让小偷入内。

(3) 养一只大狼狗，将不受欢迎之人拒之门外。

(4) 警报系统，检测入侵的不速之客。

(5) 带电围墙、篱笆并增派门卫。

显然，我们可以有更多的安全措施。但是一般我们是基于以下三个因素来选择一个合适的安全目标：

(1) 安全威胁(如你的邻居是谁？)。

(2) 被保护物品的价值(如你有多少梵高的画？)。

(3) 安全措施所要达到的目标(objective)。

最后一个因素同另外两个相比较虽然不是很明显，但同等重要。同样是上面那个例子：如果我们的目标是保密性，那么最合适的安全措施应当是挂窗帘。

安全措施的目标主要有以下几类：

(1) 访问控制(Access Control)：确保会话对方(人或计算机)有权做他所声称的事情。

(2) 认证(Authentication)：确保会话对方的资源(人或计算机)同他声称的相一致。

(3) 完整性(Integrity)：确保接收到的信息同发送的一致。

(4) 审计(Accountability)：确保任何发生的交易在事后可以被证实。收发双方都认为交换发生过。即所谓的不可否认性(Non-repudiation)。

(5) 保密(Privacy)：确保敏感信息不被窃听，通常方法是加密。

所有这些目标同你所要传输的信息是密切相关的。

网络安全还必须考虑网络环境。网络环境包括在计算设备上运行的软件、在这些设备上存储以及传送的信息或这些设备生成的信息。容纳这些设备的设施和建筑也是网络环境的一部分。网络安全必须将这些因素考虑在内。

1.2　网络安全威胁

网络话题分散而复杂。网络的不安全因素，一方面是来自于其内在的特性——先天不足。互联网连接着成千上万的区域网络和商业服务供应商的网络。网络规模增大，通信链路增长，网络的脆弱性(Vulnerability)和安全问题也随之增加。而且互联网在设计之初是以提供广泛的互连、互操作、信息资源共享为目的的，因此其侧重点并非在安全上。这在当初把互联网作为科学研究用途是可行的，但是在当今电子商务炙手可热之时，网络安全问题已经成为一种阻碍。另一方面是缺乏系统的安全标准。众所周知 IETF(Internet Engineering Task Force 因特网工程任务组)负责开发和发布互联网使用标准。随着互联网商业味道越来越浓，IETF 的地位变得越来越模糊不清。相反各个制造商为了各自的经济利益采用自己的标准，而不是遵循 IETF 的标准化进程。

1.2.1　脆弱性、威胁和风险

安全脆弱性是指系统设计、实现或运行中的、可被利用来破坏系统安全性的瑕疵或弱点(RFC 2828)。安全脆弱性不是风险、威胁或攻击。

弱点有四种类型。威胁型弱点来源于预测未来威胁(例如 7 号信令系统)的困难；设计和规范型弱点来源于协议设计中的错误或疏忽使其天生的不安全(例如 IEEE 802.11b 中的WEP 协议)；实现型弱点是协议实现中的错误产生的弱点；运行和配置型弱点来源于实现时选项的错误使用或不恰当的布署政策(例如在网络中没有强制使用加密)。

根据 ITU-T X.800，安全威胁是对安全潜在的侵害，是危及信息系统环境安全的行为或事件。威胁有三个要素：

(1) 目标：可能受到攻击的一个安全方面。

(2) 作用者：进行威胁的人或机构。

(3) 事件：构成威胁的行为类型，是威胁的作用者可能对机构造成损害的方式。

威胁既可能是主动性的(当系统状态可被改变时)，又可能是被动性的(不改变系统状态但非法泄露信息)。伪装成合法主体和拒绝服务是主动性威胁的例子，窃听获取口令是被动性威胁的例子。威胁方可能是黑客、恐怖分子、破坏分子、有组织犯罪或政府发起的，但相当数量的威胁来自组织内部人员。

安全风险来源于安全脆弱性与安全威胁的结合。例如，操作系统应用的溢出漏洞(即脆弱性)加上黑客的知识、合适的工具和访问(即威胁)可产生万维网服务器攻击的风险。安全风险的后果是数据丢失、数据损坏、隐私失窃、诈骗、宕机及失去公共信任。

1.2.2　网络威胁的类型

威胁定义为对脆弱性的潜在利用，这些脆弱性可能导致非授权访问、信息泄露、资源耗尽、资源被盗或者被破坏。网络安全与保密所面临的威胁可以来自很多方面，并且是随着时间的变化而变化。网络安全的威胁可以是来自内部网或者外部网，根据不同的研究结果表明，大约有 80%～95%的安全事故来自内部网。显然只有少数网络攻击是来自互联网。一般而言，主要的威胁种类有：

(1) 窃听或者嗅探：在广播式网络信息系统中，每个节点都能读取网上传输的数据。对广播网络的基带同轴电缆或双绞线进行搭线窃听是很容易的，安装通信监视器和读取网上的信息也很容易。网络体系结构允许监视器接收网上传输的所有数据帧而不考虑帧的传输目的地址，这种特性使得偷听网上的数据或非授权访问很容易且不易被发现。

（2）假冒：当一个实体假扮成另一个实体时，就发生了假冒。一个非授权节点，或一个不被信任的、有危险的授权节点都能冒充一个授权节点，而且不会有多大困难。很多网络适配器都允许网络数据帧的源地址由节点自己来选取或改变，这就使冒充变得较为容易。

（3）重放：重放是重复一份报文或报文的一部分，以便产生一个被授权的效果。当节点拷贝发到其它节点的报文并在其后重发时，如果接收节点无法检测该数据包是重发的，那么接收将依据此报文的内容接受某些操作，例如报文的内容是关闭网络的命令，则将会出现严重的后果。

（4）流量分析：它能通过对网上信息流的观察和分析推断出网上的数据信息，比如有无传输、传输的数量、方向、频率等。因为网络信息系统的所有节点都能访问全网，所以流量的分析易于完成。由于报头信息不能被加密，所以即使对数据进行了加密处理，也可以进行有效地流量分析。

（5）破坏完整性：有意或无意地修改或破坏信息系统，或者在非授权和不能监测的方式下对数据进行修改。

（6）拒绝服务：当一个授权实体不能获得应有的对网络资源的访问或当执行紧急操作被延迟时，就发生了拒绝服务。拒绝服务可能由网络部件的物理损坏而引起，也可能由使用不正确的网络协议而引起(如传输了错误的信号或在不适当的时候发出了信号)，也可能由超载而引起，或者由某些特定的网络攻击引起。

（7）资源的非授权使用：即与所定义的安全策略不一致的使用。因常规技术不能限制节点收发信息，也不能限制节点侦听数据，一个合法节点能访问网络上的所有数据和资源。

（8）陷阱门/特洛伊木马：非授权进程隐藏在一个合法程序里从而达到其特定目的。这可以通过替换系统合法程序，或者在合法程序里插入恶意代码来实现。

（9）病毒：目前，全世界已经发现了上万种计算机病毒，而且新型病毒还在不断出现。比如，保加利亚计算机专家迈克·埃文杰制造出了一种计算机病毒"变换器"，它可以设计出新的更难发现的"多变形"病毒。该病毒具有类似神经网络细胞式的自我变异功能，在一定的条件下，病毒程序可以无限制的衍生出各种各样的变种病毒。随着计算机技术的不断发展和人们对计算机系统和网络依赖程度的增加，计算机病毒已经构成了对计算机系统和网络的严重威胁。

（10）诽谤：利用网络信息系统的广泛互联性和匿名性，散布错误的消息以达到诋毁某人或某公司形象和知名度的目的。

1.3　网络攻击

1.3.1　网络攻击的定义

"攻击"是指任何的非授权行为。攻击的范围从简单的使服务器无法提供正常的服务到完全破坏、控制服务器。在网络上成功实施的攻击级别依赖于用户采用的安全措施。

攻击的法律定义是：攻击仅仅发生在入侵行为完全完成而且入侵者已经在目标网络内。

但专家的观点是：可能使一个网络受到破坏的所有行为都被认定为攻击。

网络攻击可以被分成以下两类：

1．被动攻击(Passive Attacks)

在被动攻击中，入侵者简单地监视所有信息流以获得某些秘密。这种攻击可以是基于网络(跟踪通信链路)或基于系统(用秘密抓取数据的特洛伊木马代替系统部件)的。被动攻击是最难被检测到的，如图 1-1 所示。

图 1-1　被动攻击威胁所传输信息的保密性

根据入侵者能够截获和提取的信息的不同，被动攻击可以分为被动搭线窃听(Passive Wiretapping)和通信流量分析(Traffic Analysis)两种攻击。

(1) 在被动搭线窃听攻击当中，入侵者可以截获并提取网络传输的编码数据。例如，截获明文传输的用户名和口令信息对于此类攻击来说简直易如反掌。

(2) 通信流量分析攻击通常无法截获和提取网络传输的信息，它更多的是关注通信流的外部特征。例如，攻击者发现一个大公司和一个小公司之间的网络流量非常大，那么很可能他们之间正在进行重组谈判。这类攻击在军事通信对抗中非常常见。

2．主动攻击(Active Attacks)

攻击者试图突破安全防线，如图 1-2 所示。这种攻击涉及到数据流的修改或创建错误流，主要攻击形式有假冒、重放、欺骗、消息篡改、拒绝服务等等。例如，系统访问尝试(攻击者利用系统的安全漏洞获得客户或服务器系统的访问权)。

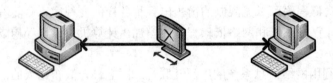

图 1-2　主动攻击威胁所传输信息的完整性和可用性

1.3.2　攻击的一般过程

远程攻击(Remote Attack)是指向远程机器发动的攻击。

远程机器是可以通过因特网或者其它网络连接到的任意一台机器(不是攻击者正在使用的机器)。其攻击对象是攻击者还无法控制的计算机；也可以说，远程攻击攻击的是除攻击者自己计算机以外的计算机，无论被攻击的计算机和攻击者位于同一子网还是有千里之遥。

攻击者攻击的目标各不相同，有的黑客注意焦点是美国国防部五角大楼，有的关心的是安全局、银行或者重要企业的信息中心，但他们采用的攻击方式和手段却有一定的共性。一般黑客的攻击大体有如下三个步骤：

(1) 信息收集。窥视往往是攻击的第一步，相当于通常的窃贼在远处张望一家民宅，黑客首先利用一些公开的协议或网络工具，收集驻留在网络系统中的各个主机系统的相关信息，确定这些系统在因特网上的位置和结构，发现目标系统的外围安全设备类型和结构，并确定入侵点。

由于攻击者的攻击目的和动机各不相同，其选定目标的方式也是多种多样的。但大致分为两类：一是从已知的主机列表文件中获得欲攻击的主机名称，攻击者多是以检验自己攻击技术是否高超为目的；二是在日常生活中猎取某公司或机构的名称，攻击者多是带有明显的商业或政治动机。无论怎样，选定目标后，开始一系列收集该目标所有信息的工作。

(2) 对系统的安全弱点探测与分析。在收集到攻击目标的一批网络信息之后，黑客会探测网络上的每台主机，以寻求该系统的安全漏洞或薄弱环节，其弱点主要有两个方面：一是网络主机上的服务程序是否存在设计缺陷并有可供入侵之处；二是该网络主机所使用的通信协议是否有先天上的安全漏洞。这样，他们就可以借用某种手段使该网络主机瘫痪，从而困扰对方主机上的系统管理员或用户，降低对方工作能力。

最后，是寻找内部落脚点。一旦入侵者获得了进入网络的权利，那么下一步便是在外围设备中为自己寻找一个安全的、不易被发现的落脚点。通过 finger 协议，能够得到特定主机上用户的详细信息，包括注册名、电话号码、最后一次注册的时间等等。一般，入侵者会找到一个能够获得 Root 权限的主机作为落脚点。落脚点确定后，外部入侵者就变成了系统内部人员，这时入侵者会在系统内部寻找可盗窃的财产和可破坏的目标系统。

(3) 实施攻击。攻击者主要的破坏动作不仅包括偷窃软件源代码和财政金融数据、访问机密文件、破坏数据或硬件，还包括安置为日后再次侵入做准备的特洛伊木马(Trojan Horses)。破坏动作完成后，入侵者必须掩盖自己的踪迹，以防被发现。典型的做法是删除或替换系统的日志文件。

1.3.3　攻击的主要方式

对计算机网络信息的访问通常通过远程登录，这就给黑客们以可乘之机。假如一名黑客在网络上盗取或破译他人的账号或密码，便可长驱直入地获得授权，对他人网络进行访问，并窃取相关的信息资源。目前来自网络系统的攻击大致有以下 6 个方面。

1. 利用系统缺陷

利用主机系统的一些漏洞可以获得对系统或某用户信息的控制权，这些漏洞往往是潜在的黑客对主机进行攻击的首选手段之一。黑客利用这些漏洞可以绕过正常系统的防护装置进入系统，在网络中给自己非法设立一扇门，通过程序替代来盗取网络资料，修改和破坏网络主页等，为自由进出网络大开方便之门。有时黑客编写一种看起来像合法的程序，放到商家的主页，诱导用户下载。当一个用户下载软件时，黑客的这个软件与用户的软件一起下载到用户的机器上。

在网络中协议自身存在着各种缺陷，实践已证明存在安全漏洞的协议包括：ICMP、

TELNET、SNMPv1&2、动态主机配置协议(DHCP)、简单文件传输协议(TFTP)、路由信息协议 1.0 版本(RIPv1)、网络时间协议(NTP)、域名系统(DNS)和 HTTP。

2．利用用户淡薄的安全意识

黑客们经常使用诱入法，捕捉一些网络用户的口令。可能有人发送给某网络 ISP 用户一封电子邮件，声称为"确定我们的用户需要"而进行调查。作为对填写表格的回报，允许用户免费使用 5 h。但是，该程序实际上却搜集用户的口令，并把它们发送给某个黑客。Akuma 程序包含一种自动"病毒传染程序"，该程序发送的病毒会引起受害者机器的崩溃，但是它含有的文本却使它成为"披着羊皮的狼"，例如"***你好，这是一张我最得意的照片，是裸体照……只要把它卸载下来，用你的窗口管理器就能浏览它。"只要用户被诱惑，那便掉入黑客的诡计中了。

3．内部用户的窃密、泄密和破坏

内部人员对数据的存储位置、信息的重要性非常了解，这使得内部攻击更容易奏效，有统计数据表明，70%的攻击来自内部。因此，防止内部攻击也就显得越发重要了。很多机密文件放在未经加密的或没有严格限制内部人员查阅的地址内，一旦黑客进入网络便可轻松地访问这些数据，使机密文件泄密。如果对内部人员管理松懈，用户级别权限划分不明确或根本无级别限制，就容易导致黑客一经侵入网络，内部信息暴露无疑。

例如，内部人员可以在被攻击主机上放置一伪造的可执行登录程序，当用户或是系统管理员在被攻击主机上启动登录时，该程序显示一个伪造的登录界面。用户在这个伪装的界面上键入登录信息(用户名、密码等)后，该程序将用户输入的信息传送到攻击者主机，然后关闭界面给出提示信息系统故障，要求用户重新登录。此后，才会出现真正的登录界面，这样黑客利用了默认的登录界面，轻易地捕捉到系统口令。

4．恶意代码

一些公众信息网上的所谓"共享软件"很可能是逻辑炸弹或"黑客程序"，一旦用户下载，其计算机硬盘极有可能被他人利用并与之一起分享信息资源，有时还会遭黑客的恶意攻击。

5．口令攻击和拒绝服务

黑客常以破译普通用户口令作为攻击的开始，通常采用字典穷举法来破译口令，进行破坏，因而用户口令的选择对系统安全很重要。某些网络依然在使用由简短和普通的字典词话组成的密码，极易猜测。某些管理员在所有网元上使用的口令可能一成不变，而所有管理员可能共用并了解这一密码。

拒绝服务攻击是破坏性极强的攻击，破坏者常使用"邮件炸弹"(Mail Bomb)等办法，发送大量的信息、大块的数据或者畸形数据包给用户，造成对方服务程序超载，甚至崩溃，正常业务不能开展，严重时会使系统关机，网络瘫痪。

6．利用 Web 服务的缺陷

Web 服务面临的主要威胁有：Web 页面的欺诈、CGI 安全问题、错误与疏漏。

攻击者也可以使用跨网站脚本技术在加入 URL 的脚本标签中插入恶意代码。当毫无意识的用户点击该 URL 时，恶意代码得到执行。

1.4 X.800 安全体系结构

1.4.1 安全攻击、安全机制和安全服务

针对网络所面对的各种安全风险和安全攻击，ITU-T X.800 标准以开放系统互连参考模型为基础，对参考模型不同层次所能提供的安全服务和相关安全机制给出框架性的逻辑定义。ITU-T X.800 标准的主要内容包括：

(1) 安全攻击(Security Attack)：是指损害机构信息系统安全的任何活动。

(2) 安全机制(Security Mechanism)：是指设计用于检测、预防安全攻击或者从攻击状态恢复到系统正常状态所需的机制。

(3) 安全服务(Security Service)：是指采用一种或多种安全机制以抵御安全攻击、提高机构的数据处理系统安全和信息传输安全的服务。三者之间的关系如表 1-1 所示。

表 1-1 安全攻击、安全服务与安全机制的关系

释放消息内容	流量分析	伪装	重放	更改消息	拒绝服务	攻击　　机制 安全服务	加密	数字签名	访问控制	数据完整性	认证交换	流量填充	路由控制	公证
		√				对等实体认证	√	√			√			
		√				数据源认证	√	√						
		√				访问控制			√					
						保密性	√						√	
√						流量保密性	√					√	√	
	√					数据完整性	√	√		√				
			√	√		不可抵赖服务		√		√				√
					√	可用性				√	√			

1.4.2 安全服务

ITU-T X.800 定义了五种和前述安全目标及攻击有关的服务，这五种普通服务的分类如图 1-3 所示。安全服务一般是根据前述安全攻击来设计的，以实现不同的安全目标。

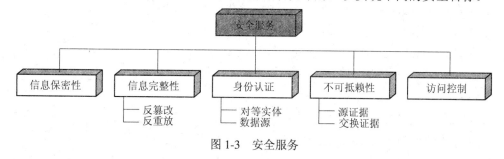

图 1-3 安全服务

1. 信息的机密性

数据机密性(Data Confidentiality)服务确保只有经过授权的实体才能理解受保护的信息。在信息安全中主要区分两种机密性服务：数据机密性服务和业务流机密性服务，数据机密性服务主要是采用加密手段使得攻击者即使窃取了加密的数据也很难推出有用的信息；业务流机密性服务则要使监听者很难从网络流量的变化上推出敏感信息。

2. 信息的完整性

信息的完整性(Data Integrity)在于保护信息免于被恶意方篡改、插入、删除和重放。

3. 身份认证

身份认证确保某个实体身份的可靠性，可分为两种类型。一种类型是认证实体本身的身份，确保其真实性，称为实体认证。实体的身份一旦获得确认就可以和访问控制表中的权限关联起来，决定是否有权进行访问。口令认证是实体认证中一种最常见的方式。另一种认证是证明某个信息是否来自于某个特定的实体，这种认证叫做数据源认证。数据签名技术就是一例。

4. 不可否认性

根据 ISO 的标准，不可否认服务要防止对数据源以及数据提交的否认。它有两种可能：数据发送的不可否认和数据接收的不可否认。这两种服务需要比较复杂的基础设施的支持，如数字签名技术。

5. 访问控制

访问控制(Access Control)的目的在于保护信息免于被未经授权的实体访问。在这里，访问的含义是非常宽泛的，包含对程序的读、写、修改和执行等。

访问控制的目标是防止对任何资源的非授权访问，确保只有经过授权的实体才能访问受保护的资源。

1.4.3 安全机制

安全机制是用来实施安全服务的机制。安全机制既可以是特定的，也可以是通用的。主要的安全机制有以下几种：加密机制、信息完整性机制、数字签名机制、身份认证交换机制、流量填充机制、路由控制机制、访问控制机制、公证机制等，如图 1-4 所示。

1. 加密

加密机制(Encipherment)用于保护数据的机密性。它依赖于现代密码学理论，一般来说加/解密算法是公开的，加密的安全性主要依赖于密钥的安全性和强度。有两种加密机制，一种是对称的加密机制，一种是非对称的加密机制。

2. 信息的完整性

数据完整性机制(Data Integrity)用于保护数据免受

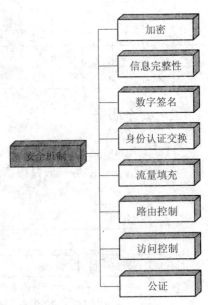

图 1-4　安全机制

未经授权的修改，该机制可以通过使用一种单向的不可逆函数——散列函数来计算出消息摘要(Message Digest)，并对消息摘要进行数字签名来实现。

3. 数字签名

数字签名机制(Digital Signature)是保证数据完整性及不可否认性的一种重要手段。数字签名在网络应用中的作用越来越重要，它可以采用特定的数字签名机制生成，也可以通过某种加密机制生成。

4. 身份认证交换

进行身份认证交换(Authentication Exchange)时，两个实体交换信息相互证明身份。例如，一方实体可以证明他知道一个只有他才知道的秘密。

5. 流量填充

流量填充机制(Traffic Padding)针对的是对网络流量进行分析的攻击。有时攻击者通过对通信双方的数据流量的变化进行分析，根据流量的变化来推出一些有用的信息或线索。

6. 路由控制

路由控制机制(Routing Control)可以指定数据通过网络的路径。这样就可以选择一条路径，使这条路径上的节点都是可信任的，确保发送的信息不会因通过不安全的节点而受到攻击。路由控制也可以在发送方和接收方之间选择并不断改变有效路由，以避免对手在特定的路由上进行偷听。

7. 公证

公证机制(Notarization)由通信各方都信任的第三方提供。由第三方来确保数据完整性、数据源、时间及目的地的正确性。

8. 访问控制

访问控制机制(Access Control)与实体认证密切相关。首先，要访问某个资源的实体应成功通过认证，然后访问控制机制对该实体的访问请求进行处理，查看该实体是否具有访问所请求资源的权限，并做出相应的处理。

1.4.4　服务和机制之间的关系

安全服务和安全机制是密切联系的，因为安全机制或安全机制组合就是用来提供服务的，且同一种机制可以被应用于一种或更多种类的服务中。安全服务和安全机制的关系如表 1-2 所示。表中表明三种机制(加密、数字签名和身份认证交换)均可被用来提供身份认证，同时也表明加密机制在三种服务(信息机密性、信息完整性和身份认证)中都会被涉及。

表 1-2　安全服务与安全机制的关系

安全服务	安全机制
信息机密性	加密和路由控制
信息完整性	加密、数字签名、信息完整性
身份认证	加密、数字签名、身份认证交换
不可否认性	数字签名、信息完整性和公证
访问控制	访问控制机制

1.5　X.805 安全体系框架

ITU-T X.805 为解决端到端的网络安全问题确定了一种网络安全框架。该框架适用于关注端到端安全的各类网络，该框架独立于网络支撑技术。

该安全架构可将一套复杂的端到端网络安全特性划分为独立的架构组件。这一划分为形成系统的端到端的安全方法留出了余地，可用于制定新的安全解决方案和评估现有网络的安全性。该安全架构定义了三个核心的安全组件：安全维度(Security Dimensions)、安全层(Security Layers)和安全平面(Security Planes)。

ITU-T X.805 所定义的安全维度，系一组旨在解决网络安全某一具体问题的安全措施集。ITU-T X.805 提出的防范所有重大安全威胁的八个维度，突破了网络的局限，可扩展到各类网络应用和终端用户信息领域，并适用于服务提供商或向其客户提供安全服务的企业。这八个安全维度分别是：

(1) 接入控制；

(2) 不可否认证；

(3) 数据保密性；

(4) 数据完整性；

(5) 认证交换；

(6) 通信安全；

(7) 可用性；

(8) 认证。

为提供端到端的安全解决方案，ITU-T X.805 将安全维度用于分层的网络设备和设施群组，即所谓安全分层结构。建议书定义以下三个安全层：

(1) 基础设施安全层；

(2) 服务安全层；

(3) 应用安全层。

安全各层通过顺序(Sequential Perspective)网络安全法，确定了哪些安全问题必须在产品和解决方案中得到解决。例如要首先解决基础设施层的安全隐患，然后是服务层的隐患，最后解决应用层隐患。图 1-5 描述了安全维度用于安全分层以减少各层安全隐患的方式。

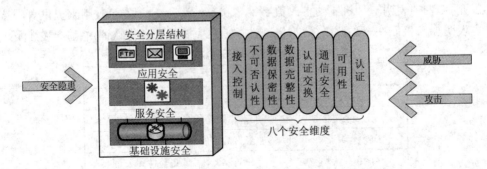

图 1-5　将安全维度用于各安全层

ITU-T X.805 介绍的安全平面是受网络维度保护的某一类网络活动。ITU-T X.805 定义了代表网络中三类受保护活动的三个平面：

(1) 管理平面；

(2) 控制平面；

(3) 最终用户平面。

上述安全平面分别解决涉及网络管理活动、网络控制或信令活动以及最终用户活动的具体安全需求。ITU-T X.805 提议，网络的设计应能使各个网络平面的事件相互隔离。例如，在最终用户平面由终端用户发起的大量 DNS 查询请求分组不应将管理平面的 OAM&P 接口锁死，从而导致管理员无法对问题采取纠正措施。

图 1-6 显示了包括安全平面的安全架构。每一种网络活动都有其自身特定的安全需求。而安全平面概念能够对不同的网络活动所相关的具体安全问题进行区别对待，并能够独立的解决这些问题。以服务安全层负责解决的 VoIP 服务为例，保证该服务的安全管理任务应独立于保证该服务安全控制的任务。同样，这项任务应独立于服务所传输的最终用户数据(如用户的语音)的安全保障任务。

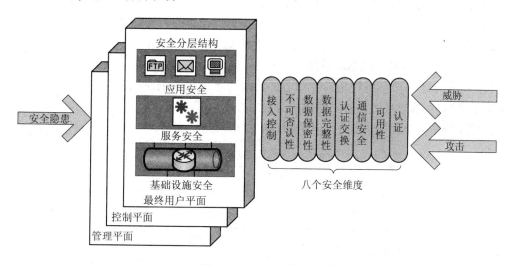

图 1-6　安全平面架构

1.6　网络安全模型

人类最初的信息系统模型出自于通信的需要，是由发信者 S(Sender)和收信者 R(Receiver)两方组成。此模型下研究解决的主要问题是信源编码、信道编码、发送设备、接收设备以及信道特性。由于战争与竞争，存在窃密与反窃密的斗争，信息系统模型中应含第三方——敌人 E(Enemy)。三方模型下，人们还要研究运用密码来保证信息在信道上被窃取后，窃取者不知其意，以保证敏感信息不会泄露至非授权者。即使面对信息系统及其中的信息，非授权者也看不懂，拿不走，毁不了。现代信息系统已非政府、军队等专用，社会公众也大量运用其为自己服务。其中可能有贩毒集团、恐怖分子或敌对国，他们可能借助市售保密设备的保密能力，干有损于社会的坏事。反过来将政府与管理部门置于敌方

E 的位置之上。这就需要进而考虑第四方——监控管理方 B(Boss)。信息系统的模型因而发展为四方模型(如图 1-7)。

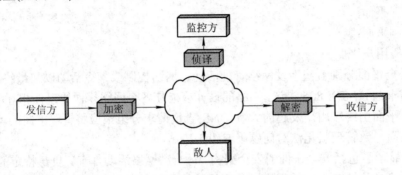

图 1-7 信息系统的四方模型

我们即将讨论的网络安全模型就是基于上述的四方模型。在该模型中,通信双方(主体)通过协调通信协议,可以建立逻辑信息通道。在主体之间进行数据传输过程当中会面临各种不同的安全威胁和安全攻击,如通信被中断、数据被截获、信息被篡改等等。这样主体必须采取相应的安全措施以防止对手对信息的保密性、可靠性等造成破坏。

图 1-8 所示的网络安全模型是针对非安全通信信道上的信息流的。在此,通信主体可以采取适当的安全机制,包括以下两个部分:

(1) 对被传送的信息进行与安全相关的转换。这可以是消息的加解密,以及以消息内容为基础的验证代码(可以检验发送方的身份)。

(2) 两个通信主体共享不希望对手知道的秘密信息,如密钥等。

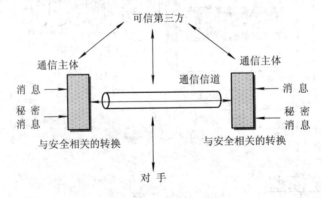

图 1-8 网络安全模型

为实现安全数据传输,可能需要可信任的第三方参与。例如由可信任的第三方负责向两个主体发放保密消息,而向其它对手保密;或者在两个通信主体就信息传送发生争端时进行裁决。

此网络安全模型指出了要达到特定安全任务所需的四个基本要素:

(1) 同安全相关的转换算法的设计。

(2) 生成算法所需的保密信息。

(3) 保密信息的安全分发和管理。

(4) 主体之间通信所必需的安全协议的设计,并且利用上述步骤中的安全算法和保密消息来共同实现特定的安全服务。

　　然而并非所有的同安全相关的情形都可以用上述安全模型来描述。比如目前万维网(WWW)的安全模型就应当另加别论。由于其通信方式大都采用客户服务器方式来实现。由客户端向服务器发送信息请求，然后服务器对客户端进行身份认证，根据客户端的相应权限来为客户端提供特定的服务。因此其安全模型可以采用如图 1-9 所示的安全模型来描述。其侧重点在于如何有效保护客户端对服务器的安全访问以及如何有效保护服务器的安全性上面。

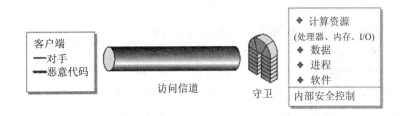

图 1-9　客户服务器下的网络安全访问模型

　　图 1-9 所示安全模型同现实当中的黑客入侵相吻合。在此客户端本身就可以是对手或者敌人。他可以利用大量的网络攻击技术来对服务器系统构成安全威胁。这些技术可以利用网络服务的安全缺陷、通信协议的安全缺陷、应用程序或者网络设备本身的安全漏洞来实施。

　　为了有效保护模型中信息系统的各种资源以及对付各种网络攻击，在模型中加入了守卫(guard)功能。守卫可以有效利用安全技术对信息流进行控制，如对客户端进行身份认证、对客户端对服务器的请求信息进行过滤、对服务器的资源进行监视审计等等，从而可以抵御大部分的安全攻击。

1.7　安全评估与风险管理

　　信息安全过程是一个连续的过程，由五个关键阶段组成，依次为：评估、策略、实现、培训、审核，如图 1-10 所示。

　　信息安全过程是从评估开始的。评估不仅用于确定机构信息资产的价值、威胁的大小及信息的薄弱点，还用来确定整个风险对机构的重要程度。不掌握机构信息资产所面临风险的当前状态，就无法有效地实施正确的安全程序来保护这些资产。

　　信息安全评估的目的包括以下几点：

　　(1) 确定信息资产的价值。

　　(2) 确定对这些资产的机密性、完整性、可用性和责任性的威胁。

　　(3) 确定机构的当前操作所具有的薄弱点。

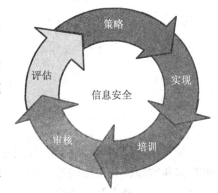

图 1-10　信息安全过程

(4) 找出机构信息资产所面临的风险。

(5) 对于当前操作，提出将风险降低到可接受的级别的建议。

(6) 提供建立正确的安全计划的基础。

有五种一般类型的评估：

(1) 系统级薄弱点评估。检查计算机系统的已知薄弱点以及策略实施情况。

(2) 网络级风险评估。对机构的整个计算机网络和信息基础架构进行风险评估。

(3) 机构范围的风险评估。对整个机构进行评估，以识别出对其资产的直接威胁，识别出机构中所有信息处理系统的薄弱点。应该检查所有形式的信息，包括电子信息和物理信息。

(4) 审核。检查特定策略和机构对该策略的实施情况。

(5) 侵入检查。机构对模拟入侵的反应能力。

为保持对网络和数据的完全控制，网络管理者必须采取某种方法来应对系统所面临的安全问题，这种方法无疑得从评估开始，通过评估来识别网络中潜在的风险并对其进行分类。网络安全评估是任何系统安全生命周期中不可或缺的重要组成部分，评估是任何一个试图正确管理安全风险的组织所应该进行的第一个步骤。

1.7.1 评估方法

安全服务提供商给出了不同侧重点的安全评估服务。图 1-11 给出了服务商所提供的一些服务及其评估深度与相应的代价。这些服务包括识别系统中是否存在已知安全漏洞的漏洞扫描服务、评估网络各种脆弱点有效性的网络安全评估服务、各类 web 应用程序的安全测试服务、入侵渗透服务测试和在线识别各类网络信息的在线审计服务。不同的服务类型提供了不同程度的安全保障能力。

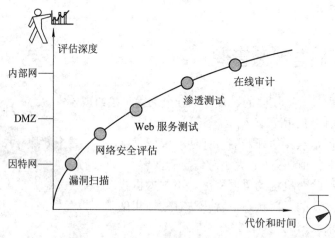

图 1-11　安全测试服务

漏洞扫描使用自动化的工具对系统存在的漏洞进行最小限度的评估和量化。这是一种相对容易实施、代价比较低廉的评估方式，能保证系统不再存在已知的安全漏洞，但这种方式没有提供能有效提升安全性的清晰思路。

网络安全评估介于漏洞扫描和充分的渗透测试之间，使用了更为有效地混合测评工具以及训练有素的安全分析人员对漏洞进行测试和量化。网络安全评估的报告通常是由评估人员手工完成，报告会包括能够有效提高系统安全性的专业建议。

充分的渗透测试使用多种的攻击方式来入侵目标网络。

(机构的网络一般都提供了最容易访问信息和系统的位置。在检查网络时，从检查网络连接图和每一个连接点开始。)

常用的评估方法包括以下四个层次：

(1) 通过网络枚举相关的 IP 网络和主机。利用各类探测技术获取目标网络的详细资料(内部/外部 IP 地址、服务器结构信息、不同位置的 IP 网络之间的关系)。

(2) 大规模网络扫描和探测识别容易受攻击的主机。

(3) 研究可能存在的漏洞并进一步探测网络。

(4) 对漏洞的渗透和安全防护机制的欺骗。

这类评估方法的应用是和目标网络的实际情况有关的，比如有时候可能仅仅知道目标网络的一些极为有限的信息(如 DNS 域名)，这就需要系统使用不同层次的技术逐步开展评估工作。如果评估开始前就已经知道目标网络的 IP 地址范围，那么就可以直接从网络扫描和漏洞研究开始。

大规模的网络安全评估很难一蹴而就，通常需要循环往复的过程。图 1-12 给出的循环评估方法从网络枚举开始，之后是大规模的网络扫描，最终以对特定服务的评估结束。

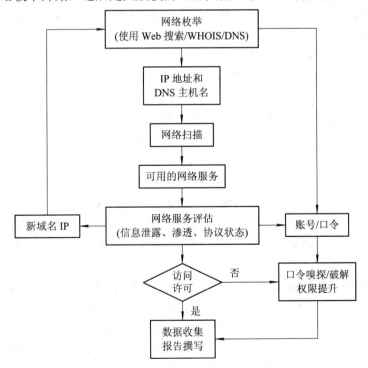

图 1-12　网络安全评估的循环方法

1.7.2　评估标准

信息安全评估标准是信息安全评估的行动指南。可信的计算机系统安全评估标准

(TCSEC，从橘皮书到彩虹系列)是由美国国防部于 1985 年公布的，是计算机系统信息安全评估的第一个正式标准。它把计算机系统的安全分为四类、七个级别，对用户登录、授权管理、访问控制、审计跟踪、隐蔽通道分析、可信通道建立、安全检测、生命周期保障、文档写作、用户指南等内容提出了规范性要求。

信息技术安全评估标准(ITSEC，欧洲白皮书)是由法、英、荷、德欧洲四国 20 世纪 90 年代初联合发布的，它提出了信息安全的机密性、完整性、可用性的安全属性。ITSEC 把可信计算机的概念提高到可信信息技术的高度上来认识，对国际信息安全的研究、实施产生了深刻的影响。

信息技术安全评价的通用标准(CC)是由六个国家(美、加、英、法、德、荷)于 1996 年联合提出的，并逐渐演变成国际标准 ISO 15408。该标准定义了评价信息技术产品和系统安全性的基本准则，提出了目前国际上公认的表述信息技术安全性的结构，即把安全要求分为规范产品和系统安全行为的功能要求以及解决如何正确有效地实施这些功能的保证要求。CC 标准是第一个信息技术安全评价国际标准，它的发布对信息安全具有重要意义，是信息技术安全评价标准以及信息安全技术发展的一个重要里程碑。

ISO 13335 标准首次给出了关于 IT 安全的保密性、完整性、可用性、审计性、认证性、可靠性六个方面含义，并提出了以风险为核心的安全模型：企业的资产面临很多威胁(包括来自内部的威胁和来自外部的威胁)；威胁利用信息系统存在的各种漏洞(如：物理环境、网络服务、主机系统、应用系统、相关人员、安全策略等)，对信息系统进行渗透和攻击，渗透和攻击成功，将导致企业资产的暴露；资产的暴露(如系统高级管理人员由于不小心而导致重要机密信息的泄露)，会对资产的价值产生影响(包括直接和间接的影响)；风险就是威胁利用漏洞使资产暴露而产生的影响的大小，这可以为资产的重要性和价值所决定；对企业信息系统安全风险的分析，就得出了系统的防护需求；根据防护需求的不同制定系统的安全解决方案，选择适当的防护措施，进而降低安全风险，并抗击威胁。该模型阐述了信息安全评估的思路，对企业的信息安全评估工作具有指导意义。

BS7799 是应英国的工业、政府和商业界共同需求而发展的一个标准，它分两部分：第一部分为"信息安全管理事务准则"；第二部分为"信息安全管理系统的规范"。目前此标准已经被很多国家采用，并已成为国际标准 ISO 17799。BS 7799 包含 10 个控制大项、36 个控制目标和 127 个控制措施。BS 7799/IS O17799 主要提供了有效地实施信息系统风险管理的建议，并介绍了风险管理的方法和过程。企业可以参照该标准制定出自己的安全策略和风险评估实施步骤。

AS/NZS 4360：1999 是澳大利亚和新西兰联合开发的风险管理标准，第一版于 1995 年发布。在 AS/NZS 4360:1999 中，风险管理分为建立环境、风险识别、风险分析、风险评价、风险处置、风险监控与回顾、通信和咨询七个步骤。AS/NZS 4360:1999 是风险管理的通用指南，它给出了一整套风险管理的流程，对信息安全风险评估具有指导作用。目前该标准已广泛应用于新南威尔士洲、澳大利亚政府、英联邦卫生组织等机构。

OCTAVE(Operationally Critical Threat，Asset，and Vulnerability Evaluation)是可操作的关键威胁、资产和弱点评估方法和流程。OCTAVE 首先强调的是 O——可操作性，其次是 C——关键系统，也就是说，它最注重可操作性，其次对关键性很关注。OCTAVE 将信息安全风险评估过程分为三个阶段：阶段一，建立基于资产的威胁配置文件；阶段二，标识基础结构的弱点；阶段三，确定安全策略和计划。

国内主要是等同采用国际标准。公安部主持制定、国家质量技术监督局发布的中华人民共和国国家标准 GB17895—1999《计算机信息系统安全保护等级划分准则》已正式颁布并实施。该准则将信息系统安全分为五个等级：自主保护级、系统审计保护级、安全标记保护级、结构化保护级和访问验证保护级。主要的安全考核指标有身份认证、自主访问控制、数据完整性、审计等，这些指标涵盖了不同级别的安全要求。GB18336 也是等同采用 ISO 15408 标准。

1.7.3 评估的作用

信息安全评估具有如下作用：

(1) 明确企业信息系统的安全现状。进行信息安全评估后，可以让企业准确地了解自身的网络、各种应用系统以及管理制度规范的安全现状，从而明晰企业的安全需求。

(2) 确定企业信息系统的主要安全风险。在对网络和应用系统进行信息安全评估并进行风险分级后，可以确定企业信息系统的主要安全风险，并让企业选择避免、降低、接受等风险处置措施。

(3) 指导企业信息系统安全技术体系与管理体系的建设。对企业进行信息安全评估后，可以制定企业网络和系统的安全策略及安全解决方案，从而指导企业信息系统安全技术体系(如部署防火墙、入侵检测与漏洞扫描系统、防病毒系统、数据备份系统、建立公钥基础设施 PKI 等)与管理体系(安全组织保证、安全管理制度及安全培训机制等)的建设。

1.7.4 安全风险管理

风险是威胁和薄弱点的结合。没有薄弱点，威胁不会带来风险。同样，没有威胁的薄弱点也不会带来风险。对风险的评估是试图确认有害事件发生的可能性。图 1-13 显示了评估机构风险的要素。

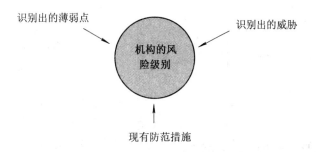

图 1-13 机构风险评估要素

风险评估(Risk Assessment)是对信息系统及由其处理、传输和存储的信息的保密性(Confidentiality)、完整性(Integrity)和可用性(Availability)等安全属性进行科学、公正的综合评估的过程。它是对信息资产面临的威胁、存在的弱点、造成的影响，以及三者综合作用而带来风险的可能性的评估。

对信息系统进行风险评估，其目的是为了了解信息系统目前与未来的风险所在，评估这些风险可能带来的安全威胁与影响程度，为安全策略的确定、信息系统的建立及安全运行提供依据。

风险评估是风险管理的基础，是组织确定信息安全需求的一个重要途径，属于组织信息安全管理体系策划的过程。

安全风险管理的基本定义包括概念、模型、抽象，以及用于控制安全风险的方法和技术。一般而言，风险管理是识别出企业信息系统面临的风险，选择适当的安全措施/方案，将风险限制在可接受的程度，并持续监控系统，以保持其安全等级，以及探测危害安全的行为。

最早的风险管理方法是由 Campbel[5]根据一系列概念(漏洞分析，威胁分析，状态控制等)开发的一套模块化风险管理方法。给出的风险管理模型步骤组成：价值分析、威胁识别/分析、薄弱点分析、风险分析、风险评估、管理决策、控制实现和有效性评估。

由卡内基梅隆大学提出的 OCTAVE 方法(http://www.cert.org/octave/)则是着眼于组织自身并识别出组织所需保护的对象，明确它为什么存在风险，然后开发出技术和实践相结合的解决方案。OCTAVE 的核心是自主原则，即由组织内部的人员管理和指导该组织的信息安全风险评估。信息安全是组织内每个人的职责，而不只是 IT 部门的职责。

OCTAVE 操作步骤强调的是 O——可操作性，其次是 C——关键性，也就是说，它最注重可操作性，其次对关键性很关注。OCTAVE 方法使用一种三阶段方法对管理问题和技术问题进行研究，从而使组织人员能够全面把握组织的信息安全需求。OCTAVE 由一系列循序渐进的讨论会组成，每个讨论会都需要其参与者之间的交流和沟通。

OCTAVE 方法分三个阶段来进行，如图 1-14 所示。

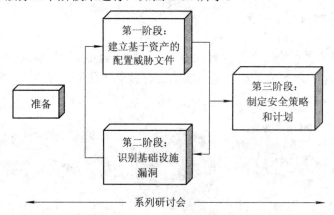

图 1-14 OCTAVE 风险评估

OCTAVE 方法的三个阶段由八个过程组成：

(1) 第一阶段，建立基于资产的配置威胁文件。

第一阶段着手建立 OCTAVE 的组织视图，重点考虑组织中的人员。

在这一阶段中，目标是建立组织对信息安全问题的概括认识。要实现这一目标，首先需要采集组织内员工对安全问题的个人观点，然后对这些个人观点进行综合整理，为评估过程中的所有后续分析活动奠定基础。通过对组织专业领域知识的调研可以清楚地表明员工对信息资产、资产面临的威胁、资产的安全需求、组织现行保护信息资产的措施和组织资产和措施的缺点等有关问题的理解。

本阶段主要由四个过程组成：标识高层管理部门的知识；标识业务区域管理部门的知识；标识员工的知识；建立威胁配置文件。

(2) 第二阶段，识别基础设施的薄弱点。

第二阶段也称为 OCTAVE 方法的"技术观点"，因为在这一阶段，分析人员的注意力转移到组织的计算基础结构上。

在这一阶段中，是对当前信息基础设施的评价，包括数据收集和分析活动。通过检查信息技术基础结构的核心运行组件，可以发现能导致非授权行为的漏洞(技术脆弱性)。

本阶段主要由两个过程组成：标识关键组件；评估选定的组件。

(3) 第三阶段，开发安全策略和计划。

第三阶段旨在理解迄今为止在评估过程中收集到的信息，即分析风险。

在这一阶段中，需要开发出解决组织内部存在的风险和问题的安全策略和计划。通过分析阶段一和阶段二中对组织和信息基础结构评估中得到的信息，可以识别出组织面临的风险，同时基于这些风险可能能给组织带来的不良影响对其进行评估。此外，还要按照风险的优先级顺序制定出组织保护策略和风险缓解计划。

本阶段主要由两个过程组成：执行风险分析；开发保护策略。

信息安全风险管理和评估研究工作一直是欧盟投入的重点。2001 年～2003 年，欧盟投资，四个欧洲国家(德国、希腊、英国、挪威)的 11 个机构历时三年时间，完成了安全关键系统的风险分析平台项目 CORAS(http://coras.sourceforge.net/)。该项目使用 UML 建模技术，开发了一个面向对象建模技术的风险评估框架，这是一个基于模型的风险评估方法。CORAS 把广泛采用成熟的技术并用于管理实践，包括风险文档、风险管理过程、完整的风险管理和开发过程以及基于数据综合的工具集平台，整个风险评估框架鲁棒性强，闪现出前欧洲理性思想的光芒，值得我们关注。

CORAS 风险管理方法的关键过程如图 1-15 所示。

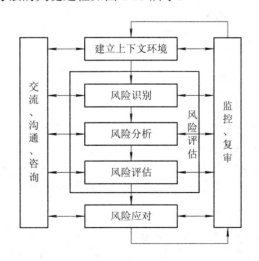

图 1-15　CORAS 风险分析过程

(1) 风险识别：确定关键性资源以及相关的安全要求。

(2) 风险识别：识别关键组件的缺陷以及可能危及他们的威胁。CORAS 使用四种方法：

① 缺陷树分析(FTA)：自顶向下找出未预期事件的原因。

② 故障模式与后果分析(FMECA)：自底向上逐一分析组件的各种故障。

③ CCTA 风险分析与管理方法(CRAMM)：通过预定义的调查问卷找出某个资源的威胁或者漏洞。

④ 目标、手段、任务分析(GMTA)：找出要达成特定安全目标所应完成的任务和所要满足的前提条件。

(3) 风险分析：调查未预期结果的可能影响以及发生概率。

(4) 风险评估：根据风险事件发生概率和后果对其进行排序。

(5) 风险应对：定义阻止潜在攻击所需要采取的策略。

整个 CORAS 风险分析方法由八个步骤组成，如图 1-16 所示。

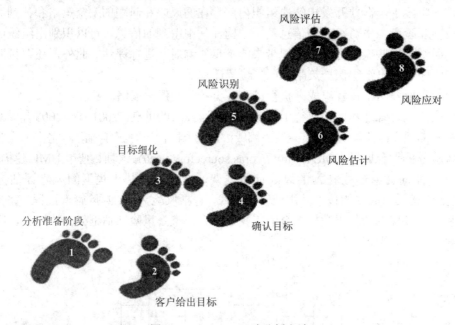

图 1-16　CORAS 风险分析方法

步骤 1：风险分析的准备阶段。分析团队介绍风险分析方法，从客户获取被分析目标的相关信息，确定分析范围及分析重点，为后续风险分析作准备。

步骤 2：确定被分析目标范围，以及分析所要达到的整体目标。目的是对被分析目标有初步了解，确定分析的关键部分，并给出分析计划。

步骤 3：分析团队根据第一次的会议和客户提供的文档给出自身对此次分析目标的理解。通过和客户交流，识别所要保护的主要资产，对需要进一步开展调查的威胁源进行初步分析。步骤 3 是对被分析目标的全面细化。

步骤 4：确保后续分析所基于的背景资料和文档准确无误。这一步给出更加细化的目标描述，通常使用形式化或者半形式化标记来描述目标，如 UML。在下一步对目标的风险分析开始之前，需要客户对上述目标的描述签字确认。该步骤还包括风险评估准则的确定。至此分析的上下文环境建立完毕。

步骤 5：风险识别。确定各种威胁是如何利用薄弱点导致财产受损。CORAS 使用风险框图建模各种可能的风险，图 1-17 给出了部分建模符号。

威胁
(故意的)　　威胁
(偶然的)　　威胁
(非人为的)　　脆弱点　　财产

威胁背景　　安全事故　　风险　　Treatment scenario

图 1-17　CORAS 使用的部分建模符号

步骤 6：对已经识别出的威胁确定风险等级。

步骤 7：风险评估。确定哪些识别出来的风险是可接受的，哪些是需要进一步评估以便后续处理的。

步骤 8：风险应对。对于不可接受的风险必须采取措施降低其风险值或者避免该风险。

参 考 文 献

[1]　William Stallings. Cryptography and Network Security .2nd edition，Prentice Hall，1999

[2]　Bruce Schneier. Applied Cryptography: Protocols，Algorithms，and Source Code in C . 2nd edition，John Wiley & Sons，1996

[3]　Mass Soldal Lund，Bjørnar Solhaug， Ketil Stølen. Model-Driven Risk Analysis. The CORAS Approach. Springer，2010

[4]　Chris McNab. Network Security Assessment. 2nd edition. 2008

[5]　Campbel，R. P. A modular approach to computer security risk management. Proceedings of the AFIPS Conference，1979

思 考 题

[1]　给出三种安全目标的定义。

[2]　辨别被动攻击和主动攻击，并分别举出几种被动攻击和主动攻击的例子。

[3]　使用下列几种方法在邮局发送邮件时，哪种安全服务起到了保护作用：

　　a. 常规邮件。

　　b. 带有发送确认的常规邮件。

　　c. 带有发送和接收签名的常规邮件。

　　d. 带回执的邮件。

　　e. 加入保险的邮件。

　　f. 挂号邮件。

[4]　定义出下列案例中的安全攻击类型:

　　a. 一学生为得到第二天考试的试卷,破门进入教授的办公室。

　　b. 一学生用 10 美元的支票买了一本旧书,随后发现该支票被兑付了 100 美元。

　　c. 一学生用一个仿造的回复邮件地址,每天给另外一名学生发送数百封电子邮件。

[5]　以下案例中分别采用了哪些安全机制?

　　a. 一学校要求学生需进行身份认证并通过密码才能登录学校的服务器。

　　b. 学生如果登录系统超过两小时,学校的服务器就断开其连接。

　　c. 教授拒绝通过电子邮件给学生发送成绩单,除非学生能够提供身份认证。

　　d. 银行要求客户为一笔提款签名。

[6]　下列有关机密性的案例使用了哪种技术(密码术或密写术)?

　　a. 一学生把考试的答案写在小纸片上,又把纸片卷起来塞入笔帽,然后把笔递给另一名学生。

　　b. 为了发送情报,间谍把情报中的每个字都用预先约定好的符号进行代替。

　　c. 公司在支票上使用特制墨水以防伪。

　　d. 一名研究生为了保护其论文,使用了张贴于其网站上的水印。

[7]　某人在已填好的申请信用卡的表格上签名,使用了哪种安全机制?

第 2 章　对称密码学

密码学是研究数据加密、解密以及认证的学科，它包括密码编码学和密码分析学两部分。本章首先介绍密码学的一些基础知识和几种古典密码术，然后对现代对称密码算法进行讨论。

2.1　密码系统模型

在 1976 年 Diffie 及 Hellman 发表其论文 "New Directions in Cryptography" [1]之前，所谓的密码学就是指对称密钥密码系统。因为加密/解密用的是同一把密钥，所以也称为单一密钥密码系统。这类算法可谓历史悠久，从最早的凯撒密码到目前使用最多的 DES 密码算法，以及 2000 年美国推出的下一代密码算法 AES [http://csrc.nist.gov/archive/aes/index.html]都属于此类密码系统。

通常一个密钥加密系统包括以下几个部分：

(1) 消息空间 M(Message)；

(2) 密文空间 C(Ciphertext)；

(3) 密钥空间 K(Key)；

(4) 加密算法 E(Encryption algorithm)；

(5) 解密算法 D(Decryption algorithm)。

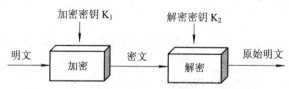

图 2-1　密钥加/解密系统模型

消息空间中的消息 M(称之为明文)通过由加密密钥 K_1 控制的加密算法加密后得到密文 C。密文 C 通过解密密钥 K_2 控制的解密算法又可恢复出原始明文 M。即：

$$E_{K1}(M) = C$$
$$D_{K2}(C) = M$$
$$D_{K2}(E_{K1}(M)) = M$$

在图 2-1 的加/解密系统模型中，当算法的加密密钥能够从解密密钥中推算出来，或反之，解密密钥可以从加密密钥中推算出来时，称此算法为对称算法，也称秘密密钥算法或单密钥算法。称加密密钥和解密密钥不同并且其中一个密钥不能通过另一个密钥推算出来的算法为公开密钥算法。

在现代密码学中，所有算法的安全性都要求是基于密钥的安全性，而不是基于算法细节的安全性。也就是说，只要密钥不公开，即使算法公开并被分析，不知道密钥的人也无法理解你所加密过的消息。

2.2　古典密码

在计算机出现之前，密码学由基于字符的密码算法构成。不同的密码算法之间互相替代(Substitution)或相互置换(Transposition)，好的密码算法是结合这两种方法，每次进行多次运算。现在的计算机密码算法要复杂的多，但基本原理没有变化。其重要的变化是算法只对位而不是字母进行变换，也就是字母表长度从 26 个字母变为 2 个字母。大多数好的密码算法仍然是以替代和置换作为加密技术的基本构造块。

2.2.1　替代密码

替代密码就是明文中的每一个字符被替换为密文中的另外一个字符。接收者对密文进行逆替换即可恢复出明文。在古典密码学中有三种类型的替代密码：单表替代密码、多表替代密码和多字母替代密码。

1．单表替代密码

所谓的单表替代密码(Monoalphabetic)就是明文的每一个字符用相应的另外一个唯一的密文字符代替。最早的密码系统"凯撒密码"就是一种单表替代密码，也是一种移位替代密码。凯撒密码是对英文的 26 个字母分别向前移 3 位，于是可以得到其替代表为

> 明文：a b c d e f g h i j k l m n o p q r s t u v w x y z
> 密文：D E F G H I J K L M N O P Q R S T U V W X Y Z A B C

例 2.1　对明文

network security

则密文为

QHWZRUN VHFXULWB

如将 26 个字母分别对应于整数 0～25，可得凯撒密码变换为

加密：E(m)=(m+3) mod 26

解密：D(c)=(c-3) mod 26

凯撒密码的密钥 k=3。更一般化的移位替代密码变换为

加密：E(m)=(m+k) mod 26

解密：D(c)=(c-k) mod 26

显然，这种密码系统是不安全的，它非常容易攻破。首先，简单的单表替代没有掩盖明文不同字母出现的频率；其次，移位替代的密钥空间有限，只有 25 个密钥，利用暴力攻击法很容易破解。因此，替代密码应该有更大的密钥空间，关键词(Keyword)密码就是这样一种加密方法。

2. 关键词(Keyword)密码

关键词加密方法包含两个步骤:

(1) 选择一个关键词,如果关键词中包含有重复的字母,则后续出现的该字母一律删除。例如,对于关键词"xidian",则最终使用的词是"xidan"。

(2) 将关键词写在字母表的下方,剩下的空间用其余的字母按照字母顺序进行填写。

例 2.2 对于关键词"KRYPTOS",其明文和密文对照表如下

明文: A B C D E F G H I J K L M N O P Q R S T U V W X Y Z
密文: K R Y P T O S A B C D E F G H I J L M N Q U V W X Z

对消息"cryptography is cool"的加密结果如下

明文: C R Y P T O G R A P H Y I S C O O L
密文: Y L X I N H S L K I A X B M Y H H E

关键词加密方法的最大安全缺陷在于其很容易受到频率分析攻击。

在密码学中,所谓的频率分析是指字母或者字母组合在密文中出现的频率。许多的古典密码都可以用这种方法进行破解。

频率分析是基于这样一个事实:在任何一种书面语言中,不同的字母或字母组合出现的频率各不相同。而且,对于以这种语言书写的任意一段文本,都具有大致相同的字母分布特征。比如,在英语中,字母 E 出现的频率很高,而 X 则出现得较少,如图 2-2 所示。类似地,ST、NG、TH,以及 QU 等双字母组合出现的频率非常高,NZ、QJ 组合则极少。英语中出现频率最高的 12 个字母可以简记为"ETAOIN SHRDLU"。

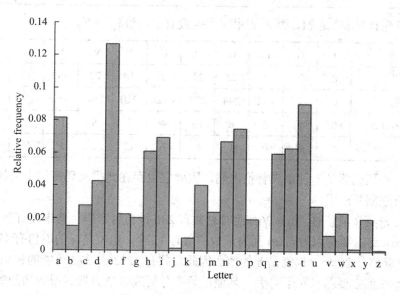

图 2-2 英文字母出现频率统计

有了这些信息,我们再回头看看关键词加密方法的破解:

(1) 首先关键词加密法仍属于单表替代密码,这也就意味着,尽管明文中的某个字母被替换成密文中的某个字母,但是其统计频率并未改变。因此,通过对密文中的每个字母的出现次数进行统计分析,就可以大致判断明文和密文的对应关系。例如,密文中出现频

率最高的某个字母很有可能对应的就是明文字母"E"。

(2) 其次可以利用密文的关键词之后都是按照字母顺序排列这一规律来进一步降低破解难度。

3．仿射加密方法(Affine Cipher)

在仿射加密方法中，每个字母被赋予一个数字，例如字母 a=0，字母 b=1，……，字母 z = 25。加密密钥为 0～25 之间的数字对(a，b)。

加解密函数形式分别为

$$c = e(p) = (ap + b) \pmod{26}$$
$$p = d(c) = a^{-1}(c - b) \pmod{26}$$

其中 a^{-1} 是 a 的模乘法逆元，也就是满足

$$1 = aa^{-1} \bmod m$$

模乘法逆元有唯一解的充要条件是 a 和 26(m)的最大公约数：gcd(a，26)=1。

例2.3 下面我们对明文"AFFINE CIPHER"进行加密，其中 a=5，b=8。整个加密过程如下表所示。

明文	A	F	F	I	N	E	C	I	P	H	E	R
对应整数值	0	5	5	8	13	4	2	8	15	7	4	17
5x + 8	8	33	33	48	73	28	18	48	83	43	28	93
(5x + 8)(mod 26)	8	7	7	22	21	2	18	22	5	17	2	15
密文	I	H	H	W	V	C	S	W	F	R	C	P

解密时首先计算 a^{-1} 是 21，然后利用解密函数解密，过程如下。

密文	I	H	H	W	V	C	S	W	F	R	C	P
对应整数值	8	7	7	22	21	2	18	22	5	17	2	15
21(y – 8)	0	–21	–21	294	273	–126	210	294	–63	189	–126	147
[21(y – 8)] mod 26	0	5	5	8	13	4	2	8	15	7	4	17
明文	A	F	F	I	N	E	C	I	P	H	E	R

由于仿射密码仍然是一种单表替换密码，因此它也存在此类密码所固有的缺陷。前述的频率分析方法同样适用。

在考虑加密英文消息时，m = 26，此时总共有 286 种仿射密码，其中没有包含 26 种简单的凯撒密码。这主要是因为同 26 互为素数的数有 12 个，也就是 a 的取值有 12 种。每个 a 对应的移位取值是 26 个，也就是 b 的值。因此总共有 12*26 = 312 可能的秘钥。

该密码系统的主要弱点在于对手一旦通过频率分析或者蛮力搜索或者猜测等手段发现两个密文字符所对应的明文字符，他就可以通过线性解方程得方法来恢复秘钥。而且我们知道 a 和 m 必须互为素数，这也有助于判断解方程得到的结果是否正确。

4．多表替代密码

多表替代密码是以一系列的(两个以上)替代表依次对明文消息的字母进行替代的加密方法。

多表替换加密形式是：其中的每个明文字母可以被密文中的不同字母来代替，而每个密文字母也可以表示多个明文字母。这种加密法可以干扰字母出现频率分析法。著名的 Vigenere 加密法就是其中的一种，它在长达三百多年的时间里都被认为是不可破解的。

Vigenere 加密过程如下：

(1) 选择一个关键词(例如，“MEC”)。

(2) 将关键词重复地写在明文的上方，直至两者长度相等。

密文通过查询 Vigenere 表得到。其中关键词字母确定表的行，明文字母确定表的列，如图 2-3 所示。

	A	B	C	D	E	F	G	H	I	J	K	L	M	N	O	P	Q	R	S	T	U	V	W	X	Y	Z
A	A	B	C	D	E	F	G	H	I	J	K	L	M	N	O	P	Q	R	S	T	U	V	W	X	Y	Z
B	B	C	D	E	F	G	H	I	J	K	L	M	N	O	P	Q	R	S	T	U	V	W	X	Y	Z	A
C	C	D	E	F	G	H	I	J	K	L	M	N	O	P	Q	R	S	T	U	V	W	X	Y	Z	A	B
D	D	E	F	G	H	I	J	K	L	M	N	O	P	Q	R	S	T	U	V	W	X	Y	Z	A	B	C
E	E	F	G	H	I	J	K	L	M	N	O	P	Q	R	S	T	U	V	W	X	Y	Z	A	B	C	D
F	F	G	H	I	J	K	L	M	N	O	P	Q	R	S	T	U	V	W	X	Y	Z	A	B	C	D	E
G	G	H	I	J	K	L	M	N	O	P	Q	R	S	T	U	V	W	X	Y	Z	A	B	C	D	E	F
H	H	I	J	K	L	M	N	O	P	Q	R	S	T	U	V	W	X	Y	Z	A	B	C	D	E	F	G
I	I	J	K	L	M	N	O	P	Q	R	S	T	U	V	W	X	Y	Z	A	B	C	D	E	F	G	H
J	J	K	L	M	N	O	P	Q	R	S	T	U	V	W	X	Y	Z	A	B	C	D	E	F	G	H	I
K	K	L	M	N	O	P	Q	R	S	T	U	V	W	X	Y	Z	A	B	C	D	E	F	G	H	I	J
L	L	M	N	O	P	Q	R	S	T	U	V	W	X	Y	Z	A	B	C	D	E	F	G	H	I	J	K
M	M	N	O	P	Q	R	S	T	U	V	W	X	Y	Z	A	B	C	D	E	F	G	H	I	J	K	L
N	N	O	P	Q	R	S	T	U	V	W	X	Y	Z	A	B	C	D	E	F	G	H	I	J	K	L	M
O	O	P	Q	R	S	T	U	V	W	X	Y	Z	A	B	C	D	E	F	G	H	I	J	K	L	M	N
P	P	Q	R	S	T	U	V	W	X	Y	Z	A	B	C	D	E	F	G	H	I	J	K	L	M	N	O
Q	Q	R	S	T	U	V	W	X	Y	Z	A	B	C	D	E	F	G	H	I	J	K	L	M	N	O	P
R	R	S	T	U	V	W	X	Y	Z	A	B	C	D	E	F	G	H	I	J	K	L	M	N	O	P	Q
S	S	T	U	V	W	X	Y	Z	A	B	C	D	E	F	G	H	I	J	K	L	M	N	O	P	Q	R
T	T	U	V	W	X	Y	Z	A	B	C	D	E	F	G	H	I	J	K	L	M	N	O	P	Q	R	S
U	U	V	W	X	Y	Z	A	B	C	D	E	F	G	H	I	J	K	L	M	N	O	P	Q	R	S	T
V	V	W	X	Y	Z	A	B	C	D	E	F	G	H	I	J	K	L	M	N	O	P	Q	R	S	T	U
W	W	X	Y	Z	A	B	C	D	E	F	G	H	I	J	K	L	M	N	O	P	Q	R	S	T	U	V
X	X	Y	Z	A	B	C	D	E	F	G	H	I	J	K	L	M	N	O	P	Q	R	S	T	U	V	W

图 2-3 Vigenere 替换表

(3) 行与列的交叉处得到对应密文。

例 2.4 用关键词 MEC 进行消息加密。

关键词 MECMECMECMECMECMECMECM

明文 weneedmoresuppliesfast

密文 IIPQIFYSTQWWBTNUIUREUF

从中，我们可以看到，字母‘e’有时候被加密成‘I’，有时候被加密成‘Q’。而且，密文中的 I 表示了两个不同的明文字母‘w’和‘e’。这种变换特性使得频率分析方法在此变得无能为力。显然，出现频率很高的字母‘e’被替换成了出现频率不怎么高的‘I’和‘Q’，而且密文中连续出现的两个相同字母，如‘II’或‘WW’所对应的明文字母并不相同。

当然，这并不意味着没有办法来破解 Vigenere 加密法。幸运的是，Frederick Kasiski

通过观察发现：明文中重复出现的字符串与关键词密钥的重复部分加密会得到重复密文字符串，如图 2-4 所示。

密钥：runrunrunrunrunrunrunrunrunrun
明文：tobeornottobethatisthequestion
密文：kiovieeigkiovnurnvjnuvkhvmgzia
　　　|--------9--------|　　|-----6-----|

图 2-4　Vigenere 密码分析

在上例中，两次"kiov"之间的距离为 9，"nu"之间的距离为 6，由此我们可以猜测这些距离应该是密钥长度的倍数，密钥长度可能为 3。因此密文中重复字符串之间的距离反映了密钥重复的次数和密钥的长度，于是 Frederick Kasiski 提出的破解过程如下：

(1) 找出密文中重复的字符串；

(2) 计算重复字符串之间的字符数；

(3) 找出从步骤(2)中得到的数的因子(就是最大公约数)；

(4) 该最大公约数很可能就是关键词的长度。

有了关键词长度，我们就可以将与关键词中用同一个字符替换得到的密文字符集合到一起，这些密文字符的集合就相当于一个单表加密所得到的密文。这样就可以采用前面提到的频率分析方法进行密码破解了。对于上面的例子，把密钥 run 中的 r 字符所对应的密文整合在一起，即 kvekvrjvvz…，它们都是由同一个密钥加密得到的移位加密密文。所以，一旦得到关键字长度，破解 Vigenere 加密法就变成了破解 n(关键字长度为 n)个不同的单表加密问题。

对于关键词长度的计算，美国密码学家 William Friedman 提出了基于凹凸度量(MR)的方法。我们知道，英语中每个字符出现的概率都是不一样的，绘成频率分析图，图中就有高峰与低谷，单表加密法是没有办法改变字母出现的概率的，但是对于多表加密法，得到的字母频率图就变得很平滑。完全平滑的分布就是每个字母等概率(1/26)出现的情况。凹凸度量是指从文本中选取的字母的实际概率与从完全平滑的分布中选取该字母的概率之差。

P_a 是从密文中选取 a 字母的概率，那么上述的概率偏差即为$(P_a-1/26)^2$。加平方是为了保证得到的值为正值。P_a 为完全偏差，因此 a 到 z 所有字母的偏差和为

$$MR = \sum_{a=a}^{z} (P_a - 1/26)^2$$

通过拆分和取舍，可以将这个式子简化成

$$MR = \sum_{a=a}^{z} P_a^2 - 1/26$$

对于某个密文，如果估算出 P_a^2，那么 MR 就能确定。由于 P_a 为从密文中选取字母 a 的概率，那么 P_a^2 就是从全部密文中选取字母 a 的概率和从剩余密文中(即去掉第一个 a 字母的密文)中选取字母 a 的概率的乘积。如果密文中有 n 个字母，F_a 是密文中 a 字母的个数，那么

$$P_a = F_a/n, \quad P_a^2 = (F_a/n) \cdot [(F_a - 1)/(n - 1)]$$

计算密文的 MR 值只依赖于 P_a^2。

由此，William Friedman 定义了重合指数的概念(Index of Coincidence，IC)来分析多表加密法。IC 定义为

$$IC = \frac{\sum_{a=a}^{z} F_a(F_a - 1)}{n(n-1)}$$

通过分析和资料，我们得知单表加密法的 IC 大概为 0.066。完全平滑的文字，其值为 0.38，如果 IC 的值在 0.38 到 0.066 之间，就说明该密文很可能就是多表加密法。事实上，通过图 2-5，我们能得知 IC 值暗示的多表加密法的密钥长度。

密钥长度	IC值
1	0.0660
2	0.0520
3	0.0473
4	0.0450
5	0.0436
6	0.0427
7	0.0420
8	0.0415
9	0.0411
10	0.0408
11	0.0405
12	0.0403

图 2-5　IC 值和秘钥长度关系

5. 多字母(Polygraphic)替代密码

多字母替代密码是每次对多于 1 个字母进行替代的加密方法，它的优点在于将字母的自然频度隐蔽或均匀化，从而利于抗统计分析。

6. Playfair 密码算法

Playfair 密码采用一个包含密钥的 5×5 矩阵进行加密解密。矩阵首先用去掉重复字母的密钥进行填充，然后用剩余的字母按照顺序进行填充。图 2-6 给出了密钥为"playfair example"的加解密矩阵(注意，I 和 J 被认为是同一个字母)。

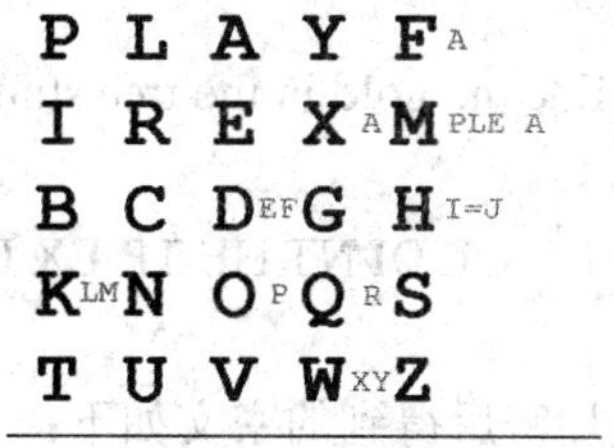

P L A Y F_A
I R E X M_{PLE A}
B C D_{EFG} G H_{I~J}
K_{LM} N O Q_R S
T U V W_{XY} Z

图 2-6　Playfair 加解密矩阵

加密消息前，把消息明文按两个字母一组进行分割，如果这个两个字母相同，则插入一个空字符，比如 'X'。若明文消息的字母个数为奇数时，将空字母 X 加在明文的末端。

对于每一对明文 m_1、m_2，其加密规则如下：

(1) m_1 和 m_2 在同一行时，则密文 c_1 和 c_2 分别是紧靠 m_1、m_2 右端的字母。其中第一列看作是最后一列的右方。举例如下：

```
P L A Y F
I R E X M        EX
B C D G H        形状：行
K N O Q S        规则：以右边字符替换
T U V W Z        XM
```

(2) 若 m_1 和 m_2 在同一列时，则密文 c_1 和 c_2 分别是紧靠 m_1、m_2 下方的字母。其中第一行看作是最后一行的上方。

```
P L A Y F
I R E X M        DE
B C D G H        形状：列
K N O Q S        规则：以下边字符替换
T U V W Z        OD
```

(3) 若 m_1 和 m_2 不在同一行，也不在同一列时，则密文 c_1 和 c_2 是由 m_1 和 m_2 确定的矩形的其他两角的字母，并且 c_1 和 m_1、c_2 和 m_2 同行。

```
P L A Y F
I R E X M        HI
B C D G H        形状：矩形
K N O Q S        规则：以同一行对角
T U V W Z             字符替换
                 BM
```

例 2.5　首先对加密消息 "Hide the gold in the tree stump" 进行预处理后，得到两个字母一组的明文：

HI DE TH EG OL DI NT HE TR EX ES TU MP

通过利用图所示的加密矩阵加密后得到的密文如下：

BM OD ZB XD NA BE KU DM UI XM MO UV IF

7. Playfair 密码分析

破解和分析 Playfair 密码的第一步就是要确定你所分析的密码确实是采用的 Playfair 加密的。这通常可以通过以下特征来识别：

(1) 密文的字母个数是偶数；

(2) 原来在明文中很少出现的一些字母，其在密文中出现的频率明显增加；

(3) 把密文按照两个字母一组进行分割，则每组的字母不会有重复；

(4) 双图的频率分布与明文的频率分布大致相同。

在具体的密文分析过程中，可以使用以下特征或者规则进行：

(1) 明文中的字母不会被加密成自己。

(2) 明文中逆序的两个双图加密后的两个双图同样也是逆序的。

(3) 明文中的每个字母只能用某 5 个字母中的一个来加密。

图 2-7 给出了 Playfair 密码分析的一般过程。

图 2-7 playfair 密码分析步骤

2.2.2 置换密码

在置换密码中，明文和密文的字母保持相同，但顺序被打乱了。置换密码使用的密钥通常是一些几何图形，它决定了明文字母被重新排列的顺序和方式。

1. Skytale 加密法(天书)

Skytale 就是一种加密用的、具有一定粗细的棍棒或权杖，如图 2-8 所示。

斯巴达人把皮革或羊皮纸缠绕在特定直径的木棍上，写好文字以后再把皮革或羊皮纸解下来，纸上的字母顺序就顿时歪七扭八，就谁也不认识了；只有把皮(纸)带再一点点卷回与原来加密的 Skytale 同样粗细的棍棒上后，文字信息逐圈并列在棍棒的表面，才能还原出本来的意思。

图 2-8 Skytale 天书

实际上天书就是一种简单的纵行置换密码。明文以固定的宽度水平地写在一张图表纸上，密文按垂直方向读出；解密就是将密文按相同的宽度垂直的写在图表纸上，然后水平的读出明文。

例 2.6 对下列明文计算天书加密结果

encryption is the transformation of data into some unreadable form

```
e n c r y p t i o n
i s t h e t r a n s
f o r m a t i o n o
f d a t a i n t o s
o m e u n r e a d a
b l e f o r m
```

密文：eiffob nsodml ctraee rhmtuf yeaano pttirr trinem iaota onnod nsosa

在填写某个图表时，可以采用各种形状的几何图形，如 rail-fence(栅栏)加密时采用对角线方式写入，然后按行读出即可得到密文，如图2-9所示。

```
W...E...C...R...L..T...E
.E.R.D.S.O.E.E.F.E.A.O.C.
..A...I...V...D...E...N..
```

图2-9　栅栏密码

对应的密文如下

WECRL TEERD SOEEF EAOCA IVDEN

图2-10给出了按照三角形方式填充的加密方法，按列读取就是对应的密文。

```
              W
           E     R
        E     D  I  S     C
     O     V  E  R     E  D  F
  L  E  E  A  T  O  N  C     E
```

图2-10　三角形置换密码

对应的密文如下

LOEEVEEDEAWAIRTRSEOEDNFCE

2．列置换密码

在列置换密码中，消息按照固定长度的行写入，然后按照某种顺序逐列读出，即可得到密文。行的宽度和列的置换顺序由一个关键词或者密钥来控制。例如，对于秘钥"crypto"，总共包含6个字母，因此加密矩阵有6列。然后秘钥中各个字母在字母表中的顺序为：1、4、6、3、5、2，因此相应的列置换顺序为"146352"。也就是说，密文的第一列仍然是明文矩阵的第一列，而密文的第二列则是明文矩阵的第六列，以此类推。

对于消息明文"WE ARE DISCOVERED. FLEE AT ONCE."和密钥"crypto"，其对应的明文矩阵和置换规则如图2-11所示。

```
1 4 6 3 5 2
W E A R E D
I S C O V E
R E D F L E
E A T O N C
E Q K J E U
```

图2-11　列置换密码

图2-11中最后5个字母称为空字符，用于填满矩阵最后一行，这种列置换密码称为规

则列置换矩阵。对于非规则列置换密码，矩阵最后一行不进行任何填充。

最终的加密结果为

WIREE DEECU ROFOJ ESEAQ EVLNE ACDTK

3. 置换密码分析

由于置换密码并不影响单个符号出现的频率，简单的置换可以通过频率计数进行检测识别。如果密文和明文的频率分布非常接近，那么很有可能该密文是采用置换密码加密的。置换密码最容易用文字拼图游戏进行攻击，也就是不断交换字母顺序，看能不能发现单词或者某些短语。这种短语可能泄露某些列置换模式。随着发现更多的短语，从而最终找到整个列置换规则。

简单的置换密码还容易受到最优搜索算法的攻击，如遗传算法。因为随着破解出来的密钥越来越接近真实的密钥，每一行中合理的，更加接近语法的明文短语越来越多，越来越长，这就为密钥的搜索提供有用的信息。

2.3　数据加密标准(DES)

从这一节开始将介绍几种对称密码系统。首先介绍一种最通用的计算机加密算法——数据加密标准 DES(Data Encryption Standard)。

2.3.1　分组密码简介

对称密码算法有两种类型：分组密码(Block Cipher)和流密码(Stream Cipher)。分组密码一次处理一块输入，每个输入块生成一个输出块，而流密码对输入元素进行连续处理，同时产生连续单个输出元素。数据加密标准 DES 属于分组密码。分组密码将明文消息划分成固定长度的分组，各分组分别在密钥的控制下变换成等长度的密文分组。分组密码的工作原理如图 2-12 所示。

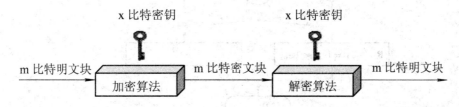

图 2-12　分组密码工作原理

DES 是一种典型的分组密码，一种将固定长度的明文通过一系列复杂的操作变成同样长度的密文的算法。对 DES 而言，分组长度为 64 位。同时，DES 使用密钥来自定义变换过程，因此算法认为只有持有加密所用的密钥的用户才能解密密文。密钥表面上是 64 位的，然而只有其中的 56 位被实际用于算法，其余 8 位被用于奇偶校验，并在算法中被丢弃。因此，DES 的有效密钥长度为 56 位，通常称 DES 的密钥长度为 56 位。

与其他分组密码相似，DES 自身并不是加密的实用手段，而必须以某种工作模式进行实际操作。FIPS—81 确定了 DES 使用的几种模式[3]。

2.3.2　DES 算法的描述

DES 加密算法如图 2-13 所示。

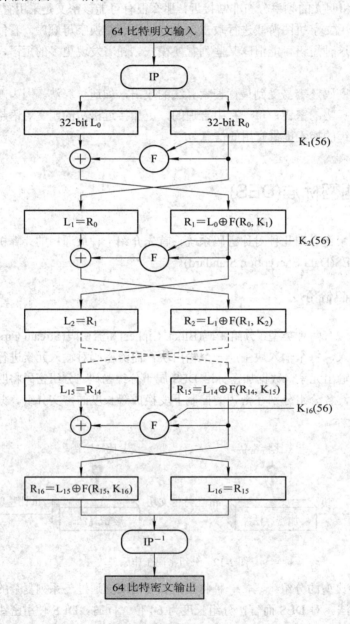

图 2-13　DES 加密算法

➥ 初始置换函数 IP

DES 对 64 位明文分组进行操作。首先 64 位明文分组 x 经过一个初始置换函数 IP，产

生 64 位的输出 x_0，再将分组 x_0 分成左半部分 L_0 和右半部分 R_0。即

$$x_0 = IP(x) = L_0R_0$$

置换表如表 2-1。此表顺序为从上到下，从左至右。如初始置换把明文的第 58 位换至第 1 位的位置，把第 50 位换至第二位。以此类推。

表 2-1 初始置换 IP

58	50	42	34	26	18	10	2
60	52	44	36	28	20	12	4
62	54	46	38	30	22	14	6
64	56	48	40	32	24	16	7
57	49	41	33	25	17	9	1
59	51	43	35	27	19	11	3
61	53	45	37	29	21	13	5
63	55	47	39	31	23	15	7

➢ **获取子密钥 K_i**

DES 加密算法的密钥长度为 56 位，但一般表示为 64 位，其中每个第 8 位用于奇偶校验。在 DES 加密算法中，要利用用户提供的 64 位初始密钥经过一系列的处理得到 $K_1, K_2, \cdots,$ K_{16}，分别作为 1～16 轮运算的 16 个子密钥。现在来看如何获得这 16 个子密钥。

首先，将 64 位密钥去掉 8 个校验位，用密钥置换 PC-1 置换剩下的 56 位密钥；再将 56 位分成前 28 位 C_0 和后 28 位 D_0。即：PC-1(K_{56})=C_0D_0。密钥置换 PC-1 如表 2-2 所示。

表 2-2 密钥置换 PC-1

57	49	41	33	26	17	9
1	58	50	42	34	26	18
10	2	59	51	43	35	27
19	11	3	60	52	44	36
63	55	47	39	31	23	15
7	62	54	46	38	30	22
14	6	61	53	45	37	29
21	13	5	28	20	12	4

接下来，根据轮数这两部分分别循环左移 1 位或 2 位。具体每轮移位的位数如表 2-3 所示。

表 2-3 每轮移动的位数

轮次	1	2	3	4	5	6	7	8	9	10	11	12	13	14	15	16
位数	1	1	2	2	2	2	2	2	1	2	2	2	2	2	2	1

移动后，将两部分合并成 56 位后通过压缩置换 PC-2 得到 48 位子密钥。即：

K_i = PC-2(C_iD_i)。压缩置换如表 2-4 所示。

表 2-4　压缩置换 PC-2

14	17	11	24	1	5	3	28
15	6	21	10	23	19	12	4
26	8	16	7	27	20	13	2
41	52	31	37	47	55	30	40
51	45	33	48	44	49	39	56
34	53	46	42	50	36	29	32

综上所述，整个子密钥获得过程如图 2-14。

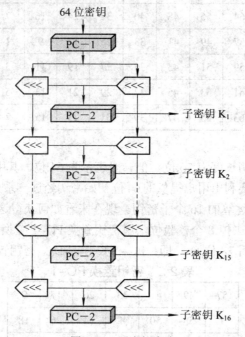

图 2-14　子密钥产生

↘ 密码函数 F

密码函数 F 的输入是 32 比特数据和 48 比特的子密钥，其操作步骤如图 2-15 所示。

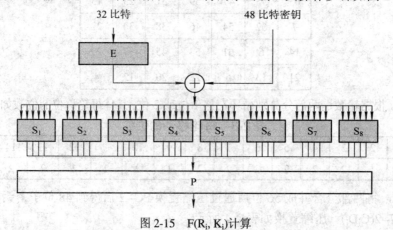

图 2-15　$F(R_i, K_i)$ 计算

1．扩展置换(E)

将数据的右半部分 R_i 从 32 位扩展为 48 位。位选择函数(也称 E-盒)如表 2-5 所示。

表 2-5　扩展置换 E

32	1	2	3	4	5
4	5	6	7	8	9
8	9	10	11	12	13
12	13	14	15	16	17
20	21	22	23	24	25
28	29	30	31	32	1

2．异或

扩展后的 48 位输出 $E(R_i)$ 与压缩后的 48 位子密钥 K_i 作异或运算。

3．S 盒替代

将第二步异或得到的 48 位结果分成 8 个 6 位的块，每一块通过对应一个 S 盒产生一个 4 位的输出。8 个 S 盒如表 2-6 所示，注意表中各项采用十六进制表示。

表 2-6　DES S 盒

S1	0	1	2	3	4	5	6	7	8	9	A	B	C	D	E	F
0	E	4	D	1	2	F	B	8	3	A	6	C	5	9	0	7
1	0	F	7	4	E	2	D	1	A	6	C	B	9	5	3	8
2	4	1	E	8	D	6	2	B	F	C	9	7	3	A	5	0
3	F	C	8	2	4	9	1	7	5	B	3	E	A	0	6	D
S2	0	1	2	3	4	5	6	7	8	9	A	B	C	D	E	F
0	F	1	8	E	6	B	3	4	9	7	2	D	C	0	5	A
1	3	D	4	7	F	2	8	E	C	0	1	A	6	9	B	5
2	0	E	7	B	A	4	D	1	5	8	C	6	9	3	2	F
3	D	8	A	1	3	F	4	2	B	6	7	C	0	5	E	9
S3	0	1	2	3	4	5	6	7	8	9	A	B	C	D	E	F
0	A	0	9	E	6	3	F	5	1	D	C	7	B	4	2	8
1	D	7	0	9	3	4	6	A	2	8	5	E	C	B	F	1
2	D	6	4	9	8	F	3	0	B	1	2	C	5	A	E	7
3	1	A	D	0	6	9	8	7	4	F	E	3	B	5	2	C
S4	0	1	2	3	4	5	6	7	8	9	A	B	C	D	E	F
0	7	D	E	3	0	6	9	A	1	2	8	5	B	C	4	F
1	D	8	B	5	6	F	0	3	4	7	2	C	1	A	E	9
2	A	6	9	0	C	B	7	D	F	1	3	E	5	2	8	4
3	3	F	0	6	A	1	D	8	9	4	5	B	C	7	2	E

续表

S5	0	1	2	3	4	5	6	7	8	9	A	B	C	D	E	F
0	2	C	4	1	7	A	B	6	8	5	3	F	D	0	E	9
1	E	B	2	C	4	7	D	1	5	0	F	A	3	9	8	6
2	4	2	1	B	A	D	7	8	F	9	C	5	6	3	0	E
3	B	8	C	7	1	E	2	E	6	F	0	9	A	4	5	3
S6	0	1	2	3	4	5	6	7	8	9	A	B	C	D	E	F
0	C	1	A	F	9	2	6	8	0	D	3	4	E	7	5	B
1	A	F	4	2	7	C	9	5	6	1	D	E	0	B	3	8
2	9	E	F	5	2	8	C	3	7	0	4	A	1	D	B	6
3	4	3	2	C	9	5	F	A	B	E	1	7	6	0	8	D
S7	0	1	2	3	4	5	6	7	8	9	A	B	C	D	E	F
0	4	B	2	E	F	0	8	D	3	C	9	7	5	A	6	1
1	D	0	B	7	4	9	1	A	E	3	5	C	2	F	8	6
2	1	4	B	D	C	3	7	E	A	F	6	8	0	5	9	2
3	6	B	D	8	1	4	A	7	9	5	0	F	E	2	3	C
S8	0	1	2	3	4	5	6	7	8	9	A	B	C	D	E	F
0	D	2	8	4	6	F	B	1	A	9	3	E	5	0	C	7
1	1	F	D	8	A	3	7	4	C	5	6	B	0	E	9	2
2	7	B	4	1	9	C	E	2	0	6	A	D	F	3	5	8
3	2	1	E	7	4	A	8	D	F	C	9	0	3	5	6	B

　　S 盒的具体置换过程为：某个 S_i 盒的 6 位输入的第一位和第六位形成一个 2 位的二进制数(从 0~3)决定对应表中的一行；同时，输入的中间 4 位构成 4 位二进制数(从 0~15)对应表中的一列(注意：行和列均从 0 开始计数。)。例如，第 8 个 S 盒的输入为 001011。前后 2 位形成的二进制数为 01，对应第 8 个 S 盒的第 1 行；中间 4 位为 0101，对应同一 S 盒的第 5 列。从表 2-6 可得 S 盒 8 的第 1 行第 5 列的数为 3。于是就用 0011 代替原输入 001011。

4. P 盒置换

　　将 8 个 S 盒的输出连在一起生成一个 32 位的输出，输出结果再通过置换 P。P 产生一个 32 位的输出即：$F(R_i, K_i)$。至此，密码函数 F 的操作就完成了。表 2-7 为 P 盒置换。

　　最后，将 P 盒置换的结果与最初的 64 位分组的左半部分异或，然后左、右半部分交换，接着开始下一轮计算。

表 2-7　P 盒置换

16	7	20	21	29	12	28	17
1	15	23	26	5	18	31	10
2	8	24	14	32	27	3	9
19	13	30	6	22	11	4	25

5. 函数 F 设计

函数 F 是 DES 加密的核心。而该函数又依赖于 S 盒的设计。这也适用于其它的对称分组加密算法。下面我们简单讨论一下有关 F 函数的一些通用设计准则，以及 S 盒设计问题。

F 的设计准则

函数 F 的基本功能就是"扰乱(Confusion)"输入，因此，对于 F 来说其非线性越高越好，也就是说，要恢复 F 所做的"扰乱"操作越难越好。

其他的设计准则还包括严格雪崩准则(SAC)和比特独立准则(BIC)[4]。所谓 SAC 就是要求算法具有良好的雪崩效应，输入当中的一个比特发生变化都应当使输出产生尽可能多的比特变化。严格地说，当任何单个输入比特位 i 发生变换时，一个 S 盒的第 j 比特输出位发生变换的概率应为 1/2，且对任意的 i, j 都成立。而比特独立准则的意思是当单个输入比特位 i 发生变化时，输出比特位 j，k 的变化应当互相独立，且任意的 i，j，k 成立。SAC 和BIC 可以有效的增强 F 函数的"扰乱"功能。

S 盒设计

S 盒的设计在对称分组密码研究领域中起着举足轻重的作用。本质上，S 盒的作用就是对输入向量进行处理，使得输出看起来更具随机性。输入和输出之间应当是非线性的，很难用线性函数来逼近。

显然，S 盒的尺寸是一个很重要的特性。一个 n×m 的 S 盒其输入为 n 比特，输出为 m比特。DES 的 S 盒大小为 6×4。S 盒越大，就越容易抵制差分和线性密码分析[1]。一般在实践当中，通常选择 n 在 8～10 之间。

Mister 和 Adams[5] 提出了很多的 S 盒设计原则，其中包括要求 S 盒满足 SAC 和 BIC，以及 S 盒的所有列的全部线性组合应当满足一类称为 bent 函数的高度非线性布尔函数。Bent 函数具有很多有趣的特性，其中，高度非线性和最高阶的严格雪崩准则对于 S 盒的设计尤为重要。

Nyberg[12]提出了以下几种 S 盒的设计和实践原则：

(1) 随机性。采用某些伪随机数发生器或随机数表格来产生 S 盒的各个项。

(2) 随机测试。随机选择 S 盒各个项，然后按照不同准则测试其结果。

(3) 数学构造。根据某些数学原理来产生 S 盒。其好处就是可以根据数学上的严格证明来抵御差分和线性密码分析，并且可以获得很好的扩散(Diffusion)特性。

↘ 末置换

末置换是初始置换的逆变换。对 L_0 和 R_0 进行 16 轮完全相同的运算后，将得到的两部分数据合在一起经过一个末置换函数就可得到 64 位的密文 c，即

$$c = IP^{-1}(R_{16}L_{16})$$

表 2-8 列出了该变换。

表 2-8　末置换 IP⁻¹

40	8	48	16	56	24	64	32
39	7	47	15	55	23	63	31
38	6	46	14	54	22	62	30
37	5	45	13	53	21	61	29
36	4	44	12	52	20	60	28
35	3	43	11	51	19	59	27
34	2	42	10	50	18	58	26
33	1	41	9	49	17	57	25

DES 解密

DES 的解密算法与加密算法相同，但子密钥的次序顺序与加密时相反。

2.3.3　DES 密码分析

差分密码分析是在 1990 年由埃利比哈姆(Eli Biham)和阿迪沙米尔(Adi Shamir)两位密码学家首次提出的密码分析技术。他们利用该方法找到了针对 DES 密码的选择明文攻击，而且这种攻击比蛮力搜索攻击有效得多。差分密码分析依据所产生的密文对的差来检查明文对的差，并利用这些差来计算出哪些密钥比其它密钥的可能性更大，最后求出正确的密钥。由于 DES 密码中，只有 F 函数影响输入对的模 2 差，因此差分密码分析技术特别适合于对付 DES 密码。由于对于特定的输入，输出差根本不是随机的，经仔细选择输入，输出差值便会暴露密钥的统计信息。这种密码分析技术需要攻击者能知道某些明文。

图 2-16 是 DES 的轮函数。对于一对输入 X 和 X′，对应的输出为 Y 和 Y′，由此可得各自的差 ΔX 和 ΔY。由于扩展置换 E 和 P 置换都是已知的，因此由 ΔX 和 ΔY 可以计算出 ΔA 和 ΔC。对于某个特定的 S 盒来说，我们可以事先对所有可能的 ΔB 和 ΔC 进行统计，获得输入 ΔB 和输出 ΔC 的统计关系。而 $\Delta B = \Delta A$，因此最终我们可以得到 ΔA 和 ΔC 之间的联系。将 ΔA 和 ΔC 联合起来，就可以猜出 A 异或 K_i 以及 A′异或 K_i′的位值，由于 A 和 A′是已知的，故可能推出关于 K_i 的信息。

线性密码分析(Linear Cryptanalysis)是 Mitsuru Matsui 提出的一种密码分析技术，这种方法通过寻找分组密码的线性近似来进行攻击。

记 n 位明文组为 P[1]，…，P[n]，n 位密文组为 C[1]，…，C[n]，m 位密钥组为 K[1]，…，K[m]。然后定义

$$A[i, j, \cdots, k] = A[i] \oplus A[j] \oplus \cdots \oplus A[k]$$

线性密码分析的目的就是要找到一个下列形式的有效线性等式

$$P[\alpha_1, \alpha_2, \cdots, \alpha_a] \oplus C[\beta_1, \beta_2, \cdots, \beta_b] = K[\gamma_1, \gamma_2, \cdots \gamma_c]$$

其中 $1 \leqslant a,b \leqslant n$，$1 \leqslant c \leqslant m$，$\alpha$，$\beta$，$\gamma$ 分别表示某个特定的位置。一旦确定上述关系，接下来就是对大量的明文和密文对计算上述等式的左边部分。若多数情况下结果为 0，则假设 $K[\gamma_1, \gamma_2, \cdots \gamma_c] = 0$，若多属情况下为 1，则假设 $K[\gamma_1, \gamma_2, \cdots \gamma_c] = 1$。这就得到了密钥位的线性等式。只要获得足够多的上述等式就可以解出密钥。

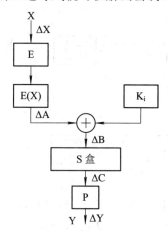

图 2-16　DES 轮函数

图 2-17 给出第 26 位子密钥的线性等式。b_{26} 是 S 盒 5 的输入。b_{26} 由 a_{26} 和子密钥的 $K_{i,26}$ 异或得到，而 a_{26} 则由输入的 x_{17} 通过扩展置换 E 得到。S 盒 5 对应的 4 个输出位为 c_{17}，c_{18}，c_{19}，c_{20}，通过 P 盒运算成为轮函数的 4 位输出：y_3，y_8，y_{14}，y_{25}。由此可得等式

$$x_{17} \oplus y_3 \oplus y_8 \oplus y_{14} \oplus y_{25} = K_{i,26}$$

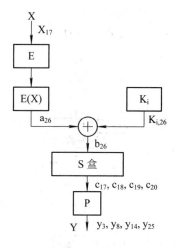

图 2-17　DES 的一轮线性逼近

2.3.4　DES 工作模式

DES 有四种工作模式：电子密码本(ECB)、密码分组链接(CBC)、密文反馈(CFB)和输出反馈(OFB)。这四种工作模式同样适用于其它分组密码。

1. 电子密本 ECB 模式

这是直接应用密码算法的工作模式。对明文 M 分成一些 64 位的分组 p_i，对各明文组用给定的密钥 k 进行加密，得密文组：$c_i = DESk(p_i)$。将各密文组按顺序连接起来即得到明文的密文，如图 2-18 所示。

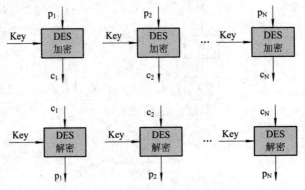

图 2-18　电子密码本(ECB)模式

缺点：在给定密钥的条件下，同一明文组总是得到同样的密文组，这会暴露明文数据的格式和统计特征。

2. 密码分组链接 CBC 模式

在 CBC 模式下，每个明文组 p_i 在加密之前先与前一密文组 c_{i-1} 按位模 2 求和后，再对结果运用 DES 算法。对于第一个明文组，由于还没有反馈密文，需预置一个初始向量 IV，如图 2-19 所示。即

$$c_1 = DES_k(P_1 \oplus IV)$$
$$c_2 = DES_k(P_2 \oplus c_1)$$
$$c_i = DES_k(P_i \oplus c_{i-1})$$

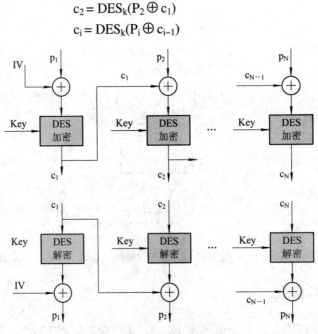

图 2-19　密文分组链(CBC)模式

CBC 模式通过反馈使输出密文与以前的各明文相关，从而实现隐蔽明文图样的目的。但是这也会导致错误传播的发生。

3. 密文反馈 CFB 模式

CFB 模式将 DES 作为一个流密码产生器，如图 2-20 所示。p_i 和 c_i 为 n 位分组。移位寄存器的最右边 64 位送到 DES 进行加密；将加密结果的最左边 n 位与 n 位明文组 p_i 作异或运算得到密文组 c_i。然后，将得到的密文组送到移位寄存器的最右端，其他位向左移 n 位，最左端 n 位丢弃。然后继续下一分组的运算。对第一个分组同样需要预置初始向量 IV。算法描述为

$$c_1 = P_1 \oplus \mathrm{Left}_n[\mathrm{DES}_k(IV)]$$
$$c_2 = P_2 \oplus \mathrm{Left}_n[\mathrm{DES}_k(c_1)]$$
$$c_i = P_i \oplus \mathrm{Left}_n[\mathrm{DES}_k(c_{i-1})]$$

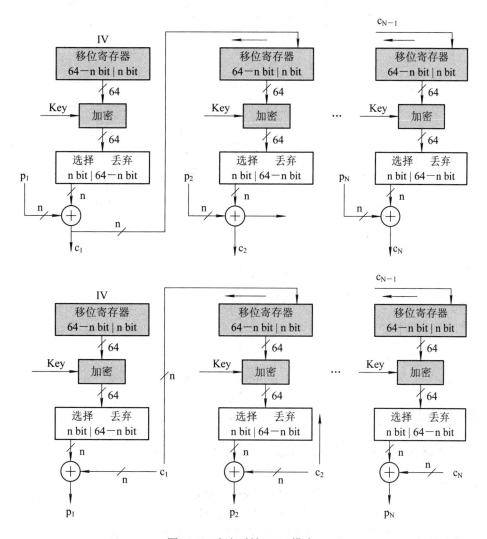

图 2-20　密文反馈(CFB)模式

CFB 是密文反馈，对信道错误较敏感，会造成错误传播。

4. 输出反馈 OFB 模式

OFB 模式也将 DES 作为密文流产生器。不同的是它将输出的 n 位密钥直接反馈至移位寄存器即 DES 的输入端。如图 2-21 所示。

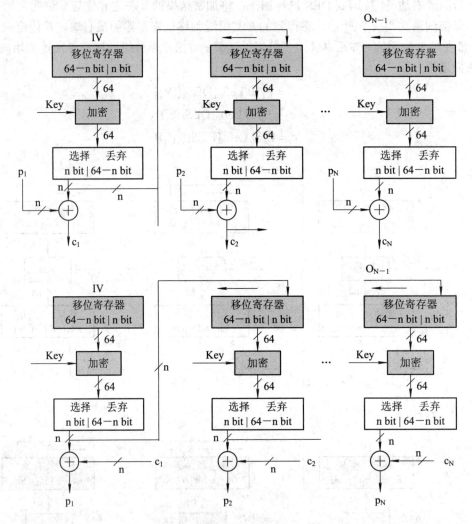

图 2-21　输出反馈(OFB)模式

2.3.5　三重 DES

三重 DES 是 DES 的一种变行实现方式，如图 2-22 所示。从图中我们可以得到其加/解密运算为

$$加密：C = E_{K3}(D_{K2}(E_{K1}(M)))$$
$$解密：M = D_{K1}(E_{K2}(D_{K3}(M)))$$

其中，K_1、K_2、K_3 为 56 位 DES 密钥。为了获得更高的安全性，三个密钥应该选择为互不相同。但在某些情况下，如与原来的 DES 保持兼容，则可以选择 $K_1 = K_2$ 或 $K_2 = K_3$ 相同。

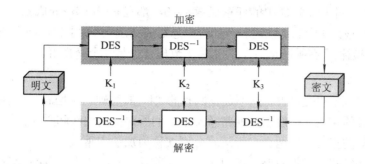

图 2-22　三重 DES

2.4　高级加密标准(AES)

高级加密标准(Advanced Encryption Standard，AES)是美国国家标准技术研究院(NIST)旨在取代 DES 的 21 世纪的加密标准。对 AES 的基本要求是：采用对称分组密码体制，密钥长度的最少支持为 128、192、256，分组长度 128 位，算法应易于各种硬件和软件实现。NIST 经过五年的甄选流程，最终选择了由两名比利时密码学家 Joan Daemen 和 Vincent Rijmen 所设计 Rijndael 算法作为高级加密标准。该算法结合两位作者的名字，以 Rijndael 命名之(Rijdael 的发音近于"Rhinedoll"。)。

高级加密标准由美国国家标准与技术研究院 (NIST)于 2001 年 11 月 26 日正式发布为 FIPS PUB 197，并在 2002 年 5 月 26 日成为有效的标准。目前，AES 已成为对称密钥加密中最流行的算法之一。

2.4.1　代数基础

鉴于有限域在密码学中的重要作用，在介绍 AES 算法之前，对群、环和域等基本概念进行简单介绍。

1. 群

群是一个集合 G，连同一个运算 "·"，它结合了任何两个元素 a 和 b 而形成另一个元素，记为 a·b。符号 "·"，是指某种具体的运算。要具备成为群的资格，这个集合和运算 (G，·)必须满足叫做群公理的四个要求：

(1) 封闭性　对于所有 G 中 a、b，运算 a·b 的结果也在 G 中。

(2) 结合律　对于所有 G 中的 a、b 和 c，等式(a·b)·c＝a·(b·c)成立。

(3) 单位元　存在 G 中的一个元素 e，使得对于所有 G 中的元素 a，等式 e·a＝a·e＝a 成立。

(4) 逆元　对于每个 G 中的 a，存在 G 中的一个元素 b 使得 a·b＝b·a＝e，这里的 e 是单位元。

进行群运算的次序可以是重要的。换句话说，把元素 a 与元素 b 结合，所得到的结果不一定与把元素 b 与元素 a 结合相同；等式 a·b＝b·a 不一定成立。我们把满足以下条件的群称为交换群(又称阿贝尔群)：

(5) 交换律　　对于每个 G 中的任意元素 a、b，都有 a·b＝b·a 成立。

这个等式在整数集合的加法运算下的群中总是成立，因为对于任何两个整数都有 a＋b＝b＋a(加法的交换律)。在乘法运算下的非零实数集合也是一个交换群。

2．环

环的定义类似于可交换群，只不过在原有的"＋"的基础上又增添另一种运算"·"(注意我们这里所说的＋与·一般不是通常意义下我们所熟知的加法和乘法)。因此，环是一个有两个二元运算的集合，这两个二元运算分别被称为加法和乘法。

注：乘法运算符·常被省略，所以 a·b 可简写为 ab。此外，乘法是比加法优先的运算，所以 a＋bc 其实是 a＋(b·c)。

集合 R 和定义于其上的二元运算 ＋ 和·，(R,＋,·)构成一个环，若它们满足：

(1) (R,＋)形成一个交换群，其幺元称为零元素，记作 '0'。即

- ○ (a＋b)＝(b＋a)
- ○ (a＋b)＋c＝a＋(b＋c)
- ○ 0＋a＝a＋0＝a
- ○ $\forall a$，$\exists (-a)$ 满足 a＋－a＝－a＋a＝0

(2) (R,·)形成一个半群，即

- ○ (a·b)·c＝a·(b·c)

(3) 乘法关于加法满足分配律

- ○ a·(b＋c)＝(a·b)＋(a·c)
- ○ (a＋b)·c＝(a·c)＋(b·c)

环就是一个集合，我们可以在环中进行加法、减法和乘法，而不脱离该集合。

若环 R 中，(R,·)还满足交换律，从而构成交换半群，即：$\forall a, b \in R$，有 ab＝ba，则 R 称为交换环。

若 R 中没有非 0 的零因子，则称 R 为无零因子环。

此定义等价于以下任何一条：

- ○ R\{0}对乘法形成半群；
- ○ R\{0}对乘法封闭；
- ○ R 中非 0 元素的乘积非 0。

考虑一个环 R，根据环的定义，易知 R 有以下性质：

- ○ $\forall a \in R$，a·0＝0·a＝0；(这也是为什么 0 作为加法群的幺元，却被称为"零元素")
- ○ $\forall a, b \in R$，(－a)·b＝a·(－b)＝－(a·b)；

若环 R 中，(R,·)构成幺半群。即：$\exists 1 \in R$，使得$\forall a \in R$，有 1·a＝a·1＝a。则 R 称为幺环。此时幺半群(R,·)的幺元 1，亦称为环 R 的幺元。

无零因子的交换幺环称为整环。例如普通加法和乘法运算下的整数集合是一个整环。

3．域

在抽象代数中，域(Field)是一种可进行加、减、乘和除(除了除以零之外)运算的代数结构。域的概念是数域以及四则运算的推广。

域是环的一种。域和环的区别在于域要求它的元素(除零元素之外)可以进行除法运算，这等价于说每个非零的元素都要有乘法逆元。简单来说，域是乘法可交换的除环。

域是一种交换环(F，+，·)，当中加法单位元(0)不等于乘法单位元(1)，且所有非零元素有乘法逆元。

　　○ 乘法逆元：对所有 $a \neq 0$，F 中存在元素 a^{-1}，使得 $a \cdot a^{-1} = 1$

常见的数域都是域。比如说，全体复数的集合 C 对于加法和乘法构成一个域。全体有理数的集合 Q 也是一个域，它是 C 的子域，并且不包含更小的子域了。所有整数的集合并不是一个域，因为集合中只有元素 1 和 –1 有乘法逆元。

在密码学中，我们更多地对包含有限个元素的域感兴趣，这就是所谓的有限域或者伽罗瓦域(Galois field)。域中的元素个数称为阶数或者基数。有限域的阶数必须是素数或者素数的幂。通常记为 $GF(p^n)$，其中 p 是素数，n 是正整数。这也意味着有 11 个元素的有限域，有 256 个元素的有限域，但是不可能有 12 个元素的有限域。

n=1 时，GF(p)称为阶数为 p 的素域(Prime Field)，它属于模 p 的剩余类(Residue Class)，其中的 p 个元素分别是 0，1，…，p–1。GF(p)中的 a = b 表示 $a \equiv b(\bmod p)$。GF(p)中的所有非零元素都存在乘法逆元。

例 2.7　考虑有限域 GF(5)={0，1，2，3，4}。下图给出了两个元素之间的加、减、乘和除规则。

例 2.8　最小的有限域为 GF(2) = {0，1}，其算术计算就是简单的模 2 运算，如图 2-23 所示。

由图 2-24 可知，GF(2)加等效于异或，GF(2)乘等效于逻辑与运算。GF(2)在流密码以及 AES 中都有重要应用。

加法						加法逆
+	0	1	2	3	4	
0	0	1	2	3	4	−0=0
1	1	2	3	4	0	−1=4
2	2	3	4	0	1	−2=3
3	3	4	0	1	2	−3=2
4	4	0	1	2	3	−4=1

乘法						乘法逆
×	0	1	2	3	4	
0	0	0	0	0	0	0^{-1} 不存在
1	0	1	2	3	4	$1^{-1}=1$
2	0	2	4	1	3	$2^{-1}=3$
3	0	3	1	4	2	$3^{-1}=2$
4	0	4	3	2	1	$4^{-1}=4$

+	0	1		×	0	1
0	0	1		0	0	0
1	1	0		1	0	1

图 2-23　GF(5)中的加、减、乘和除法则　　　　图 2-24　GF(2)中的加和乘运算

4．扩展域 $GF(2^n)$

AES 密码所采用的有限域包含 256 个元素，可以表示为 $GF(2^8)$。选择该域的原因是每

一个域的元素刚好可以表示一个字节。字节是很多 AES 变换处理的基本单位。但是由于 $GF(2^8)$ 有限域的阶数不是素数，其运算无法再使用素域中的模 256 来计算。对于 $n > 1$ 的扩展域，我们需要：

(1) 寻求不同的域元素的表示方法；

(2) 采用不同的运算规则。

在扩展域 $GF(2^n)$ 中，元素不再用整数来表示，而是采用多项式表示方法。多项式的系数属于 $GF(2)$。多项式的最高阶数等于 $n-1$，因此 $GF(2^n)$ 中的每个元素都有 n 个系数。对于 AES 所使用的 $GF(2^8)$，其中的每个元素 A 可以表示为

$$A(x) = a_7 x^7 + \cdots + a_1 x + a_0, \quad a_i \in GF(2) = \{0, 1\}$$

显然这样的多项式总共有 256 个。这 256 个多项式的集合就是有限域 $GF(2^8)$。而且每个多项式可以简单地以 8 比特向量的形式来表示

$$A = (a_7, a_6, a_5, a_4, a_3, a_2, a_1, a_0)$$

5. 扩展域 $GF(2^n)$ 的运算规则

$GF(2^n)$ 的加减运算相对简单，也就是对多项式中 x 各次幂所对应的系数进行 $GF(2)$ 域下的加减运算，即异或运算，因此加和减是相同运算。

定义：扩展域加法和减法

令 $A(x)$，$B(x) \in GF(2^m)$。两个元素的和运算如下

$$C(x) = A(x) + B(x) = \sum_{i=0}^{m-1} c_i x^i, \quad c_i \equiv a_i + b_i \bmod 2$$

两个元素的差运算如下

$$C(x) = A(x) - B(x) = \sum_{i=0}^{m-1} c_i x^i, \quad c_i \equiv a_i - b_i \equiv a_i + b_i \bmod 2$$

例 2.9　有限域 $GF(2^8)$ 中的两个元素的加法和减法运算：

$(x^6 + x^4 + x^2 + x + 1) + (x^7 + x + 1) \equiv x^7 + x^6 + x^4 + x^2$　　　多项式表示

$\{01010111\} \oplus \{10000011\} \equiv \{11010100\}$　　　　　　　　二进制表示

$\{57\} \oplus \{83\} \equiv \{d4\}$　　　　　　　　　　　　　　　十六进制表示

有限域 $GF(2^8)$ 中的乘法是 AES 算法中 MixColumn 变化的核心运算。采用标准的多项式乘法规则进行运算，问题是两个多项式乘积的最高次幂有可能超过 7，因此，无法再用一个字节来表示。所以，需要对乘积结果用一个 8 阶不可约多项式进行除法运算，得到的余数作为两个多项式的乘法运算结果。AES 密码中采用的不可约多项式为

$$m(x) = x^8 + x^4 + x^3 + x + 1$$

鉴于该多项式最高阶为 8，无法用单个字节表示，我们通常把它写为 1{00011011}或者 1{1b}。

例 2.10　有限域 $GF(2^8)$ 中的两个多项式{57}和{83}的乘法运算。

首先采用标准多项式乘法进行计算

$(x^6 + x^4 + x^2 + x + 1) \cdot (x^7 + x + 1) \rightarrow$

$$
\begin{array}{ll}
(x^6 + x^4 + x^2 + x + 1) \cdot x^7 = & x^{13} + x^{11} + x^9 + x^8 + x^7 + \\
(x^6 + x^4 + x^2 + x + 1) \cdot x = & \qquad\qquad\qquad x^7 \quad + x^5 \quad + x^3 + x^2 + x \\
(x^6 + x^4 + x^2 + x + 1) \cdot 1 = & \qquad\qquad\qquad\qquad\quad x^6 \quad + x^4 \quad + x^2 + x + 1 \\
\hline
 & x^{13} + x^{11} + x^9 + x^8 \qquad + x^6 + x^5 + x^4 + x^3 \qquad + 1
\end{array}
$$

然后对上述结果进行除法运算

$$
\begin{array}{ll}
 & x^{13} + x^{11} + x^9 + x^8 \qquad + x^6 + x^5 + x^4 + x^3 \qquad + 1 \\
(x^8 + x^4 + x^3 + x + 1) \cdot x^5 = & x^{13} \qquad + x^9 + x^8 \qquad + x^6 + x^5 \\
\hline
 & x^{11} \qquad\qquad\qquad\qquad + x^4 + x^3 \qquad + 1 \\
(x^8 + x^4 + x^3 + x + 1) \cdot x^3 = & x^{11} \qquad + x^7 + x^6 \qquad + x^4 + x^3 \\
\hline
 & x^7 + x^6 \qquad\qquad\qquad\qquad + 1
\end{array}
$$

由此可知

$$\{57\} \cdot \{83\} \equiv \{c_1\}$$

多项式乘法运算还可以利用移位算子来实现。我们知道有限域元素 $\{00000010\}$ 代表多项式 x，如果某个元素同 x 相乘，那也就意味着对该元素的所有项幂次加 1。这等价于左移运算，即第 i 位被移到第 i+1 位。如果移位前，元素的最高位等于 1，那么移位后将产生 x^8 这一项，这时需要进行模运算以消除这一项。

例如，对 $\{11001000\}$ 乘以 x，即 $\{00000010\}$，得到运算结果 1$\{10010000\}$，然后同 m(x) 相加(减)，进行异或运算，得到最终结果 $\{10001011\}$。

重复上诉步骤，可以得到一个有限域元素同 x 的所有幂次相乘的结果。

例 2.11 下表给出了 $\{57\} \cdot \{83\} = \{c_1\}$ 的运算步骤：

p	$\{57\} \cdot x^p$	$\oplus$ m(x)	$\{57\} \cdot x^p$	$\{83\}$	$\oplus$ to result	result
0	$\{01010111\}$		$\{01010111\}$	1	$\{01010111\}$	$\{01010111\}$
1	$\{10101110\}$		$\{10101110\}$	1	$\{10101110\}$	$\{11111001\}$
2	1$\{01011100\}$	1$\{00011011\}$	$\{01000111\}$	0		
3	$\{10001110\}$		$\{10001110\}$	0		
4	1$\{00011100\}$	1$\{00011011\}$	$\{00000111\}$	0		
5	$\{00001110\}$		$\{00001110\}$	0		
6	$\{00011100\}$		$\{00011100\}$	0		
7	$\{00111000\}$		$\{00111000\}$	1	$\{00111000\}$	$\{11000001\}$

最快捷的一种有限域乘法计算方法是利用查表的方法。

有限域中存在某些元素，称为生成元(Generator)，记为 g。它们的不同幂次 g^p 计算结果，可以产生有限域的所有非零元素。在 AES 算法中，$\{03\}$ 就是 $GF(2^8)$ 域的一个生成元，也就是说，$\{03\}^p$ 可以构成域中的 255 个元素：1～255，如表 2-9 和表 2-10 所示。还是以例 2-10 的 $\{57\} \cdot \{83\}$ 为例，$\{57\} = \{03\}^{62}$，$\{83\} = \{03\}^{50}$ (注意：表中的元素都是十六进制表示的)。由此，得到 $\{57\} \cdot \{83\} = \{03\}^{62} \cdot \{03\}^{50} = \{03\}^{b2}$，再由表 2-10 可知 $\{03\}^{b2} = \{c_1\}$，所以 $\{57\} \cdot \{83\} = \{c_1\}$。

同样利用表 2-9、2-10，还可以用来计算有限域元素的乘逆。首先有 g^x 的逆为 g^{ff-x}，因此，元素 $\{af\} = \{03\}^{b7}$ 的逆为 $\{03\}^{ff-b7} = \{03\}^{48} = \{62\}$。除了 $\{00\}$ 元素以外，所有的元素都存在逆。

表 2-9　对给定的有限域元素{xy}，计算满足{xy}={03}^{L} L 值

L(xy)	y 0	1	2	3	4	5	6	7	8	9	a	b	c	d	e	f
x 0		00	19	01	32	02	1a	c6	4b	c7	1b	68	33	ee	df	03
1	64	04	e0	0e	34	8d	81	ef	4c	71	08	c8	f8	69	1c	c1
2	7d	c2	1d	b5	f9	b9	27	6a	4d	e4	a6	72	9a	c9	09	78
3	65	2f	8a	05	21	0f	e1	24	12	f0	82	45	35	93	da	8e
4	96	8f	db	bd	36	d0	ce	94	13	5c	d2	f1	40	46	83	38
5	66	dd	fd	30	bf	05	8b	62	b3	25	e2	98	22	88	91	10
6	7e	6e	48	c3	a3	b6	1e	42	3a	6b	28	54	fa	85	3d	ba
7	2b	79	0a	15	9b	9f	5e	ca	4e	d4	ac	e5	f3	73	a7	57
8	af	58	a8	50	f4	ea	d6	74	4f	ae	e9	d5	e7	e6	ad	e8
9	2c	d7	75	7a	eb	16	0b	f5	59	cb	5f	b0	9c	a9	51	a0
a	7f	0c	f6	6f	17	c4	49	ec	d8	43	1f	2d	a4	76	7b	b7
b	cc	bb	3e	5a	fb	60	b1	86	3b	52	a1	6c	aa	55	29	9d
c	97	b2	87	90	61	be	dc	fc	bc	95	cf	cd	37	3f	5b	d1
d	53	39	84	3c	41	a2	6d	47	14	2a	9e	5d	56	f2	d3	ab
e	44	11	92	d9	23	20	2e	89	b4	7c	b8	26	77	99	e3	a5
f	67	4a	ed	de	c5	31	fe	18	0d	63	8c	80	c0	f7	70	07

表 2-10　对给定的有限域元素{E}，计算{E}={03}^{xy}

E(xy)	y 0	1	2	3	4	5	6	7	8	9	a	b	c	d	e	f
x 0	01	03	05	0f	11	33	55	ff	1a	2e	72	96	a1	f8	13	35
1	5f	e1	38	48	d8	73	95	a4	f7	02	06	0a	1e	22	66	aa
2	e5	34	5c	e4	37	59	eb	26	6a	be	d9	70	90	ab	e6	31
3	53	f5	04	0c	14	3c	44	cc	4f	d1	68	b8	d3	6e	b2	cd
4	4c	d4	67	a9	e0	3b	4d	d7	62	a6	f1	08	18	28	78	88
5	83	9e	b9	d0	6b	bd	dc	7f	81	98	b3	ce	49	db	76	9a
6	b5	c4	57	f9	10	30	50	f0	0b	1d	27	69	bb	d6	61	a3
7	fe	19	2b	7d	87	92	ad	ec	2f	71	93	ae	e9	20	60	a0
8	fb	16	3a	4e	d2	6d	b7	c2	5d	e7	32	56	fa	15	3f	41
9	c3	5e	e2	3d	47	c9	40	c0	5b	ed	2c	74	9c	bf	da	75
a	9f	ba	d5	64	ac	ef	2a	7e	82	9d	bc	df	7a	8e	89	80
b	9b	b6	c1	58	e8	23	65	af	ea	25	6f	b1	c8	43	c5	54
c	fc	1f	21	63	a5	f4	07	09	1b	2d	77	99	b0	cb	46	ca
d	45	cf	4a	de	79	8b	86	91	a8	e3	3e	42	c6	51	f3	0e
e	12	36	5a	ee	29	7b	8d	8c	8f	8a	85	94	a7	f2	0d	17
f	39	4b	dd	7c	84	97	a2	fd	1c	24	6c	b4	c7	52	f6	01

2.4.2　AES 算法描述

AES 的设计同样基于替换-置换网络，但并没有使用 DES 使用的 Feistel 网络。

　　AES 使用 128 比特的固定分组大小，密钥长度可以是 128, 192 或者 256 比特。而 Rijndael 算法设计之初，其分组大小和密钥长度可以是 32 比特的整数倍值，分组最小值取 128 比特，最大值取 256 比特，但是密钥大小在理论上没有上限。本章的讨论都假定秘钥的长度为 128 位。

　　AES 加密有很多轮的重复和变换，其结构如图 2-25 所示。其大致的步骤如下：(1) 密钥扩展(KeyExpansion)得到各轮的子密钥；(2) 初始轮(Initial Round)，与轮密钥相加，(3) 重复轮(Rounds)。每一轮又包括：非线性字节替换(SubBytes)、置换(ShiftRows)、混合运算(MixColumns)、AddRoundKey。(4) 最终轮(Final Round)，最终轮没有 MixColumns。

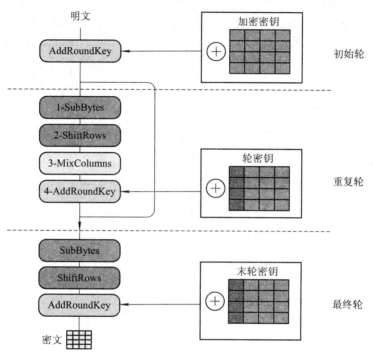

图 2-25　AES 加密过程

　　AES 加密算法的输入分组和解密算法的输出均为 128 位。AES 的操作对象是一个 4×4 正方形矩阵来描述的字节数组，称为状态矩阵。该矩阵在加密或者解密的各个阶段都会被改变。密钥同样也是以字节为单位的矩阵来描述。明文及密钥的组织排列方式如图 2-26 所示。

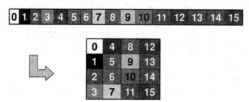

图 2-26　AES 数据结构

2.4.3　字节代替(SubBytes)

　　字节代替是对状态矩阵中的每个字节单独按照 S 盒进行替换。AES 定义的 S 盒如图 2-27 所示。

hex	y															
x	0	1	2	3	4	5	6	7	8	9	a	b	c	d	e	f
0	63	7c	77	7b	f2	6b	6f	c5	30	01	67	2b	fe	d7	ab	76
1	ca	82	c9	7d	fa	59	47	f0	ad	d4	a2	af	9c	a4	72	c0
2	b7	fd	93	26	36	3f	f7	cc	34	a5	e5	f1	71	d8	31	15
3	04	c7	23	c3	18	96	05	9a	07	12	80	e2	eb	27	b2	75
4	09	83	2c	1a	1b	6e	5a	a0	52	3b	d6	b3	29	e3	2f	84
5	51	d1	00	ed	20	fc	b1	5b	6a	cb	be	39	4a	4c	58	cf
6	d0	ef	aa	fb	43	4d	33	85	45	f9	02	7f	50	3c	9f	a8
7	51	a3	40	8f	92	9d	38	f5	bc	b6	da	21	10	ff	f3	d2
8	cd	0c	13	ec	5f	97	44	17	c4	a7	7e	3d	64	5d	19	73
9	60	81	4f	dc	22	2a	90	88	46	ee	b8	14	de	5e	0b	db
a	e0	32	3a	0a	49	06	24	5c	c2	d3	ac	62	91	95	e4	79
b	e7	c8	37	6d	8d	d5	4e	a9	6c	56	f4	ea	65	7a	ae	08
c	ba	78	25	2e	1c	a6	be	c6	e8	dd	74	1f	4b	d	8b	8a
d	70	3e	b5	66	48	03	f6	0e	61	35	57	b9	86	c1	1d	9e
e	e1	f8	98	11	69	d9	8e	94	9b	1e	87	e9	ce	55	28	df
f	8c	a1	89	0d	bf	e6	42	68	41	99	2d	0f	b0	54	bb	16

图 2-27　AES S 盒

如果输入的状态矩阵如图 2-28 所示，则对应的输出为：

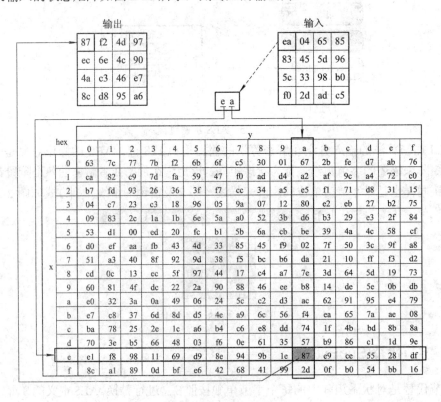

图 2-28　S 盒替换举例

在图 2-28 中，输入的第一项 ea，被替换成 S 盒中 e 行 a 列中的元素 87，其余类推就可以得到整个输出结果。

S 盒是 AES 算法中唯一的一个非线性组件，也就是说，对于任意两个状态 A 和 B，都有 ByteSub(A)+ByteSub(B)≠ByteSub(A+B)成立。整个 S 盒的替换都是一对一的映射，而且是可逆的。

AES 的 S 盒可以看成是两个数学变换的结果，如图 2-29 所示。

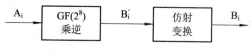

图 2-29 S 盒的等效运算

第一个变换就是标准的 Galois 域的乘法逆元的计算。图 2-29 中的输入输出都是域 GF(2^8)中的元素，相应的不可约多项式是 m(x) = $x^8 + x^4 + x^3 + x + 1$。图 2-30 给出了所有的乘法逆元。需要注意的是 0 元素其逆元是不存在的，在 AES 算法中，把 0 元素的逆元定义为自己。图中的乘法逆元也可以通过图来组合得到。

		0	1	2	3	4	5	6	7	8	9	A	B	C	D	E	F
									Y								
	0	00	01	8D	F6	CB	52	7B	D1	E8	4F	29	C0	B0	E1	E5	C7
	1	74	B4	AA	4B	99	2B	60	5F	58	3F	FD	CC	FF	40	EE	B2
	2	3A	6E	5A	F1	55	4D	A8	C9	C1	0A	98	15	30	44	A2	C2
	3	2C	45	92	6C	F3	39	66	42	F2	35	20	6F	77	BB	59	19
	4	1D	FE	37	67	2D	31	F5	69	A7	64	AB	13	54	25	E9	09
	5	ED	5C	05	CA	4C	24	87	BF	18	3E	22	F0	51	EC	61	17
	6	16	5E	AF	D3	49	A6	36	43	F4	47	91	DF	33	93	21	3B
	7	79	B7	97	85	10	B5	BA	3C	B6	70	D0	06	A1	FA	81	82
X	8	83	7E	7F	80	96	73	BE	56	9B	9E	95	D9	F7	02	B9	A4
	9	DE	6A	32	6D	D8	8A	84	72	2A	14	9F	88	F9	DC	89	9A
	A	FB	7C	2E	C3	8F	B8	65	48	26	C8	12	4A	CE	E7	D2	62
	B	0C	E0	1F	EF	11	75	78	71	A5	8E	76	3D	BD	BC	86	57
	C	0B	28	2F	A3	DA	D4	E4	0F	A9	27	53	04	1B	FC	AC	E6
	D	7A	07	AE	63	C5	DB	E2	EA	94	8B	C4	D5	9D	F8	90	6B
	E	B1	0D	D6	EB	C6	0E	CF	AD	08	4E	D7	E3	5D	50	1E	B3
	F	5B	23	38	34	68	46	03	8C	DD	9C	7D	A0	CD	1A	41	1C

图 2-30 域 GF(2^8)中所有元素{xy}的乘法逆元

替换的第二个变换就是对每一个字节同一个常数矩阵相乘，然后同 8 比特向量按位异或相加，整个运算如图 2-31 所示。

$$
\begin{pmatrix} b_0 \\ b_1 \\ b_2 \\ b_3 \\ b_4 \\ b_5 \\ b_6 \\ b_7 \end{pmatrix} \equiv \begin{pmatrix} 10001111 \\ 11000111 \\ 11100011 \\ 11110001 \\ 11111000 \\ 01111100 \\ 00111110 \\ 00011111 \end{pmatrix} \begin{pmatrix} b_0' \\ b_1' \\ b_2' \\ b_3' \\ b_4' \\ b_5' \\ b_6' \\ b_7' \end{pmatrix} + \begin{pmatrix} 1 \\ 1 \\ 0 \\ 0 \\ 0 \\ 1 \\ 1 \\ 0 \end{pmatrix} \bmod 2
$$

图 2-31 仿射变换

例 2.6　假设 S 盒的输入为 $A_i = (11000010)_2 = (C_2)_{hex}$，由图 2-30 可知，其乘法逆元为

$$A_i^{-1} = B_i' = (2F)_{hex} = (00101111)_2$$

然后对 B_i' 进行仿射变换，注意最低有效位是 b_0'，最右边的比特。

$$B_i = (00100101)_2 = (25)_{hex}$$

因此，S 盒替换结果为 $S((C_2)_{hex}) = (25)_{hex}$，与图 2-27 结果相符。

2.4.4　行移位(ShiftRows)

图 2-32 描述了正向的行移位变换。状态矩阵的第一行保持不变，状态矩阵的第二行循环左移一个字节，状态矩阵的第三行循环左移二个字节，状态矩阵的第四行循环左移三个字节，示例见图 2-33。

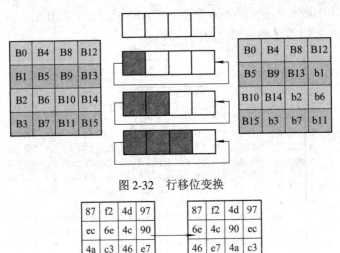

图 2-32　行移位变换

87	f2	4d	97
ec	6e	4c	90
4a	c3	46	e7
8c	d8	95	a6

→

87	f2	4d	97
6e	4c	90	ec
46	e7	4a	c3
a6	8c	d8	95

图 2-33　行移位变换举例

2.4.5　列混淆(MixColumns)

列混淆变换是通过矩阵乘来实现的，如图 2-34 所示。列混淆属于可逆的线性变换，它把状态矩阵的每一列的四个字节进行混合。由于每个输入的字节都会对输出的四个字节产生影响，列混淆变换是 AES 算法中最主要的混淆单元。

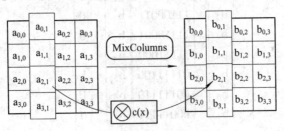

图 2-34　列混淆变换

以矩阵形式来表示列混淆变换如下式所示，其中所有的值都是有限域中的元素。

$$\begin{bmatrix} b_{0,i} \\ b_{1,i} \\ b_{2,i} \\ b_{3,i} \end{bmatrix} = \begin{bmatrix} 2 & 3 & 1 & 1 \\ 1 & 2 & 3 & 1 \\ 1 & 1 & 2 & 3 \\ 3 & 1 & 1 & 2 \end{bmatrix} \begin{bmatrix} a_{0,i} \\ a_{1,i} \\ a_{2,i} \\ a_{3,i} \end{bmatrix}, \quad 0 \leqslant i \leqslant 4$$

其中的乘法运算规则为：乘 1 意味着不变，乘 2 就是对字节进行左移，乘 3 就是左移后的字节同原字节异或相加。注意，如果移位后的值大于 0XFF，那么移位后的字节还必须同 0x1B 进行异或。图 2-35 给出了图 2-33 的列混淆运算结果。

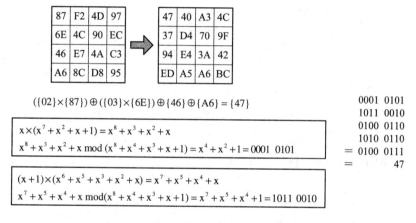

图 2-35 列混淆举例

2.4.6 轮密钥加(AddRoundKey)

在轮密钥加步骤中，状态矩阵中的每个字节同轮子密钥中的对应字节进行异或运算。每一轮的子密钥是通过密钥调度算法计算得到的。整个操作如图 2-36 所示。

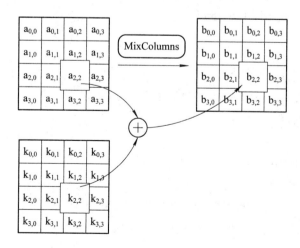

图 2-36 轮密钥加

2.4.7　密钥调度

AES 密钥调度算法就是把输入的 128 位密钥扩展为 11 组 128 位子密钥,其中第 0 组为输入密钥本身。整个密钥调度算法如图 2-37 所示。

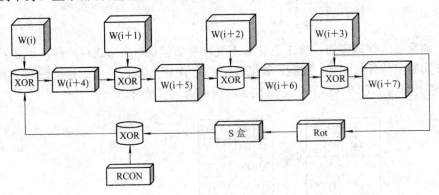

图 2-37　AES 密钥调度算法

图 2-37 中的 Rot 是字循环,对一个字中的四个字节循环左移一个字节;然后利用 S 盒对输入字中的每个字节进行代换。RCON 是常量,其值定义为 RCON[j] = (RC[j],0,0,0),其中 RC[1] = 1,RC[j] = 2·RC[j−1]。最终结果如表 2-11 所示。

表 2-11　RCON 常量取值

01	02	04	08	10	20	40	80	1b	36
00	00	00	00	00	00	00	00	00	00
00	00	00	00	00	00	00	00	00	00
00	00	00	00	00	00	00	00	00	00

首先输入的密钥直接被复制到扩展密钥数组的前四个字 w[0],w[1],w[2],w[3],然后每次由前四个字计算得到后续十组的四个字。在 w 数组中,下标为 4 的倍数的元素采用更为复杂的计算函数。密钥调度算法的伪代码如下:

```
KeyShedule(byte key[16] , word w[44])
{
    word temp;
    for ( i=0;i<4;i++)
        w[i]=(key[4*i],key[4*i+1],key[4*i+2],key[4*i+3]);
for(i=4;i<44;i++)
    {
        temp=w[i-1];
        if(i mod 4 =0)
                temp=SBox(Rot(temp)) ⊕Rcon[i/4];
        w[i]=w[i-4]⊕temp;
    }
}
```

例 2.7 设 AES 的密钥为 2b7e151628aed2a6abf7158809cf4f3c,则对应的描述矩阵如下,则 w[0] = 2b7e1516, w[1] = 28aed2a6, w[2] = abf71588, w[3] =09cf4f3c。对于下一轮的子密钥 w[4]~w[7]计算如下。

2b	28	ab	09
7e	ae	f7	cf
15	d2	15	4f
16	a6	88	3c

w[4]: 对 w[3]进行字循环移位得到 cf4f3c09, S 盒代换得到 8a84eb01,再和常量 Rcon[1] = 01000000 相加得 8b84eb01,最后和 w[0] = 2b7e1516 相加得最后结果为 a0fafe17。

w[5]: w[1]⊕w[4] = 28aed2a6⊕a0fafe17 = 88542cb1

w[6]: w[2]⊕w[5] = abf71588⊕88542cb1 = 23a33939

w[7]: w[3]⊕w[6] = 09cf4f3c⊕23a33939 = 2a6c7605

2.4.8 AES 安全性分析

美国国家安全局在审核所有参与竞选 AES 的最终入围者时(包括 Rijndael),就认为这些入围的密码算法能够满足美国政府传递非机密文件的安全需要。2003 年 6 月,美国政府还宣布 AES 可以用于加密机密文件。AES 算法的设计和秘钥长度足以保护各种保密信息,对于绝密信息则要求使用 192 或者 256 长度的密钥。

通常破解分组密码系统最常见的方式,是先对其较弱版本(加密轮数较少)尝试各种攻击。AES 算法实现中,128 位密钥需要 10 轮加密运算,192 位密钥需要 12 轮加密运算,256 位密钥则需要 14 轮的加密运算,而截至 2006 年,最佳的已知攻击是 128 位密钥的 7 轮、192 位密钥的 8 轮、256 位密钥的 9 轮[7]。

由于已遭破解的弱版的 AES,其加密轮数和原本的加密轮数相差无几,有些密码学家开始担心 AES 的安全性:要是有人能将该著名的攻击加以改进,AES 分组密码就会被破解。要注意的是,在密码学的意义上,只要存在一个方法,比暴力密钥搜索还要更有效的攻击都被视为一种"破解"。即便如何,针对 AES 128 位密钥的攻击仍需要 2^{120} 计算复杂度(少于暴力搜索法的 2^{128}),从应用的角度来看,这种破解依然不切实际。

事实上,到目前为止,针对 AES 算法的最成功攻击应该属于旁道攻击(也称为边信道攻击,Side-channel attacks)。

旁道攻击不攻击密码本身,而是攻击那些密码算法所运行的不安全系统,这些系统有可能会在不经意间泄漏信息。旁道攻击是一种攻击方式,它不同于传统经典的、专注于数学理论而对密码系统进行研究的方式,而是一种针对密码系统实现上的物理攻击方式。它有很多种具体形式,如:能量分析、电磁分析、时间分析等。

例如,当处理密钥的"1"位时,要消耗更多的能量。因此通过监控能量的消耗,就可以知道密钥的每个位。同样,我们还可以通过监控算法所耗费的时间来获取密钥的信息。著名的以色列密码学家 Adi Shamir 教授给出了旁道攻击的很多研究成果:监听 PC 机运行时的声音来获得 GNUPG RSA 签名操作的信息;分析 PC 机的 USB 端口能量变化获得 OPENSSL 加解密操作的信息;分析缓存来获得 AES 运算信息;对 RFID 标签进行能量分析等。

2005 年 4 月，D.J.Bernstein[8]公布了一种缓存时序攻击法，以此来破解一台安装有 OpenSSL 的 AES 密码系统的客户服务器。攻击过程中使用了 2 亿多条筛选过的明文，以便使该客户服务器泄露加密运算所导致的定时信息。

2005 年 10 月，Dag Arne Osvik[9]展示了数种针对 AES 的缓存时序攻击法。其中一种攻击法只需要 800 次引发加密的指令动作，费时 65 ms，就能得到一把完整的 AES 密钥。但攻击者必须在执行加密的系统上拥有运行程序的权限，才能破解该密码系统。

旁道攻击使我们的密码系统设计陷入了困境，因为用以往我们保护分组密码的技术来对付旁道攻击其效果将适得其反。例如，采用尽量长的密钥来保证分组密码系统的安全，反而带来的是长时间的运算操作，使得有利于旁道攻击根据对运算时间的分析，来获得更多的关于密码系统的信息。

因此，也许我们应该改变设计密码系统的方法：只使用大分组的密钥和数据；使用具有内在并行机制的微处理器；或许可以让 Intel 在微处理器里加入安全协处理器来实现 AES 运算。

2.5　流密码算法

2.5.1　列密码简介

序列密码又称流密码。它将明文划分成字符(如单个字母)或其编码的基本单元(如 0、1)，然后将其与密钥流作用进行加密，解密时以同步产生的相同密钥流实现。序列密码的原理框图如图 2-38 所示。

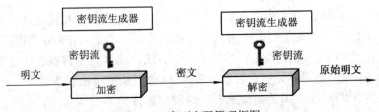

图 2-38　序列密码原理框图

序列密码强度完全依赖于密钥流产生器所产生的序列的随机性和不可预测性，其核心问题是密钥流生成器的设计。而保持收发两端密钥流的精确同步是实现可靠解密的关键技术。

2.5.2　A5 算法

A5 算法是一种序列密码，它是欧洲 GSM 标准中规定的加密算法，用于数字蜂窝移动电话的加密，加密从用户设备到基站之间的链路。A5 算法包括很多种，主要为 A5/1 和 A5/2。其中，A5/1 为强加密算法，适用于欧洲地区；A5/2 为弱加密算法，适用于欧洲以外的地区。这里将详细讨论 A5/1 算法。

A5/1 算法的主要组成部分是三个长度不同的线性反馈移位寄存器(LFSR)R_1、R_2 和 R_3，其长度分别为 19、22 和 23。三个移位寄存器在时钟的控制下进行左移，每次左移后寄存器最低位由寄存器中的某些位异或后的位填充。各寄存器的反馈多项式为

R_1：$x_{18} + x_{17} + x_{16} + x_{13}$

R_2：$x_{21} + x_{20}$

R_3：$x_{22} + x_{21} + x_{20} + x_7$

各寄存器的详细情况如图 2-39 所示。

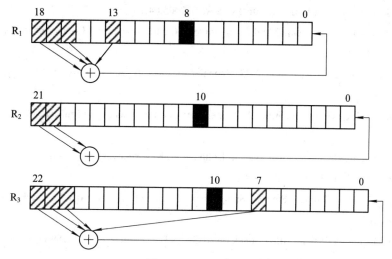

图 2-39 A5/1 序列密码

当时钟到来之时，三个移位寄存器并不是都进行移位，而是遵循一个所谓的"多数为主"的原则。这个原则为：从每个寄存器取出一位(R_1 取第 8 位、R_2 取第 10 位、R_3 取第 10 位)，当这三个位中有两个或两个以上的值等于 1 时，则将取出位为 1 的寄存器进行移位，而取出位为 0 的不移位；当三个取出位中有两个或两个以上的 0 时，将取出位为 0 的寄存器进行移位，为 1 的不移。最后，将三个移位寄存器最高位的异或运算结果作为输出。

A5 算法的输入是 64 位的会话密钥 Kc 和 22 位的随机数(帧号)。

对 A5/1 的安全性分析及密码分析可参考文献[18]。

参 考 文 献

[1] Diffie,W, Hellman M. New Directions in Cryptography . IEEE Transactions on Information Theory, November 1976

[2] National Institute of Standards and Technology, FIPS PUB 46-2. Data Encryption Standard(DES) . U.S. Department of Commerce, Dec 1993

[3] National Institute of Standards and Technology, FIPS PUB 81. DES Modes of Operation . U.S. Department of Commerce, Dec 1980

[4] Webster A, Tavares S. On the Design of S-Boxes. Proceedings, Crypto 85 , 1985; published by

Springer-Verlag

[5] Mister S, Adams C. Practical S-Box Design. Proceedings , Workshop in Selected Areas of Cryptography, SAC '96, 1996

[6] Bruce Schneier. Applied Cryptography: Protocols, Algorithms, and Source Code in C . 2nd edition, John Wiley & Sons, 1996

[7] John Kelsey, Stefan Lucks, Bruce Schneier, et al. Improved Cryptanalysis of Rijndael, Fast Software Encryption, 2000 pp213–230

[8] Daniel J. Bernstein. Cache-timing attacks on AES. 2005.04.14

[9] Dag Arne Osvik1; Adi Shamir2 and Eran Tromer2. Cache Attacks and Countermeasures: the Case of AES. 2005.11.20

[10] Bruce Schneier. New Attack on AES. Schneier on Security, A blog covering security and security technology.2009.07.01

[11] Biryukov, Alex, Khovratovich, et al. Related-key Cryptanalysis of the Full AES-192 and AES-256. 2009.12.04

[12] Alex Biryukov, Orr Dunkelman, Nathan Keller, et al. Key Recovery Attacks of Practical Complexity on AES Variants With Up To 10 Rounds. 2009.08.19

[13] Henri Gilbert, Thomas Peyrin. Super-Sbox Cryptanalysis: Improved Attacks for AES-like permutation. 2009.11.09

[14] Vincent Rijmen. Practical-Titled Attack on AES-128 Using Chosen-Text Relations.
http://eprint.iacr.org/ 2010/337. pdf. 2010

[15] Bruce Schneier. AES Timing Attack.
http://www.schneier.com/blog/archives/2005/05/aes_timing_atta_1. html. Retrieved 2007.03.17

[16] Dhiman Saha, Debdeep Mukhopadhyay, Dipanwita RoyChowdhury. A Diagonal Fault Attack on the Advanced Encryption Standard. http://eprint.iacr.org/2009/581.pdf. 2009.12.08

[17] Christof Paar, Jan Pelzl. The Advanced Encryption Standard, Chapter 4 of "Understanding Cryptography, A Textbook for Students and Practitioners". Springer, 2009

[18] Alex Biryukov , Adi Shamir , David Wagner. Real Time Cryptanalysis of A5/1 on a PC . Fast Software Encryption Workshop 2000, New York City, 2000.04.10

[19] Ronald Rivest. The RC5 Encryption Algorithm. K.U. Leuven Workshop on Cryptographic Algorithm, Springer-Verlag, 1995

思 考 题

[1] 密码学的首要原则是什么？

[2] 给定下列明文，使用密钥为 7 的移位密码，其对应的密文是多少？
This is a sample of plaintext

[3] 鉴于移位密码很容易破解，那么，如果连续两次使用移位密码进行加密，能否增加破解难度？

[4] 已知线性替代密码的变换函数为

$$f(a) = ak \bmod 26$$

设已知明码字母 J(9)对应于密文字母 P(15)，即 9k mod 26 = 5，试计算密钥 k 以破译此密码。

[5] 证明仿射密码解密函数和加密函数互逆。

[6] 使用 Vigenere 密码加密下列消息，关键词为"IHS"。

there is a secret passage behind the picture frame

[7] 使用模运算来实现 Vigenere 密码是相对容易的方法，请讨论如何实现。使用密钥 19，15，22 加密第 6 题的消息。

[8] 解密下列消息。

ICJEVAQIPWBCIJRQFVIFAZCPQYMJAHNGF
YDHWEQRNARELKBRYGPCSPKWBUPGKBKZWD
SZXSAFZLOIWETVPSITQISOTFKKVTQPSEO
WKPVRLJIECHOHITFPSUDXXARCLJSNLUBO
IPRJHYPIEFJERBTVMUQOIJZAGYLOHSEOH
WJFCLJGGTWACWEKEGKZNASGEKAIETWARJ
EDPSJYHQHILOEBKSHAJVYWKTKSLOBFEVQ
QTPHZWERZAARVHISOTFKOGCRLCJLOKTRY
DHZZLQYSFYWDSWZOHCNTQCPRDLOARVHSO
IERCSKSHNARVHLSRNHPCXPWDSILPLZVQL
JOENLWZJFSLCIEDJRRYXJRVCVPOEOLJUF
YRQFGLUPHYLWISOTFKWJERNSTZQMIVCWD
SCZVPHVCUEHFCBEBKPAWGEPZISOTFKOEO
DNWQZQWHYPVAHKWHISEEGAHRTOEGCPIPH
FJRQ

[9] 证明 DES 的解密是 DES 加密的逆过程。

[10] a.假定 M′是 M 的逐位补码。证明如果对明文块和加密密钥分别取补码，则利用这些补码得出的加密结果也是原来没有取补码时得到的密文的补码。也就是说：

$$如果 Y=DES_K[X]$$

$$则 Y'=DES_K[X']$$

说明利用此现象能使选择明文问题的破译容易一半。

提示先证明对任何等长的两个位串 A 和 B，都有

$$(A \oplus B)' = A' \oplus B$$

[11] 在 DES 的 ECB 模式下，如果传送密文中有误，则只影响对应的明文块。但在 CBC 模式下此错误会迅速传播。例如，传送 C_1(图 2-18)中的错误对 P_1 和 P_2 有影响。

a. 有没有影响 P_2 之外的块？

b. 如果在 P_1 中有一个比特错误，这个差错会传播多少个密文分组？对接收方有何影响？

[12] 在 DES 密码的改进算法中，为什么要取三重 DES 而不是二重 DES 密码算法？ 3DES 密码算法中三个密钥该如何选取，为什么？

[13]　编程实现凯撒密码的加密和解密功能，并根据图 2-2 实现凯撒密文的自动破解！

[14]　根据 DES 加密算法代码，验证下图给出的严格雪崩准则，观察加密过程中 0 和 1 个数的变化。

```
Input:      ...................................................*      1

Permuted:   ...................................*...................      1

Round 1:    ........*...........................................      1

Round 2:    .*..*...*....*........................*...............      5

Round 3:    .*..*.*.*.**..*.*.*.*...**....**.*...*...*......*      18

Round 4:    ..*.*****.*.*****.*.*..*.*.*.**..*.*.*.*...**.....**      28

Round 5:    *...**.*.*.*.*.*.*.*.*.*...*******.*.*****.*.*      29

Round 6:    ...*..**......*.*..**.*.**...*..**...**..*.*.*.*.*.*.***..*      26

Round 7:    *****...***....**..*..*.*.*.....*..**....*.*..**.*.**...*..*

Round 8:    *.*.*.*.**....*.*.*...**..*..*******..***....**...*..*.*.*....

Round 9:    ***.*.***...**.*.****......**.*.*.*.*.**....*.*.*...**.*..**

Round 10:   *.*..*.*.**..*.*.**.***.**.*......****.*.***...**.*.****.....**.*..

Round 11:   ..******....*.*.******....*....*.*..*.*.**.*.*.**.***.**.*...*

Round 12:   *..***....*.*.***....****......******....*.******......*.*

Round 13:   **..*..*...******...*.*.***....*.*...***....*.***...

Round 14:   *.**.*...*.*...**.*...*.**.****..*...*.....*******...*......*.

Round 15:   **..*...*.*.*...*.**.*...*.*.*.**...*.*...**.*...*..**.**

Round 16:   .*..*.*..*.*.**....**..*..**.****...*.*..*...*.*..*.*.**.*

Output:     ..*..**.*.*...*.....***..***.**.*...*..*..*.*.*.*.**.*....*.*.*.**.
```

[15]　下列三幅图中，最右边两幅图是最左边图的加密结果，请予以验证分析。参考链接：

http://en.wikipedia.org/wiki/Block_cipher_modes_of_operation

原始图像　　　　　　　ECB 加密模式　　　　　　　非 ECB 模式

第 3 章　单向散列函数

在很多情况下，我们需要鉴别和认证用户。如用户登录计算机(或自动柜员机等)时，计算机往往需要知道用户是谁，确认是某个用户而不是其他人在冒充，传统的方法是用口令来解决这个问题。用户在登录计算机前输入其口令，由计算机确认口令正确后用户才可登录计算机。用户和计算机均知道口令。用户每次登录均需输入口令。由于计算机需要知道口令，这就需要把口令保存在计算机中。这为入侵计算机偷取口令提供了可能。为此，我们不直接保存口令本身，而保存口令的散列值(口令的某种表示形式)。当用户输入口令后，计算机先计算口令的散列值并与保存在计算机中的散列值进行比较，以此来鉴别用户。由于用来计算散列值的单向函数具有单向性，即根据散列值不可能逆向恢复出口令，从而即使获得了由口令产生的散列值表也无法知道用户的口令。

上面提到的散列值是由单向散列函数产生的。所谓的单向散列函数(哈希函数、杂凑函数，hash function)是将任意长度的消息 M 映射成一个固定长度散列值 h 的函数

$$h = H(M)$$

其中，h 的长度为 m。

散列函数要具有单向性，则必须满足如下特性：

(1) 给定 M，很容易计算 h。

(2) 给定 h，根据 H(M) = h 反推 M 很难。

(3) 给定 M，要找到另一消息 M′ 并满足 H(M) = H(M′) 很难。

在某些应用中，单向散列函数还需要满足抗碰撞(collision)的条件：要找到两个随机的消息 M 和 M′，使 H(M) = H(M′) 满足很难。

在实际中，单向散列函数是建立在压缩函数的想法之上，如图 3-1 所示。

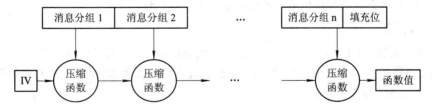

图 3-1　HASH 函数工作模式

给定一任意长度的消息输入，单向函数输出长为 m 的散列值。压缩函数的输入是消息分组和前一分组的输出(对第一个压缩函数，其输入为消息分组 1 和初始化向量 IV)；输出是到该点的所有分组的散列，即分组 M_i 的散列为

$$h_i = f(M_i, h_{i-1})$$

该散列值和下一轮的消息分组一起作为压缩函数下一轮的输入。最后一分组的散列就是整个消息的散列。

　　单向散列函数还经常用于消息认证(防篡改)、数字签名。本章将介绍几种常用的单向散列函数。

3.1　MD5 算法

3.1.1　算法

　　MD 表示消息摘要(Message Digest)。MD5 是 MD4 的改进版，算法对输入的任意长度消息产生 128 位散列值(或消息摘要)。MD5 算法可由图 3-2 表示。

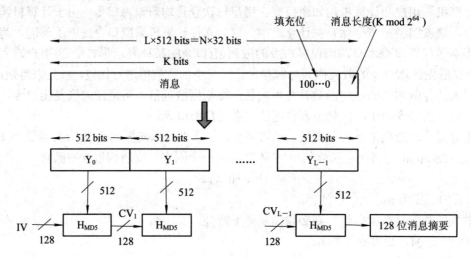

图 3-2　MD5 算法

　　由图 3-2 可知，MD5 算法包括以下 5 个步骤。

1．附加填充位

　　首先填充消息使其长度为一个比 512 的倍数小 64 位的数。填充方法是：在消息后面填充一位 1，然后填充所需数量的 0。填充位的位数从 1～512。

2．附加长度

　　将原消息长度的 64 位表示附加在填充后的消息后面。当原消息长度达大于 2^{64} 时，用(消息长度 mod 2^{64})填充。这时消息长度恰好是 512 的整数倍。令 M[0 1 … N-1]为填充后消息的各个字(每字 M[i]为 32 位)，N 是 16 的倍数。

3．初始化 MD 缓冲区

　　初始化用于计算消息摘要的 128 位缓冲区。这个缓冲区由 4 个 32 位寄存器 A、B、C、D 表示。寄存器的初始化值为(按低位字节在前的顺序存放)：

$$A: 01\ 23\ 45\ 67$$
$$B: 89\ ab\ cd\ ef$$
$$C: fe\ dc\ ba\ 98$$
$$D: 76\ 54\ 32\ 10$$

4. 按 512 位的分组处理输入消息

这一步为 MD5 的主循环，包括四轮，如图 3-3 所示。每个循环都以当前的正在处理的 512 比特分组 Y_q 和 128 比特缓冲值 ABCD 为输入，然后更新缓冲内容。

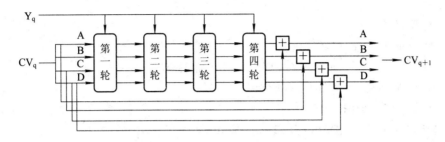

图 3-3　单个 512 比特分组的 MD5 主循环处理

图 3-3 中，四轮的操作类似，每一轮进行 16 次操作。每一轮的操作过程如图 3-4 所示。

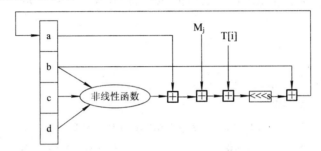

图 3-4　MD5 某一轮的执行过程

四轮操作的不同之处在于每轮使用的非线性函数不同，在第一轮操作之前首先把 A、B、C、D 复制到另外的变量 a、b、c、d 中。这四个非线性函数分别为(其输入输出均为 32 位字)

$$F(X,Y,Z) = (X \wedge Y) \vee ((\sim X) \wedge Z)$$
$$G(X,Y,Z) = (X \wedge Z) \vee (Y \wedge (\sim Z))$$
$$H(X,Y,Z) = X \oplus Y \oplus Z$$
$$I(X,Y,Z) = Y \oplus (X \vee (\sim Z))$$

其中，$\wedge$ 表示按位与；$\vee$ 表示按位或；$\sim$ 表示按位反；$\oplus$ 表示按位异或。

此外，由图 3-4 可知，这一步中还用到了一个有 64 个元素的表 T[1...64]，$T[i] = 2^{32} \times abs(\sin(i))$，i 的单位为弧度。

根据以上描述，将这一步骤的处理过程归纳如下：

```
for i = 0 to N/16-1 do /* 每次循环处理 16 个字，即 512 字节的消息分组*/
        /*把第 i 个字块(512 位)分成 16 个 32 位子分组拷贝到 X 中*/
    for j = 0 to 15 do
            Set X[j] to M[i*16+j].
    end         /*j 循环*/

    A ∧ A = A
```

$B \wedge B = B$

$C \wedge C = C$

$D \wedge D = D$

/* 第一轮*/

/* 令[abcd k s i]表示操作

$$a = b + ((a + F(b, c, d) + X[k] + T[i]) <<< s)$$

其中，Y<<<s 表示 Y 循环左移 s 位*/

/* 完成下列 16 个操作*/

[ABCD　0　7　1] [DABC　1 12　2] [CDAB　2 17　3] [BCDA　3 22　4]

[ABCD　4　7　5] [DABC　5 12　6] [CDAB　6 17　7] [BCDA　7 22　8]

[ABCD　8　7　9] [DABC　9 12 10] [CDAB 10 17 11] [BCDA 11 22 12]

[ABCD 12　7 13] [DABC 13 12 14] [CDAB 14 17 15] [BCDA 15 22 16]

/* 第二轮*/

/*令[abcd k s i]表示操作

$$a = b + ((a + G(b, c, d) + X[k] + T[i]) <<< s)*/$$

/*完成下列 16 个操作*/

[ABCD　1　5 17] [DABC　6　9 18] [CDAB 11 14 19] [BCDA　0 20 20]

[ABCD　5　5 21] [DABC 10　9 22] [CDAB 15 14 23] [BCDA　4 20 24]

[ABCD　9　5 25] [DABC 14　9 26] [CDAB　3 14 27] [BCDA　8 20 28]

[ABCD 13　5 29] [DABC　2　9 30] [CDAB　7 14 31] [BCDA 12 20 32]

/*第三轮*/

/*令[abcd k s t]表示操作

$$a = b + ((a + H(b, c, d) + X[k] + T[i]) <<< s)*/$$

/*完成以下 16 个操作*/

[ABCD　5　4 33] [DABC　8 11 34] [CDAB 11 16 35] [BCDA 14 23 36]

[ABCD　1　4 37] [DABC　4 11 38] [CDAB　7 16 39] [BCDA 10 23 40]

[ABCD 13　4 41] [DABC　0 11 42] [CDAB　3 16 43] [BCDA　6 23 44]

[ABCD　9　4 45] [DABC 12 11 46] [CDAB 15 16 47] [BCDA　2 23 48]

/*第四轮*/

/*令[abcd k s t]表示操作

$$a = b + ((a + I(b, c, d) + X[k] + T[i]) <<< s) */$$

/*完成以下 16 个操作*/

[ABCD　0　6 49] [DABC　7 10 50] [CDAB 14 15 51] [BCDA　5 21 52]

[ABCD 12　6 53] [DABC　3 10 54] [CDAB 10 15 55] [BCDA　1 21 56]

[ABCD　8　6 57] [DABC 15 10 58] [CDAB　6 15 59] [BCDA 13 21 60]

[ABCD 4 6 61] [DABC 11 10 62] [CDAB 2 15 63] [BCDA 9 21 64]

$A = A + A \wedge A$

$B = B + B \wedge B$

$C = C + C \wedge C$

$D = D + D \wedge D$

end /*i 循环*/

5. 输出

由 A、B、C、D 四个寄存器的输出按低位字节在前的顺序(即以 A 的低字节开始、D 的高字节结束)得到 128 位的消息摘要。

以上就是对 MD5 算法的描述。MD5 算法的运算均为基本运算,比较容易实现且速度很快。

3.1.2 举例

在本章的参考文献[1]中,给出了实现 MD5 的 C 源代码。我们以求字符串"abc"的 MD5 散列值为例来说明上面描述的过程。"abc"的二进制表示为 01100001 01100010 01100011。

(1) 填充消息:消息长 l=24,先填充 1 位 '1',然后填充 423 位 '0',再用消息长, 24,即 0x00000000 00000018 填充。则

M[0]=61626380   M[1]=00000000   M[2]=00000000   M[3]=00000000

M[4]=00000000   M[5]=00000000   M[6]=00000000   M[7]=00000000

M[8]=00000000   M[9]=00000000   M[10]=00000000   M[11]=00000000

M[12]=00000000   M[13]=00000000   M[14]=00000000   M[15]=00000018

(2) 初始化:

A: 01 23 45 67

B: 89 ab cd ef

C: fe dc ba 98

D: 76 54 32 10

(3) 主循环:利用 2.1.1 中描述的过程对字块 1(本例只有一个字块)进行处理。变量 a、 b、c、d 每一次计算后的中间值可根据参考文献[1]提供的 C 源代码得到,这里不详细列出。

(4) 输出:消息摘要 = 90015098   3cd24fb0   d6963f7d   28e17f72

3.2 安全散列函数(SHA)

3.2.1 算法

SHA 是美国 NIST 和 NSA 共同设计的安全散列算法(Secure Hash Algorithm),用于数字签名标准 DSS(Digital Signature Standard)。SHA 的修改版 SHA–1 于 1995 年作为美国联邦

信息处理标准公告(FIPS PUB 180-1)发布[2]。

SHA-1 产生消息摘要的过程类似 MD5，如图 3-5 所示。

SHA-1 的输入为长度小于 2^{64} 位的消息，输出为 160 位的消息摘要。具体过程如下。

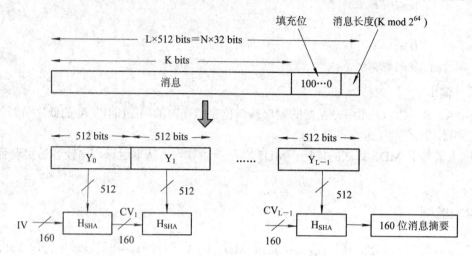

图 3-5　SHA-1 算法

1. 填充消息

首先将消息填充为 512 位的整数倍，填充方法和 MD5 完全相同：先填充一个 1，然后填充一定数量的 0 使其长度比 512 的倍数少 64 位；接下来用原消息长度的 64 位表示填充。这样，消息长度就成为 512 的整数倍。以 M_0、M_1、…、M_n 表示填充后消息的各个字块(每字块为 16 个 32 位字)。

2. 初始化缓冲区

在运算过程中，SHA 要用到两个缓冲区，两个缓冲区均有 5 个 32 位的寄存器。第一个缓冲区标记为 A、B、C、D、E；第二个缓冲区标记为 H_0、H_1、H_2、H_3、H_4。此外，运算过程中还用到一个标记为 W_0、W_1、…、W_{79} 的 80 个 32 位字序列和一个单字的缓冲区 TEMP。在运算之前，初始化{H_j}：

$$H_0 = 0x67452301$$
$$H_1 = 0xEFCDAB89$$
$$H_2 = 0x98BADCFE$$
$$H_3 = 0x10325476$$
$$H_4 = 0xC3D2E1F0$$

3. 按 512 位的分组处理输入消息

SHA 运算主循环包括 4 轮，每轮 20 次操作。SHA 用到一个逻辑函数序列 f_0、f_1、…、f_{79}。每个逻辑函数的输入为 3 个 32 位字，输出为一个 32 位字。定义如下(B、C、D 均为 32 位字)：

$$f_t (B，C，D) = (B \wedge C) \vee (\sim B \wedge D) \qquad (0 \leqslant t \leqslant 19)$$
$$f_t (B，C，D) = B \oplus C \oplus D \qquad (20 \leqslant t \leqslant 39)$$
$$f_t (B，C，D) = (B \wedge C) \vee (B \wedge D) \vee (C \wedge D) \qquad (40 \leqslant t \leqslant 59)$$

$$f_t (B，C，D) = B \oplus C \oplus D \qquad\qquad (60 \leqslant t \leqslant 79)$$

其中运算符的定义与 3.1 节中 MD5 运算中的相同。

SHA 运算中还用到了常数字序列 K_0、K_1、…、K_{79}，其值为：

$$K_t = 0x5A827999 \ (0 \leqslant t \leqslant 19)$$
$$K_t = 0x6ED9EBA1 \ (20 \leqslant t \leqslant 39)$$
$$K_t = 0x8F1BBCDC \ (40 \leqslant t \leqslant 59)$$
$$K_t = 0xCA62C1D6 \ (60 \leqslant t \leqslant 79).$$

SHA 算法按如下步骤处理每个字块 M_i：

(1) 把 M_i 分为 16 个字 W_0、W_1、…、W_{15}，其中 W_0 为最左边的字。

(2) for t =16 to 79 do

$$\text{let } W_t = (W_{t-3} \oplus W_{t-8} \oplus W_{t-14} \oplus W_{t-16}) <<< 1$$

(3) Let A =H_0，B =H_1，C =H_2，D =H_3，E =H_4

(4) for t =0 to 79 do

$$\text{TEMP} = (A <<< 5) + f_t (B，C，D) + E + W_t + K_t ;$$

$$E = D; \ D = C; \ C = (B <<< 30); \ B = A; \ A = \text{TEMP};$$

(5) Let $H_0 = H_0 + A$，$H_1 = H_1 + B$，$H_2 = H_2 + C$，$H_3 = H_3 + D$，$H_4 = H_4 + E$

4. 输出

在处理完 M_n 后，160 位的消息摘要为 H_0、H_1、H_2、H_3、H_4 级联的结果。

3.2.2 SHA—1 与 MD5 的比较

SHA—1 与 MD5 的比较如表 3-1 所示。

表 3-1 SHA—1 与 MD5 的比较

	SHA—1	MD5
Hash 值长度	160 bit	128 bit
分组处理长	512 bit	512 bit
步数	80 (4 × 20)	64 (4 × 16)
最大消息长	$\leqslant 2^{64}$ bit	不限
非线性函数	3 个(第 2、4 轮相同)	4 个
常数个数	4 个	64 个

3.2.3 举例

我们以求字符串"abc"的 SHA—1 散列值为例来说明上面描述的过程。"abc"的二进制表示为 01100001 01100010 01100011。

(1) 填充消息：消息长 l = 24，先填充 1 位 '1'，然后填充 423 位 '0'，再用消息长 24 即 0x00000000 00000018 填充。

(2) 初始化：

$$H_0 = 0x67452301$$

$$H_1 = 0xEFCDAB89$$

$$H_2 = 0x98BADCFE$$

$$H_3 = 0x10325476$$

$$H_4 = 0xC3D2E1F0$$

(3) 主循环：处理消息字块 1(本例中只有 1 个字块)，分成 16 个字：

W[0] = 61626380	W[1] = 00000000	W[2] = 00000000	W[3] = 00000000
W[4] = 00000000	W[5] = 00000000	W[6] = 00000000	W[7] = 00000000
W[8] = 00000000	W[9] = 00000000	W[10] = 00000000	W[11] = 00000000
W[12] = 00000000	W[13] = 00000000	W[14] = 00000000	W[15] = 00000018

然后根据 3.2.1 节中描述的过程计算，其中循环 "for t = 0 to 79" 中，各步 A、B、C、D、E 的值如下：

```
                A        B        C        D        E
t = 0:  0116FC33 67452301 7BF36AE2 98BADCFE 10325476
t = 1:  8990536D 0116FC33 59D148C0 7BF36AE2 98BADCFE
t = 2:  A1390F08 8990536D C045BF0C 59D148C0 7BF36AE2
t = 3:  CDD8E11B A1390F08 626414DB C045BF0C 59D148C0
t = 4:  CFD499DE CDD8E11B 284E43C2 626414DB C045BF0C
t = 5:  3FC7CA40 CFD499DE F3763846 284E43C2 626414DB
t = 6:  993E30C1 3FC7CA40 B3F52677 F3763846 284E43C2
t = 7:  9E8C07D4 993E30C1 0FF1F290 B3F52677 F3763846
t = 8:  4B6AE328 9E8C07D4 664F8C30 0FF1F290 B3F52677
t = 9:  8351F929 4B6AE328 27A301F5 664F8C30 0FF1F290
t = 10: FBDA9E89 8351F929 12DAB8CA 27A301F5 664F8C30
t = 11: 63188FE4 FBDA9E89 60D47E4A 12DAB8CA 27A301F5
t = 12: 4607B664 63188FE4 7EF6A7A2 60D47E4A 12DAB8CA
t = 13: 9128F695 4607B664 18C623F9 7EF6A7A2 60D47E4A
t = 14: 196BEE77 9128F695 1181ED99 18C623F9 7EF6A7A2
t = 15: 20BDD62F 196BEE77 644A3DA5 1181ED99 18C623F9
t = 16: 4E925823 20BDD62F C65AFB9D 644A3DA5 1181ED99
t = 17: 82AA6728 4E925823 C82F758B C65AFB9D 644A3DA5
t = 18: DC64901D 82AA6728 D3A49608 C82F758B C65AFB9D
t = 19: FD9E1D7D DC64901D 20AA99CA D3A49608 C82F758B
t = 20: 1A37B0CA FD9E1D7D 77192407 20AA99CA D3A49608
t = 21: 33A23BFC 1A37B0CA 7F67875F 77192407 20AA99CA
t = 22: 21283486 33A23BFC 868DEC32 7F67875F 77192407
t = 23: D541F12D 21283486 0CE88EFF 868DEC32 7F67875F
t = 24: C7567DC6 D541F12D 884A0D21 0CE88EFF 868DEC32
t = 25: 48413BA4 C7567DC6 75507C4B 884A0D21 0CE88EFF
t = 26: BE35FBD5 48413BA4 B1D59F71 75507C4B 884A0D21
```

t = 27: 4AA84D97 BE35FBD5 12104EE9 B1D59F71 75507C4B

t = 28: 8370B52E 4AA84D97 6F8D7EF5 12104EE9 B1D59F71

t = 29: C5FBAF5D 8370B52E D2AA1365 6F8D7EF5 12104EE9

t = 30: 1267B407 C5FBAF5D A0DC2D4B D2AA1365 6F8D7EF5

t = 31: 3B845D33 1267B407 717EEBD7 A0DC2D4B D2AA1365

t = 32: 046FAA0A 3B845D33 C499ED01 717EEBD7 A0DC2D4B

t = 33: 2C0EBC11 046FAA0A CEE1174C C499ED01 717EEBD7

t = 34: 21796AD4 2C0EBC11 811BEA82 CEE1174C C499ED01

t = 35: DCBBB0CB 21796AD4 4B03AF04 811BEA82 CEE1174C

t = 36: 0F511FD8 DCBBB0CB 085E5AB5 4B03AF04 811BEA82

t = 37: DC63973F 0F511FD8 F72EEC32 085E5AB5 4B03AF04

t = 38: 4C986405 DC63973F 03D447F6 F72EEC32 085E5AB5

t = 39: 32DE1CBA 4C986405 F718E5CF 03D447F6 F72EEC32

t = 40: FC87DEDF 32DE1CBA 53261901 F718E5CF 03D447F6

t = 41: 970A0D5C FC87DEDF 8CB7872E 53261901 F718E5CF

t = 42: 7F193DC5 970A0D5C FF21F7B7 8CB7872E 53261901

t = 43: EE1B1AAF 7F193DC5 25C28357 FF21F7B7 8CB7872E

t = 44: 40F28E09 EE1B1AAF 5FC64F71 25C28357 FF21F7B7

t = 45: 1C51E1F2 40F28E09 FB86C6AB 5FC64F71 25C28357

t = 46: A01B846C 1C51E1F2 503CA382 FB86C6AB 5FC64F71

t = 47: BEAD02CA A01B846C 8714787C 503CA382 FB86C6AB

t = 48: BAF39337 BEAD02CA 2806E11B 8714787C 503CA382

t = 49: 120731C5 BAF39337 AFAB40B2 2806E11B 8714787C

t = 50: 641DB2CE 120731C5 EEBCE4CD AFAB40B2 2806E11B

t = 51: 3847AD66 641DB2CE 4481CC71 EEBCE4CD AFAB40B2

t = 52: E490436D 3847AD66 99076CB3 4481CC71 EEBCE4CD

t = 53: 27E9F1D8 E490436D 8E11EB59 99076CB3 4481CC71

t = 54: 7B71F76D 27E9F1D8 792410DB 8E11EB59 99076CB3

t = 55: 5E6456AF 7B71F76D 09FA7C76 792410DB 8E11EB59

t = 56: C846093F 5E6456AF 5EDC7DDB 09FA7C76 792410DB

t = 57: D262FF50 C846093F D79915AB 5EDC7DDB 09FA7C76

t = 58: 09D785FD D262FF50 F211824F D79915AB 5EDC7DDB

t = 59: 3F52DE5A 09D785FD 3498BFD4 F211824F D79915AB

t = 60: D756C147 3F52DE5A 4275E17F 3498BFD4 F211824F

t = 61: 548C9CB2 D756C147 8FD4B796 4275E17F 3498BFD4

t = 62: B66C020B 548C9CB2 F5D5B051 8FD4B796 4275E17F

t = 63: 6B61C9E1 B66C020B 9523272C F5D5B051 8FD4B796

t = 64: 19DFA7AC 6B61C9E1 ED9B0082 9523272C F5D5B051

t = 65: 101655F9 19DFA7AC 5AD87278 ED9B0082 9523272C

t = 66: 0C3DF2B4 101655F9 0677E9EB 5AD87278 ED9B0082

t = 67: 78DD4D2B 0C3DF2B4 4405957E 0677E9EB 5AD87278

t = 68: 497093C0 78DD4D2B 030F7CAD 4405957E 0677E9EB

t = 69: 3F2588C2 497093C0 DE37534A 030F7CAD 4405957E

t = 70: C199F8C7 3F2588C2 125C24F0 DE37534A 030F7CAD

t = 71: 39859DE7 C199F8C7 8FC96230 125C24F0 DE37534A

t = 72: EDB42DE4 39859DE7 F0667E31 8FC96230 125C24F0

t = 73: 11793F6F EDB42DE4 CE616779 F0667E31 8FC96230

t = 74: 5EE76897 11793F6F 3B6D0B79 CE616779 F0667E31

t = 75: 63F7DAB7 5EE76897 C45E4FDB 3B6D0B79 CE616779

t = 76: A079B7D9 63F7DAB7 D7B9DA25 C45E4FDB 3B6D0B79

t = 77: 860D21CC A079B7D9 D8FDF6AD D7B9DA25 C45E4FDB

t = 78: 5738D5E1 860D21CC 681E6DF6 D8FDF6AD D7B9DA25

t = 79: 42541B35 5738D5E1 21834873 681E6DF6 D8FDF6AD

字块 1 处理完后，{Hi}的值为

$$H_0 = 67452301 + 42541B35 = A9993E36$$
$$H_1 = EFCDAB89 + 5738D5E1 = 4706816A$$
$$H_2 = 98BADCFE + 21834873 = BA3E2571$$
$$H_3 = 10325476 + 681E6DF6 = 7850C26C$$
$$H_4 = C3D2E1F0 + D8FDF6AD = 9CD0D89D$$

(4) 输出：消息摘要 = A9993E36 4706816A BA3E2571 7850C26C 9CD0D89D

3.3　消息认证码(MAC)

与密钥相关的单向散列函数通常称为 MAC，即消息认证码

$$MAC = C_K(M)$$

其中，M 为可变长的消息；K 为通信双方共享的密钥，C 为单向函数。

MAC 可为拥有共享密钥的双方在通信中验证消息的完整性；也可被单个用户用来验证他的文件是否被改动。如图 3-6 所示。

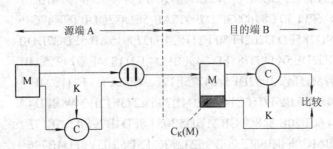

图 3-6　MAC 应用于消息认证

HMAC 全称为 keyed-hash message authentication code，它用一个秘密密钥来产生和验

证 MAC[3]。

为了论述的方便，首先给出 HMAC 中用到的参数和符号如下。

B：计算消息摘要时输入块的字节长度(如对于 SHA−1，B = 64)。

H：散列函数如 SHA−1、MD5 等。

ipad：将数值 0x36 重复 B 次。

opad：将数值 0x5c 重复 B 次。

K：共享密钥。

K_0：在密钥 K 的左边附加 0 使其为 B 字节的密钥。

L：消息摘要的字节长度(如对于 SHA−1，L = 20)。

t：MAC 的字节数。

TEXT：要计算 HMAC 的数据。数据长度为 n 字节，n 的最大值依赖于采用的 hash 函数。

X ‖ Y：将字串连接起来，即把字串 Y 附加在字串 X 后面。

⊕：异或。

密钥 K 的长度应大于或等于 L/2。当使用长度大于 B 的密钥时，先用 H 对密钥求得散列值，然后用得到的 L 字节结果作为真正的密钥。

利用 HMAC 函数计算数据 text 的 MAC 过程如图 3-7 所示。

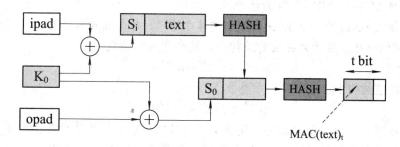

图 3-7　HMAC

由图可知，HMAC 执行的是如下操作：

$$MAC(text)_t = HMAC(K，text)_t = H((K_0 \oplus opad) \| H((K_0 \oplus ipad) \| text))_t$$

具体操作步骤如下：

(1) 如果 K 的长度等于 B，设置 K_0 = K 并跳转到第(4)步。

(2) 如果 K 的长度大于 B，对 K 求散列值：K_0 = H(K)。

(3) 如果 K 的长度小于 B，在 K 的左边附加 0 得到 B 字节的 K_0。

(4) $K_0 \oplus$ ipad。

(5) 将数据 text 附加在第(4)步结果的后面：$(K_0 \oplus$ ipad) ‖ text。

(6) 将 H 应用于第(5)步的结果：$H((K_0 \oplus$ ipad) ‖ text)。

(7) 执行 $K_0 \oplus$ opad。

(8) 把第(6)步的结果附加在第(7)步的结果后面：$(K_0 \oplus$ opad) ‖ $H((K_0 \oplus$ ipad) ‖ text)。

(9) 将 H 应用于第(8)步的结果：$H((K_0 \oplus$ opad) ‖ $H((K_0 \oplus$ ipad) ‖ text))。

(10) 选择第(9)步结果的最左边 t 字节作为 MAC。

　　HMAC 算法可以和任何密码散列函数结合使用，而且对 HMAC 实现作很小的修改就可用一个散列函数 H 代替原来的散列函数 H′。

参 考 文 献

[1]　R Rivest.　The MD5 Message-Digest Algorithm. RFC 1321，April 1992

[2]　National Institute of Standards and Technology，FIPS PUB 180-1. Secure Hash Standard. U.S. Department of Commerce，April 1995

[3]　National Institute of Standards and Technology，FIPS PUB #HMAC. The Keyed-Hash Message Authentication Code(HMAC). U.S. Department of Commerce，DRAFT，2001

[4]　Mihir Bellare，Ran Canetti，Hugo Krawczyk. Message Authentication using Hash Functions－The HMAC Construction. RSA Laboratories CryptoBytes，Vol. 2，No. 1，Spring 1996

思 考 题

[1]　概述 MD4 和 MD5 各自的优缺点。

[2]　假定 $a_1a_2a_3a_4$ 是一个 32 比特字中的 4 个字节。每个 a_i 可看作是一个二进制表示的 $0 \sim 255$ 之间的整数。在大数在前的结构中，这个字表示整数：

$$a_1 2^{24} + a_2 2^{16} + a_3 2^8 + a_4$$

在小数在前结构中，这个字表示整数：

$$a_4 2^{24} + a_3 2^{16} + a_2 2^8 + a_1$$

　　(1)　MD5 采用小数在前的结构。使报文摘要独立于所使用的结构是很重要的，因此，在大数在前的机器中执行 MD5 模 2 加法时，需要进行调整。假定 $X = x_1x_2x_3x_4x$ 和 $Y = y_1y_2y_3y_4$。试问 MD5 的加法操作(X+Y)如何在大数在前的机器中执行？

　　(2)　SHA-1 采用大数在前的结构。试问 SHA-1 的加法操作(X + Y)如何在小数在前的机器中执行？

第 4 章　公钥密码系统

公钥密码体制于 1976 年由 W. Diffie 和 M. Hellman 提出[1]，同时，R. Merkle 也独立提出了这一体制。这种密码体制采用了一对密钥:加密密钥和解密密钥，且从解密密钥推出加密密钥是不可行的。这一对密钥中，一个可以公开(称之为公钥)，另一个为用户专用(私钥)。

公钥密码系统是基于陷门单向函数的概念。在第 3 章中，我们介绍了单向函数的概念。单向函数是易于计算但求逆困难的函数，而陷门单向函数是在不知道陷门信息的情况下求逆困难，但当知道了陷门信息时易于求逆的函数。

公钥密码系统可用于以下三个方面:

(1) 通信保密。此时将公钥作为加密密钥，私钥作为解密密钥，则通信双方不需要交换密钥就可以实现保密通信。这时，通过公钥或密文分析出明文或私钥在计算上是不可行的。如图 4-1 所示，Bob 拥有多个人的公钥。当他需要向 Alice 发送机密消息时，他用 Alice 公布的公钥对明文消息加密。当 Alice 接收到后用她的私钥解密。由于私钥只有 Alice 本人知道，所以能实现通信保密。

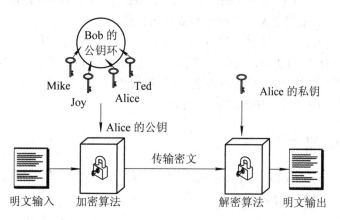

图 4-1　通信保密

(2) 数字签名。将私钥作为加密密钥，公钥作为解密密钥，则可实现由一个用户对数据加密而使多个用户解读——数字签名。如图 4-2 所示，Bob 用私钥对明文进行加密并发布，Alice 收到密文后用 Bob 公布的公钥解密。由于 Bob 的私钥只有 Bob 本人知道，因此，Alice 看到的明文肯定是 Bob 发出的，从而实现数字签名。

(3) 密钥交换。通信双方交换会话密钥，以加密通信双方后续连接所传输的信息。每次逻辑连接使用一把新的会话密钥，用完就丢弃。

本章将讨论 RSA 密码系统和 Diffie-Hellman 密钥交换，最后介绍数字签名。

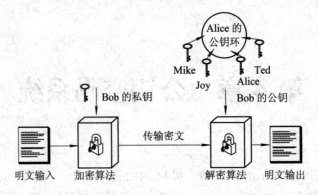

图 4-2 数字签名

4.1 数论基础

4.1.1 素数

素数是一种整数，除了 1 和此整数自身外，没法被其它自然数整除的数。换句话说，只有两个正因数(1 和自己)的自然数即为素数。

任何大于 1 的正整数 N 可以唯一表示成有限个素数的乘积：$N=p_1^{a_1} \cdot p_2^{a_2} \cdots p_n^{a_n}$，其中 p_i 都是素数，其诸方幂 a_i 是正整数，例如 $100 = 2^2 \cdot 5^2$。这就是算术基本定理。

最小的素数是 2，它也是唯一的偶数素数。最前面的素数依次排列为：2，3，5，7，11，13，17，……。不是素数且大于 1 的正整数称为合数。

根据素数的定义，在判断一个数 N 是否是素数时，我们只要用 1～N–1 去除 N，看看能否整除即可。但我们有更好的办法。先找一个数 m，使 m 的平方大于 N，再用<=m 的素数去除 N，如果都不能整除，则 N 必然是素数。如我们要判断 1993 是不是素数，50*50 > 1993，那么我们只要用 1993 去除 <50 的素数就可以了。

4.1.2 费马小定理

费马小定理(Fermat's Little Theorem)是数论中的一个定理，其内容为假如 p 是素数，a 是一个正整数且不能被 p 整除，那么

$$a^{p-1} \equiv 1(\bmod p)$$

证明：构造素数 p 的完全剩余系 P = {1，2，3，4，…，(p–1)}，因为 gcd(a，p) = 1，由此可得 A={a, 2a, 3a, 4a, …, (p–1)a} 中各个元素不等于 0，且互不相等。因此，A 也是 p 的一个完全剩余系，只不过是排列顺序不同而已。对两个集合的所有元素分别进行相乘，并对 p 取模，有

$$a*2a*3a*4a*\cdots*(p-1)a \equiv 1*2*3*4\cdots*(p-1)(\bmod p)$$

令 W=1*2*3*4*…*(p–1)，则 $W \cdot a^{p-1} \equiv W(\bmod p)$。由于 gcd(W，p) = 1，可知

$$a^{p-1} \equiv 1 (\bmod\ p)$$

例如，对于 $a = 3$，$p = 5$，有 $a^{p-1} = 3^4 = 81\ \text{mod}\ 5 = 1$。

4.1.3 欧拉定理

在数论，对正整数 n，欧拉函数是少于或等于 n 的数中与 n 互质的数的数目。此函数以其首名研究者欧拉命名，它又称为 Euler's totient function、φ 函数、欧拉商数等。 例如 φ(8)=4，因为 1，3，5，7 均和 8 互质。

对素数 p，显然有 φ(p) = p−1。

对于两个互不相等的素数 p 和 q，如果 n = p·q，则有 φ(n)=(p−1)·(q−1)= φ(p)·φ(q)。例如，φ(10) = φ(2)·φ(5) = 1·4 = 4。这四个数分别是 1，3，7，9。

在数论中，欧拉定理(也称费马−欧拉定理)是一个关于同余的性质。欧拉定理表明，若 n，a 为正整数，且 n，a 互素，gcd(a, n) = 1，则

$$a^{\varphi(n)} \equiv 1 (\bmod\ n)$$

证明：对于集合 $Z_n = \{x_1，x_2，\cdots，x_{\varphi(n)}\}$，其中 $x_i(i = 1，2，\cdots，\varphi(n))$ 是不大于 n 且与 n 互素的数，即 n 的一个化简剩余系，或称简系，或称缩系。考虑集合 $S = \{a*x_1(\bmod\ n)，a*x_2(\bmod\ n)，\cdots，a*x_{\varphi(n)}(\bmod\ n)\}$，则 $S = Z_n$。

(1) 由于 a，n 互质，x_i 也与 n 互质，则 $a*x_i$ 也一定与 n 互质，因此，对于任意的 x_i，$a*x_i(\bmod\ n)$ 必然是 Z_n 的一个元素。

(2) 对于 Z_n 中两个元素 x_i 和 x_j，如果 $x_i \neq x_j$，则 $a*x_i(\bmod\ n) \neq a*x_j(\bmod\ n)$，这个由 a、n 互质和消去律可以得出。

所以，很明显，$S = Z_n$。

既然这样，那么

$$\left(a*x_1 \times a*x_2 \times \cdots \times a*x_{\varphi(n)}\right)(\bmod\ n)$$

$$= \left(a*x_1(\bmod\ n) \times a*x_2(\bmod\ n) \times \cdots \times a*x_{\varphi(n)}(\bmod\ n)\right)(\bmod\ n)$$

$$= \left(x_1 \times x_2 \times \cdots \times x_{\varphi(n)}\right)(\bmod\ n)$$

考虑上面等式左边和右边：

左边等于 $\left(a^{\varphi(n)}\left(x_1 \times x_2 \times \cdots \times x_{\varphi(n)}\right)\right)(\bmod\ n)$

右边等于 $\left(x_1 \times x_2 \times \cdots \times x_{\varphi(n)}\right)(\bmod\ n)$

而 $\left(x_1 \times x_2 \times \cdots \times x_{\varphi(n)}\right)(\bmod\ n)$ 和 n 互质，根据消去律，可以从等式两边约去，就得到

$$a^{\varphi(n)} \equiv 1 (\bmod\ n)$$

4.2　RSA 密码系统

公开密钥加密的第一个算法是由 Ralph Merkle 和 Martin Hellman 开发的背包算法[2]，它只能用于加密，后来 Adi Shamir 将其改进使之能用于数字签名。背包算法的安全性不好，也不完善。随后不久就出现了第一个较完善的公开密钥算法 RSA[3](根据其发明者命名，即 R. L. Rivest, A. Shamir 和 L. Adleman)。

RSA 密码系统的安全性是基于大数分解的困难性。我们知道，求一对大素数的乘积很容易，但要对这个乘积进行因式分解非常困难。因此，可以把一对大素数的乘积公开作为公钥，而把素数作为私钥。从而从一个公开密钥和密文中恢复出明文的难度等价于分解两个大素数之积。公钥密码系统一般都涉及数论的知识，如素数、欧拉函数、中国剩余定理等。这在许多密码学教材中都有所论述，本书不作讨论。

下面介绍 RSA 密码系统的细节。选择两个不同的大素数 p 和 q(一般都为 100 位左右的十进制数字)，计算乘积

$$n = p \cdot q$$

和欧拉函数值

$$\varphi(n) = (p-1) \cdot (q-1)$$

随机取一整数 e，$1 < e < \varphi(n)$，且 e 和 $\varphi(n)$ 互素。此时可求得 d 以满足

$$e\,d \equiv 1 \bmod \varphi(n)$$

则

$$d = e^{-1} \bmod \varphi(n)$$

这样可以把 e 和 n 作为公开密钥，d 作为私人密钥。其中，p、q、$\varphi(n)$ 和 d 就是秘密的陷门(4 项并不是相互独立的)，这些信息不可以泄露。

RSA 加密消息 m 时(这里假设 m 是以十进制表示的)，首先将消息分成合适大小的数据分组，然后对分组分别进行加密。每个分组的大小应该比 n 小。

设 c_i 为明文分组 m_i 加密后的密文，则加密公式为

$$c_i = m_i^{\,e} \pmod n$$

解密时，对每一个密文分组进行如下运算

$$m_i = c_i^{\,d} \pmod n$$

这种加/解密方案的可行性证明可以参考文献[3]。这里将举一个简单的例子来说明 RSA 的加/解密过程。选 $p = 5$，$q = 11$，则

$$n = pq = 55, \quad \varphi(n) = (p-1)(q-1) = 40$$

于是明文空间为在闭区间[1, 54]内且不能被 5 和 11 整除的数(如果明文 m 同 n 不是互为素数，就有可能出现消息暴露情况，即 $m^e = m \bmod n$，这样我们就可能通过计算 n 与加密以后的 m 的最大公约数来分解出 n。通常一个明文同 n 有公约数的概率小于 $1/p + 1/q$，因

此，对于大的 p 和 q 来说，这种概率是非常小的。）。选择 e =7，则 d = 23。由加/解密公式可以得到加密表如表 4-1 所示。

表 4-1　加密表

明文	密文	明文	密文	明文	密文	明文	密文
1	1	14	9	28	52	42	48
2	18	16	36	29	39	43	32
3	42	17	8	31	26	46	51
4	49	18	17	32	43	47	53
6	41	19	24	34	34	48	27
7	28	21	21	36	31	49	14
8	2	23	12	37	38	51	6
9	4	24	29	38	47	52	13
12	23	26	16	39	19	53	37
13	7	27	3	41	46	54	54

可以看出 RSA 加密实质是一种 $Z_n \rightarrow Z_n$ 的单表代换。

4.3　Diffie-Hellman 密钥交换

4.3.1　Diffie-Hellman 算法

Diffie-Hellman 算法是第一个公开密钥算法，发明于 1976 年[1]。Diffie-Hellman 算法能够用于密钥分配，但不能用于加密或解密信息。

Diffie-Hellman 算法的安全性在于在有限域上计算离散对数非常困难。在此先简单介绍一下离散对数的概念。定义素数 p 的本原根(Primitive Root)为一种能生成 1～p–1 所有数的一个数，即如果 a 为 p 的本原根，则

$$a \bmod p, \quad a^2 \bmod p, \quad \ldots, \quad a^{p-1} \bmod p$$

两两互不相同，构成 1～p–1 的全体数的一个排列。对于任意数 b 及素数 p 的本原根 a，可以找到一个唯一的指数 i，满足

$$b = a^i \bmod p \quad \text{其中 } 0 \leq i \leq p-1$$

称指数 i 为以 a 为底模 p 的 b 的离散对数。

如果 Alice 和 Bob 想在不安全的信道上交换密钥，则可以采用如下步骤(见图 4-3)：

(1) Alice 和 Bob 协商一个大素数 p 及 p 的本原根 a，a 和 p 可以公开。

(2) Alice 秘密产生一个随机数 x，计算 $X = a^x \bmod p$，然后把 X 发送给 Bob。

(3) Bob 秘密产生一个随机数 y，计算 $Y = a^y \bmod p$，然后把 Y 发送给 Alice。

(4) Alice 计算 $k = Y^x \bmod p$。

(5) Bob 计算 $k' = X^y \bmod p$。

k 和 k′ 是恒等的，因为 $k = Y^x \bmod p = (a^y)^x \bmod p = (a^x)^y \bmod p = X^y \bmod p = k'$。

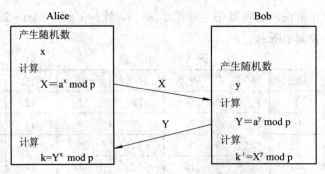

图 4-3　Diffie-Hellman 密钥交换

线路上的搭线窃听者只能得到 a、p、X 和 Y 的值，除非能计算离散对数，恢复出 x 和 y，否则就无法得到 k。因此 k 为 Alice 和 Bob 独立计算的秘密密钥。

下面用一个例子来说明上述过程。Alice 和 Bob 需进行密钥交换，则

(1) 二者协商后决定采用素数 p = 353 及其本原根 a = 3。

(2) Alice 选择随机数 x = 97，计算 X = 3^{97} mod 353 = 40，并发送给 Bob。

(3) Bob 选择随机数 y = 233，计算 Y = 3^{233} mod 353 = 248，并发送给 Alice。

(4) Alice 计算 k = Y^x mod p = 248^{97} mod 353 = 160。

(5) Bob 计算 k' = X^y mod p = 40^{233} mod 353 = 160。

k 和 k' 即为秘密密钥。

4.3.2　中间人攻击

Diffie-Hellman 密钥交换容易遭受中间人攻击：

(1) Alice 发送公开值(a 和 p)给 Bob，攻击者 Carol 截获这些值并把自己产生的公开值发送给 Bob。

(2) Bob 发送公开值给 Alice，Carol 截获它然后用自己公开值发送给 Alice。

(3) Alice 和 Carol 计算出二人之间的共享密钥 k1。

(4) Bob 和 Carol 计算出另外一对共享密钥 k2。

这时，Alice 用密钥 k1 给 Bob 发送消息；Carol 截获消息后用 k1 解密就可读取消息；然后将获得的明文消息用 k2 加密(加密前可能会对消息作某些修改)后发送给 Bob。对 Bob 发送给 Alice 的消息，Carol 同样可以读取和修改。造成中间人攻击的原因是 Diffie-Hellman 密钥交换不认证对方。利用数字签名可以挫败中间人攻击。

4.3.3　认证的 Diffie-Hellman 密钥交换

密钥交换双方通过数字签名和公钥证书相互认证可以挫败中间人攻击。在密钥交换之前，密钥交换的双方 Alice 和 Bob 各自拥有公钥/私钥对和公开密钥证书。下面是 Alice 和 Bob 产生共享秘密密钥的过程：

(1) Alice 产生随机数 x 并发送给 Bob。

(2) Bob 产生随机数 y 并根据 Diffie-Hellman 协议计算出共享秘密密钥 k。然后 Bob 对 x、y 签名并用 k 加密签名。最后把加密的签名和 y 一起发送给 Alice。

(3) Alice 计算出 k，用 k 解密 Bob 发送给他的消息并验证 Bob 的签名。对 x、y 签名并用 k 加密签名后发送给 Bob。

(4) Bob 解密消息并验证 Alice 的签名。

4.3.4　三方或多方 Diffie-Hellman

Diffie-Hellman 密钥交换协议很容易扩展到三方或多方的密钥交换。下例中，Alice、Bob 和 Carol 一起产生秘密密钥，如图 4-4 所示。

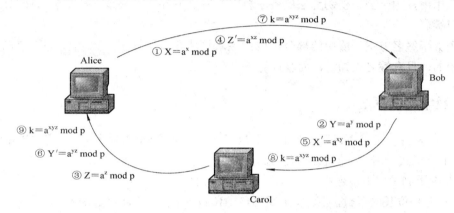

图 4-4　三方或多方的密钥交换

(1) Alice 选取一个大随机整数 x，计算 $X = a^x \bmod p$，然后把 X 发送给 Bob；

(2) Bob 选取一个大随机整数 y，计算 $Y = a^y \bmod p$，然后把 Y 发送给 Carol；

(3) Carol 选取一个大随机整数 z，计算 $Z = a^z \bmod p$，然后把 Z 发送给 Alice；

(4) Alice 计算 $Z' = Z^x \bmod p$ 并发送 Z′ 给 Bob；

(5) Bob 计算 $X' = X^y \bmod p$ 并发送 X′ 给 Carol；

(6) Carol 计算 $Y' = Y^z \bmod p$ 并发送 Y′ 给 Alice；

(7) Alice 计算 $k = Y'^x \bmod p$；

(8) Bob 计算 $k = Z'^y \bmod p$；

(9) Carol 计算 $k = X'^z \bmod p$。

共享秘密密钥 k 等于 $a^{xyz} \bmod p$。这个协议很容易扩展到更多方。

4.4　数字签名

4.4.1　基本概念

在计算机通信中，当接收者接收到一个消息时，往往需要验证消息在传输过程中没有被篡改；有时接收者需要确认消息发送者的身份。所有这些都可以通过数字签名来实现。

数字签名可以用来证明消息确实是由发送者签发的，而且，当数字签名用于存储的数据或程序时，可以用来验证数据或程序的完整性。它和传统的手写签名类似，应满足以下条件：

(1) 签名是可以被确认的，即收方可以确认或证实签名确实是由发方签名的；

(2) 签名是不可伪造的，即收方和第三方都不能伪造签名；

(3) 签名不可重用，即签名是消息(文件)的一部分，不能把签名移到其它消息(文件)上；

(4) 签名是不可抵赖的，即发方不能否认他所签发的消息；

(5) 第三方可以确认收发双方之间的消息传送但不能篡改消息。

使用对称密码系统可以对文件进行签名，但此时需要可信任的第三方仲裁。公开密钥算法也能用于数字签名。此时，发方用私钥对文件进行加密就可以获得安全的数字签名。在实际应用中，由于公开密钥算法的效率较低，发送方并不对整个文件签名，而只对文件的散列值签名。

一个数字签名方案一般由两部分组成：签名算法和验证算法。其中签名算法或签名密钥是秘密的，只有签名人知道，而验证算法是公开的。

4.4.2　数字签名算法

1991 年 8 月，美国 NIST 公布了用于数字签名标准 DSS 的数字签名算法 DSA，1994 年 12 月 1 日正式采用为美国联邦信息处理标准[5]。

DSA 中用到了以下参数：

(1) p 为 L 位长的素数，其中，L 为 512～1024 之间且是 64 倍数的数。

(2) q 是 160 位长的素数且为 p–1 的因子。

(3) $g=h^{(p-1)/q} \bmod p$，其中，h 是满足 $1<h<p-1$ 且 $h^{(p-1)/q} \bmod p$ 大于 1 的整数。

(4) x 是随机产生的大于 0 而小于 q 的整数。

(5) $y = g^x \bmod p$。

(6) k 是随机产生的大于 0 而小于 q 的整数。

前三个参数 p、q、g 是公开的；x 为私钥，y 为公钥；x 和 k 用于数字签名，必须保密；对于每一次签名都应该产生一次 k。

对消息 m 签名

$$r = (g^k \bmod p) \bmod q$$

$$s = (k^{-1} (SHA-1(m) + xr)) \bmod q$$

r 和 s 就是签名。验证签名时，计算

$$w = s^{-1} \bmod q$$

$$u1 = (SHA-1(m) \times w) \bmod q$$

$$u2 = (rw) \bmod q$$

$$v = ((g^{u1} \times y^{u2}) \bmod p) \bmod q$$

如果 v = r，则签名有效。

有关 DSA 更详细的描述如 DSA 素数的产生等请参考[5]。

4.4.3　RSA 签名方案

前面提到 RSA 可以用于数字签名。根据 4.1 节中的描述，我们可以获得私钥 d，公钥 e 和 n。则对消息 m 签名为

$$r = sig(m) = (H(m))^d \bmod n$$

其中，H(m)计算消息 m 的消息摘要，可由散列函数 SHA−1 或 MD5 得到；r 即为对消息的签名。

验证签名时，验证

$$H(m) \equiv r^e \bmod n$$

若上式成立，则签名有效。整个签名过程如图 4-5 所示。

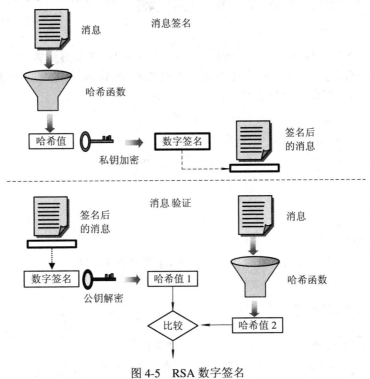

图 4-5　RSA 数字签名

4.4.4　其它数字签名方案

许多公开密钥算法都可以用于数字签名中。更多的签名方案可以参考文献[4]、[6]及相关资料。

参 考 文 献

[1]　W. Diffie, M. Hellman. New directions in cryptography. IEEE Trans. Inform. Theory , 1976, IT-22(6), 644–654

[2]　Arto Salomaa.　Public-Key Cryptography. Springer-Verlag, 1990

[3]　L.Adleman, R.Rivest, A.Shamir. A method for obtaining digital signatures and public-key cryptosystems. Communications of the ACM, 1978, 27:120-126

[4]　Bruce Schneier. Applied Cryptography: Protocols, Algorithms, and Source Code in C. 2nd edition,

John Wiley & Sons, 1996

  [5] National Institute of Standards and Technology, FIPS PUB 186. Digital Signature Standard (DSS). U.S. Department of Commerce, May 1994

  [6] 王育民，刘建伟. 通信网的安全——理论与技术. 西安：西安电子科技大学出版社，1999

思 考 题

[1] 已知 RSA 密码体制的公开密钥为 n = 55，e = 7，试加密明文消息 M = 10。通过求解 p、q 和 d 破译这种密码体制。设截获到密码文 C = 35，求出它对应的明码文。

[2] 在 RSA 公开密钥密码体制中：

(1) 如果 p = 7，q = 11，列出可选用的 d 值。

(2) 如果 p = 13，q = 31，d = 7，求 e。

(3) 已知 p = 5，q = 11，d = 27，求 e 并加密 "abcdefghij"。

[3] 在 RSA 方法中，若 p = 5，q = 7，证明：对于所有[0，$\Phi(n)-1$]范围内的密钥 d 和 e，都有 d = e。

[4] 考虑以下方案：

① 选择奇数 E。

② 选择两个质数 P 和 Q，其中(P−1)(Q−1)−1 能够被 E 整除。

③ P 乘以 Q，结果为 N。

④ 计算 $D = \dfrac{(P-1)(Q-1)(E-1)+1}{E}$。

此方案与 RSA 相同吗？解释相同或不同的原因。

[5] 考虑一个常用质数 q = 11，原根 a = 2 的 Diffie-Hellman 方案。

(1) 如果用户 A 的公钥为 $Y_A = 9$，则 A 的私钥 X_A 为多少？

(2) 如果用户 B 的公钥为 $Y_B = 3$，则共享的密钥 K 为多少？

[6] 若 a,b,c 为任意 3 个整数，m 为正整数，且(m，c) = 1，则当 ac ≡ bc(mod m)时，证明有 a ≡ b(mod m)成立。

[7] 证明若 m 为整数且 m > 1，a[1]，a[2]，a[3]，a[4]，…，a[m]为 m 个整数，若在这 m 个数中任取 2 个整数对 m 不同余，则这 m 个整数对 m 构成完全剩余系。

[8] 设 m 是一个整数，且 m > 1，b 是一个整数，且(m，b) = 1。如果 a[1]，a[2]，a[3]，a[4]，…，a[m]是模 m 的一个完全剩余系，证明 ba[1]，ba[2]，ba[3]，ba[4]，…，ba[m]也构成模 m 的一个完全剩余系。

[9] 如果 a，b，c，d 是四个整数，且 a ≡ b(mod m)，c ≡ d(mod m)，证明 ac ≡ bd(mod m)。

第 5 章　因特网与 TCP/IP 安全

本章讨论 TCP/IP 协议以及因特网服务的安全性。首先简单介绍了 TCP/IP 协议，然后对 TCP/IP 协议族中的各个协议进行了具体的安全性分析，最后讨论了因特网的各种服务存在的安全问题。

5.1　TCP/IP 协议栈

因特网(Internet)依赖于一组称为 TCP/IP 的协议组，它包含了一组互补和合作的协议。所有这些协议共同工作，以便在因特网上传输信息。

我们知道，ISO/OSI 模型将网络表示为一个垂直的分层(或模块)协议栈，每层完成特定的功能。TCP/IP 协议栈只是许多支持 ISO/OSI 分层模型的协议栈的一种。TCP/IP 通常被认为是一个四层协议系统，如图 5-1 所示。

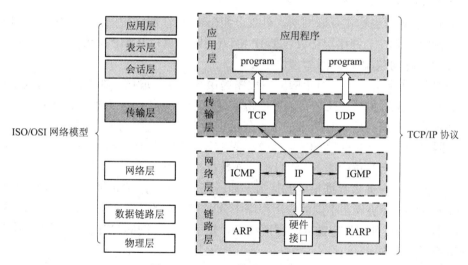

图 5-1　ISO/OSI 模型与 TCP/IP 协议栈

ISO/OSI 参考模型将网络设计划分成七个功能层。但此模型只起到一个指导作用——它本身并不是一个规范。例如，TCP/IP 网络只使用 ISO/OSI 模型的五层。图 5-2 显示了一个简单的五层网络模型，其中每层都采用了 TCP/IP 协议。网络层和相应的协议层组成了该模型，数据通过此模型在应用程序和网络硬件之间进行传递。

图 5-2 中，有箭头的线表示不同的网络软件和硬件之间可能的通信信道。例如，为了和传输层通信，应用程序必须与用户数据报协议(UDP)或传输控制协议(TCP)模块对话；为了和网络层通信，应用程序必须与互联网控制报文协议(ICMP)或者互联网协议(IP)模块对话。但是，不管数据通过什么路径从应用层到网络层，数据都必须经过 IP 模块才能到达网络硬件。

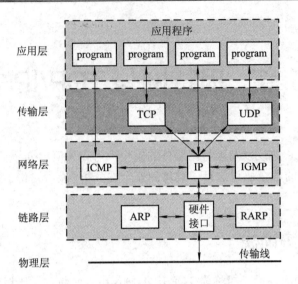

图 5-2 TCP/IP 协议栈各相关协议

在 TCP/IP 协议体系结构中，每层各自负责不同的网络通信功能：

(1) 链路层。有时也称作数据链路层或网络接口层，通常包括操作系统中的设备驱动程序和计算机中对应的网络接口卡。它们一起处理与电缆(或其它任何传输媒介)的物理接口细节，以及数据帧(frame)的组装。

(2) 网络层。有时也称作互联网层，处理分组(packet)在网络中的活动，例如分组的选路。在 TCP/IP 协议组中，网络层协议包括 IP 协议(网际协议)，ICMP 协议(互联网控制报文协议)，以及 IGMP 协议(因特网组管理协议)。

(3) 传输层。主要为两台主机上的应用程序提供端到端的通信。在 TCP/IP 协议组中，有两个互不相同的传输协议：TCP(传输控制协议)和 UDP(用户数据报协议)。TCP 为两台主机提供高可靠性的数据通信。它所做的工作包括把应用程序交给它的数据分成合适的小块交给下面的网络层、确认接收到的分组报文、设置发送最后确认分组的超时时钟等。UDP 为应用层提供一种非常简单的服务。它只把称作数据报(datagram)的分组从一台主机发送到另一台主机，但并不保证该数据报能到达另一端。任何必要的可靠性必须由应用层自己负责提供。这两种传输层协议在不同的应用程序中分别有不同的用途，这一点将在后面看到。

(4) 应用层。负责处理特定的应用程序细节。几乎各种不同的 TCP/IP 实现都会提供下面这些通用的应用程序：

① Telnet(远程登录)。

② FTP(文件传输协议)。

③ SMTP(简单邮件传输协议)。

④ SNMP(简单网络管理协议)。

5.2 协议封装

当应用程序用 TCP/IP 传送数据时，数据被送入协议栈中，然后逐个通过每一层直到被当作一串比特流送入网络。其中每一层对收到的数据都要增加一些头部信息(有时还要增加尾部信息)，该过程如图 5-3 所示。TCP 传给 IP 的数据单元称作 TCP 报文段或简称为 TCP 段(TCP segment)，IP 传给网络接口层的数据单元称作 IP 分组(IP datagram)，通过以太网传输的比特流称作帧(Frame)。

图 5-3 中帧头和帧尾下面所标注的数字是典型以太网帧头部的字节长度。以太网数据帧的物理特性是其长度必须在 46~1500 字节之间(有些 TCP/IP 协议文献也使用 octet 这个术语来表示字节)。

更准确地说，图 5-3 中 IP 和网络接口层之间传送的数据单元应该是分组(packet)。分组既可以是一个 IP 数据报，也可以是 IP 数据报的一个片(fragment)。我们将在下一节讨论 IP 数据报分片的详细情况。

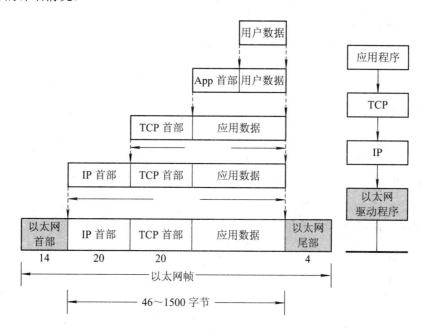

图 5-3　在以太网上使用 TCP 进行数据封装

UDP 数据与 TCP 数据基本一致。唯一的不同是 UDP 传给 IP 的信息单元称作 UDP 数据报(UDP datagram)，而且 UDP 的首部长为 8 字节。回想前面的图 5-2，由于 TCP、UDP、ICMP 和 IGMP 都要向 IP 传送数据，因此，IP 必须在生成的 IP 首部中加入某种标识，以表明数据来源于何处。为此，IP 在首部中存入一个长度为 8 比特的字段，称作协议域，并用 1 表示为 ICMP 协议，2 表示为 IGMP 协议，6 表示为 TCP 协议，17 表示为 UDP 协议。

类似地，许多应用程序都可以使用 TCP 或 UDP 来传送数据。传输层协议在生成报文首部时要存入一个应用程序的标识符。TCP 和 UDP 都用一个 16 比特的端口号来表示不同的应用程序。

TCP 和 UDP 把源端口号和目的端口号分别存入传输层报文首部中。网络接口分别要发送和接收 IP、ARP 和 RARP 数据，因此，也必须在以太网的帧首部中加入某种形式的标识，以指明生成数据的网络层协议。为此，以太网的帧首部也有一个 16 比特的帧类型域。

5.3　IP 协议

5.3.1　IP 协议简述

网际协议 IP 是 TCP/IP 的核心，也是网络层中最重要的协议。IP 层接收由更低层(网络接口层，例如以太网设备驱动程序)发来的数据包，并把该数据包发送到更高层——TCP 或 UDP 层；相反，IP 层也把从 TCP 或 UDP 层接收来的数据包传送到更低层。IP 协议不是可靠的协议，因为 IP 并没有做任何事情来确认数据包是否按顺序发送或者有没有被破坏。IP 数据包中含有发送它的主机的 IP 地址(源地址)和接收它的主机的 IP 地址(目的地址)。

IP 数据包的格式如图 5-4 所示。普通的 IP 首部字段包含 20 个字节，除非含有选项部分。

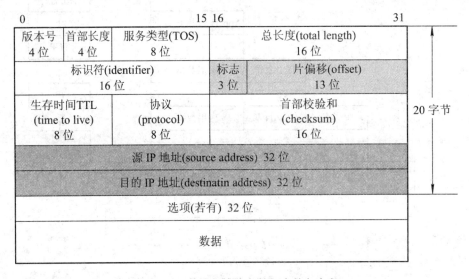

图 5-4　IP 数据包格式及首部中的各字段

分析图 5-4 中的首部。最高位在左边，记为第 0 比特；最低位在右边，记为第 31 比特。4 个字节的 32 比特值以下面的次序传输：首先是 0~7 比特，其次 8~15 比特，然后 16~23 比特，最后是 24~31 比特。这种传输次序称作大字节(big endian)顺序。由于 TCP/IP 首部中所有的二进制整数在网络中传输时都要求以这种次序，因此，它又称作网络字节序。以其它形式存储二进制整数的机器，如小字节(Little Endian)格式，则必须在传输数据之前把首部转换成网络字节序。

目前的 IP 协议版本号(version)是 4，因此，有时也称作 IPv4。

IP 数据包中的首部长度(header length)字段中存放的是以 32 比特为单位的首部长度，是一个 4 比特的字段，因此，首部最长为 60 个字节。普通 IP 数据报(没有任何选择项)中，该字段的值是 5。

总长度(total length)字段存放的是整个 IP 数据报的长度，以字节为单位。利用首部长度字段和总长度字段，就可以知道 IP 数据报中数据内容的起始位置和长度。由于该字段长 16

比特，所以 IP 数据包最长可达 65 535 字节。

总长度字段是 IP 首部中必需的内容，因为一些数据链路(如以太网)需要填充一些数据以达到最小长度。尽管以太网的最小帧长为 46 字节(见图 5-3)，但是 IP 数据可能会更短。如果没有总长度字段，那么 IP 层就不知道 46 字节中有多少是 IP 数据报的内容。

标识(identifier)字段唯一地标识主机发送的每一份数据报。

TTL(time-to-live)生存时间字段设置了数据报可以经过的最多路由器数。它指定了数据包的生存时间。TTL 的初始值由源主机设置(通常为 128 或 64)，一旦经过一个处理它的路由器，它的值就减去 1。当该字段的值为 0 时，数据包就被丢弃，并发送 ICMP 报文通知源主机。常用的网络工具 Traceroute 就是利用的该字段。

5.3.2　基于 IP 协议缺陷的攻击

IP 协议存在的安全问题不少,下面我们选择一些比较典型的攻击案例来分析其安全性。

1. 死亡之 Ping(Ping of Death)

最简单的基于 IP 的攻击可能要数著名的死亡之 Ping(Ping Of Death)。这种攻击主要是由于单个包的长度超过了 IP 协议规范所规定的包长度，而产生这样的包很容易。事实上，许多操作系统都提供了称为 Ping 的网络工具。在 Windows98 中，开一个 DOS 窗口，输入 Ping—l 65510 the.target.ip.addr 就可达到该目的。UNIX 系统也有类似情况。

死亡之 Ping 是如何工作的呢？首先是因为以太网帧长度有限，IP 包必须被分片。当一个 IP 包的长度超过以太网帧的最大尺寸(以太网头部和尾部除外)，包就会被分片，作为多个帧来发送。接收端的机器提取各个分片，并重组为一个完整的 IP 包。

在正常情况下，IP 头包含整个 IP 包的长度。当一个 IP 包被分片以后，头只包含各个分片的长度。分片并不包含整个 IP 包的长度信息。因此 IP 包一旦被分片，重组后的整个 IP 包的总的长度只有在所有的分片都接收完毕之后才能确定。

在 IP 协议规范中规定了一个 IP 包的最大尺寸。而大多数的包处理程序又假设包的长度超过这个最大尺寸这种情况是不会出现的。因此，包的重组代码所分配的内存区域也最大不超过这个最大尺寸。这样，超大的包一旦出现，包当中的额外数据就会被写入其它正常内存区域。这很容易导致系统进入非稳定状态。这是一种典型的缓存溢出(Buffer Overflow)攻击。

预防死亡之 Ping 的最好方法是对操作系统进行补丁。这样，内核将不再对超过规定长度的包进行重组。在防火墙一级对这种攻击进行检测是相当难的，因为每个分片包看起来都很正常。

2. 泪滴(Teardrop)攻击

Teardrop 攻击同死亡之 Ping 有些类似。在这儿，一个大 IP 包的各个分片包并非首尾相连，而是存在重叠(Overlap)现象。在图 5-5 中，包 1 的偏移等于 0，长度等于 15，包 2 的偏移为 5，这意味着包 2 是从包 1 的中间位置开始的，即存在 5 字节的重叠。系统内核将试图消除这种重叠，但是如果存在重叠段的分片包长度小于重叠部分长度(见图 5-6)，内核将无法进行正常处理。

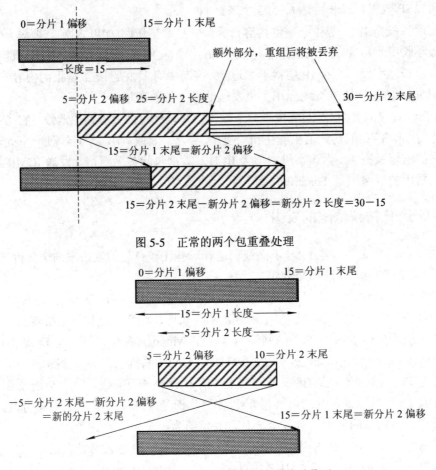

图 5-5 正常的两个包重叠处理

图 5-6 分片 2 没有足够的数据来覆盖重叠区

这个问题应当说不是 IP 协议本身的问题，而是协议实现的漏洞。

5.4 TCP 协议

5.4.1 TCP 协议简述

如果 IP 数据包中有已经封好的 TCP 数据包，那么，IP 将把它们向"上"传送到 TCP 层。TCP 将包排序并进行错误检查，同时实现虚电路间的连接。TCP 数据包中包含序列号和应答号，所以，未按照顺序收到的包可以被排序，而损坏的包可以被重传。

TCP 将信息送到更高层的应用程序，例如 Telnet 的服务程序和客户程序。应用程序轮流将信息送回 TCP 层，TCP 层再将它们向下传送到 IP、设备驱动程序和物理介质，最后到接收方。

面向连接的服务(例如 Telnet、FTP、rlogin、X Windows 和 SMTP)需要高度的可靠性，所以它们使用了 TCP。DNS 在某些情况下使用 TCP(发送和接收域名数据库)，但通常使用 UDP 传送有关单个主机的信息。

图 5-7 显示 TCP 首部的数据格式。如果没有任选字段，其长度是 20 个字节。

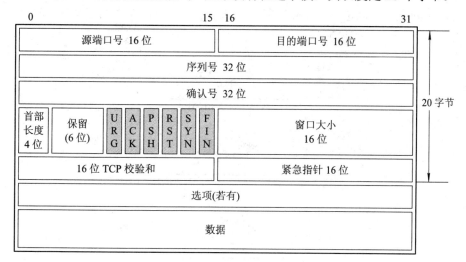

图 5-7　TCP 首部

每个 TCP 段都包含源端和目的端的端口号，用于定位发端和收端的应用进程。这两个值加上 IP 首部的源 IP 地址和目的 IP 地址可以唯一确定一条 TCP 连接。

5.4.2　TCP 安全缺陷与 LAND 攻击

LAND 攻击是最简单的一种 TCP 攻击方法：将 TCP 包的源地址和目的地址，源端口和目的端口都设置成相同即可。其中，地址字段都设置为目标机器的 IP 地址。需要注意的是，对应的端口所提供的服务器必须是激活的。LAND 攻击可以非常有效地使目标机器重新启动或者机器死机。

这种攻击能够奏效的原因在于 TCP 连接的可靠特性。为了使连接可靠，TCP 要完成两个关键的任务：

(1) 初始化连接。也就是在客户和服务器之间进行三次握手(Three-way Handshake)。三次握手协议完成两个重要功能：它确保连接双方做好数据传输准备(而且它们知道双方都准备好了)，而且使得双方统一了初始序列号。序列号可以帮助 TCP 确认包的顺序以及包是否丢失。

(2) 应答每个接收到的数据包。如果在规定时间内应答没有被接收到，包被重传。

LAND 攻击利用了 TCP 初始连接建立期间的应答方式存在的问题。攻击的关键在于服务器端和客户端有各自的序列号。例如，服务器端的序列号可以是 1，2，3，4…，而客户端的序列号可能是 1001，1002，1003，…。对于每一次数据传输，接收端都必须发送一个应答包，其中包含期望从发送端所接收的下一个包的序列号。例如，发送端说"我正在给你发送 1000 个字节，序列号为 5000。"接收端则应答："好，我收到了它们，我正在等待序列号为 6001 的字节(5000 + 1000 + 1)。"

攻击从发送一个包含随机序列号的数据包作为第一次握手开始。目标计算机说，OK，这是我的序列号，然后对其序列号加 1(在此没有数据传送)进行应答，并送回给攻击者。这是第二次握手。如果是正常握手过程，攻击者应当能够收到这个包，并且对目标机器的序列号加 1 进行应答，并发还给目标机器，从而完成第三次握手。这样的话，双方机器都知道了对方的序列号，可以进行数据传输了。图 5-8 给出了一次典型的三次握手过程。

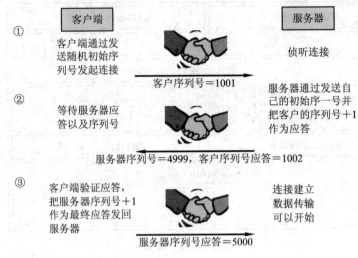

① 客户端通过发送随机初始序列号发起连接

客户序列号=1001

服务器通过发送自己的初始序一号并把客户的序列号+1作为应答

② 等待服务器应答以及序列号

服务器序列号=4999，客户序列号应答=1002

③ 客户端验证应答，把服务器序列号+1作为最终应答发回服务器

连接建立数据传输可以开始

服务器序列号应答=5000

图 5-8　正常 TCP 三次握手过程

攻击时目标机器把包发送给了自己(源和目的 IP 地址是相同的)。目标机器等待自己的序列号得到应答，而这个应答却是它自己刚刚才发送出去的，而且其应答序列号是攻击者的序列号(1002)。由于这个序列号同目标机器所期望的序列号差别太大(不在接收窗口范围内)，TCP 认为这个包有问题，被丢弃。这样目标机器再次重发数据包。这对于 TCP 来说，意味着"那不是我所期望的包，请重发"。这将导致无限循环：目标机器一直给自己发送错误应答，并希望能够看到具有正确序列号的应答返回。图 5-9 形象地描绘了此情景。

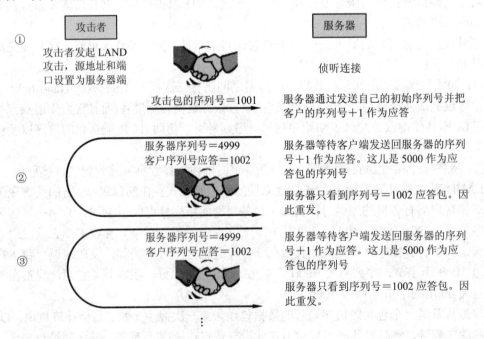

① 攻击者发起 LAND 攻击，源地址和端口设置为服务器端

攻击包的序列号=1001

服务器通过发送自己的初始序列号并把客户的序列号+1 作为应答

② 服务器序列号=4999
客户序列号应答=1002

服务器等待客户端发送回服务器的序列号+1 作为应答。这儿是 5000 作为应答包的序列号

服务器只看到序列号=1002 应答包。因此重发。

③ 服务器序列号=4999
客户序列号应答=1002

服务器等待客户端发送回服务器的序列号+1 作为应答。这儿是 5000 作为应答包的序列号

服务器只看到序列号=1002 应答包。因此重发。

图 5-9　LAND 攻击示意图

　　由于 TCP 是具有高优先权的内核级进程，这也就意味着 TCP 相对其它非内核应用程序有更高的权限。基本上，它将中断其它的正常系统操作以声明更多的内核资源来处理进入的数据。这样，无限循环很快会消耗完系统资源，引起大多数系统死机。只有少数系统在内核资源耗尽情况下还可以继续稳定运行。

　　LAND 攻击相对容易。下面让我们深入探讨 TCP 问题的另一个严重问题。在前面我们已经对 TCP 连接初始化过程有了大致的了解。我们同样也提到了 TCP 在成功进行数据收发以后如何进行应答。或许你已经注意到，在此过程当中没有任何的认证机制。TCP 假定只要接收到的数据包包含正确的序列号就认为数据是可以接受的。一旦连接建立，服务器无法确定进入的数据包是确实来真正的客户机器而不是某一台假冒的机器。

　　让我们考虑下述情形：一个客户程序通过 TCP 正在同一台服务器进行通信。攻击者使用 ARP 技术(后面详述)来截获和重定向客户同服务器之间的数据流，使之经过攻击者的机器。攻击者可以采取被动攻击以免引起注意，即客户的所有命令保持原样被发送到服务器，服务器的响应也不加修改的发送给客户。对于客户和服务器来说，它们都认为是在直接进行通信。由于攻击者可以看到序列号，有必要的话，它可以把伪造的数据包放到 TCP 流中。这将允许攻击者以被欺骗的客户具有的特权来访问服务器。攻击者同样也可以查看所有同攻击相关的输出，而且不把它们送往客户机。这样的攻击是透明的。在这种情况下，攻击者甚至于不需要知道访问机器所需的口令，攻击者只需简单地等待用户登录到服务器，然后劫持(hijack)会话数据流即可。图 5-10 显示了攻击者是如何劫持一个 TCP 会话的。

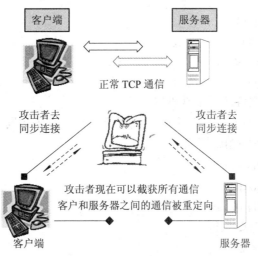

图 5-10　TCP 会话劫持

　　这种攻击的关键在于攻击者可以把自己的机器置于数据通信流的中间(正如本章后续章节所叙述的，这并不是很难)。在众多的 TCP/IP 实现中存在发动这类攻击的安全漏洞，而 TCP 协议本身也允许进行类似的假冒。

5.4.3　IP 欺骗攻击

　　电子欺骗(Spoofing)可以用一句话概括：攻击者通过伪造源于一个可信任地址的数据包实现身份欺骗的技术。

从以上定义可以看出，电子欺骗利用了机器之间的信任机制，而且互相之间的认证是基于地址的。

1．信任与认证机制

Internet 安全有两个相关的主题：

(1) 信任(trust)；

(2) 认证(Authentication)。

信任是那些获准互相连接的机器之间的一种关系；认证是这些机器之间用于彼此识别的过程。

信任和认证通常具有逆反关系。即如果在机器之间存在高度的信任关系，则进行连接时就不要求严格的认证。相反，如果机器间的可信任度很低或根本没有信任，则要求严格的认证。

机器也可以根据它们之间的信任关系用其它方法进行认证。比如，用主机名和 IP 源地址。使用 rhosts 登录是建立信任的一种常用过程。

在 UNIX 系统中，/etc/host.equiv 和.rhosts 文件提供用于 rlogin，rsh，rcp 和 rcmd 的远程认证数据库。这些文件制定了那些被认为"可信任"的远程主机和用户，可信任的用户无需使用口令就可以使用本地文件。

一个.rhosts 样本文件格式如下：

a.b.c.d　　hu

www.hacker.com admin

www.hacker1.com root

www.hacker2.com guest

该文件指明所列四台机器(以及相应的用户 hu，admin，root，guest)现在是可信任的。它们可以用带前缀 r 的服务访问本地机器，无需进行口令认证。

为了完成这一过程(双向信任关系)，所有这四台机器维护相同的.rhosts 项。

[注意]　r 服务由下面的应用组成：

(1) rlogin——远程注册；

(2) rsh——远程 shell；

(3) rcp——远程文件拷贝；

(4) rcmd——远程命令执行。

2．伪造 IP 地址

在 ID 欺骗攻击中，入侵者使用假 IP 地址发送包，利用基于 IP 地址认证的应用程序，其结果使得未授权的远端用户可以进入带有防火墙的主机系统。

3．欺骗攻击机制

TCP 序列号猜测攻击技术是由 Robert Morris[3]首先提出来的，黑客 Kevin Mitnick 在 1995 年圣诞节利用这种技术成功入侵了物理学家 Tsutomu Shimomura 在 San Diego 超级计算机中心的计算机系统[4]。这种攻击利用了应用程序之间基于 IP 地址的认证机制。攻击者通过 IP 地址欺骗获得远程系统的非法授权访问。

假设有三台主机 A、B 和入侵者控制的主机 X。假设 B 授予 A 某些特权，使得 A 能够获得 B 所执行的一些操作(信任关系),而 X 的目标就是得到与 A 相同的权利。为了实现该目标,X 必须执行两步操作:首先,主机 X 必须假造 A 的 IP 地址(IP 地址欺骗)与 B 建立一个虚假连接,从而使 B 相信从 X 发来的包是从 A 发来的;然后,因为所有对由 X 发给 B 的数据包的应答都返回给真正的主机 A,为了不让 A 察觉,必须阻止 A 向 B 报告网络认证系统的故障问题。整个攻击所采用的网络模型如图 5-11 所示。

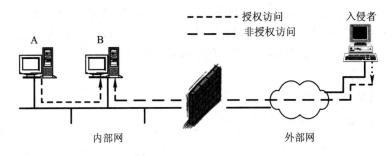

图 5-11 攻击所使用的网络模型

我们同时假设主机 A 和 B 之间的通信遵守 TCP / IP 的三次握手机制,握手过程如图 5-12 所示。

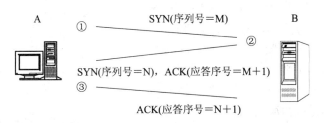

图 5-12 三次握手

主机 X 伪造 IP 地址步骤如下:首先,X 冒充 A,向主机 B 发送一个带有随机序列号 M 的 SYN 包。主机 B 响应,向主机 A 发送一个带有应答号 M+1 的 SYN+ACK 包,该应答号等于原序列号加 1。同时,主机 B 产生自己发送包的序列号 N,并将其与应答号一起发送。而主机 X 为了完成三次握手,需要向主机 B 回送一个应答包,其应答号等于主机 B 向主机 A 发送的包序列号加 1。假设主机 X 与 A 和 B 不同在一个子网内,则不能检测到 B 发往 A 的包,主机 X 只有猜测 B 的序列号,才能创建 TCP 连接。其攻击过程描述如图 5-13 所示。图中:

(1) X→B:SYN(序列号=M),SRC IP = A

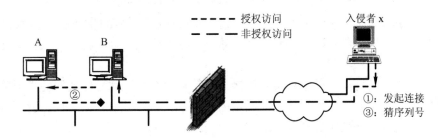

图 5-13 攻击过程

(2) B→A：SYN(序列号=N)，ACK(应答号=M+1)。在这一步，由于 A 并没有同 B 发起连接，当 A 接收到来自 B 的应答包以后，会发送 RST 置位的包给 B，从而断开连接。因此，攻击者事先让 A 无法对来自 B 的任何数据包进行应答。

(3) X→B：ACK(应答号=N+1)，SRC IP=A。在这一步，需要攻击者 X 猜测 B 发送给 A 的包里头的序列号(N+1)。如果猜测成功，X 将获得主机 B 赋予信任主机 A 的特权。

前面已经提到，在攻击的第二步，需要主机 X 阻止主机 A 响应主机 B 的包。为此，X 可以采取其它辅助攻击技术来达到这个目的。比如 X 等到主机 A 因某种原因终止运行，或者阻塞主机 A 的操作系统协议部分，使它不能响应主机 B。下面介绍的 SYN FLOODING 攻击可以做到这一点。

4. SYN FLOODING 攻击

SYN FLOODING 攻击利用的是大多数主机在实现协议三次握手时所存在的漏洞。当主机 A 接收到来自主机 X 的 SYN 请求，就必须在侦听队列中对此连接请求保持 75 秒的跟踪。由于大多数系统资源有限，能够打开的连接数有限，因而攻击者 X 可以同时向主机 A 发送多个 SYN 请求，而且对 A 返回的 SYN&ACK 包不进行应答。这样，侦听队列将很快被阻塞，从而拒绝接受其它新的连接请求，直到部分打开的连接完成或者超时。这种拒绝服务攻击就可以作为实施上述 IP 欺骗攻击的辅助手段，使主机 A 无法对来自主机 B 的包进行应答。攻击示意图如图 5-14 所示。

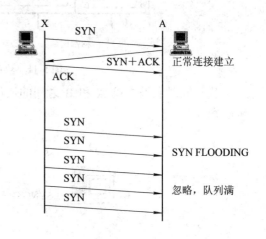

图 5-14　SYN FLOODING 示意图

5. 序列号猜测

遭到 SYN FLOODING 攻击后，主机 A 已经无法对主机 B 发来的包进行应答。攻击者 X 现在需要解决的是序列号的猜测。为此，攻击者事先需要进行连接试验：

(1) 同目标主机进行连接。

(2) 目标主机应答。

(3) 记录应答包所包含的序列号，继续步骤(1)进行测试。

随后对这些记录进行分析，并寻找可能存在的序列号产生模式。如果这些序列号是通过一种专门的算法来完成的，那么攻击者的任务是确定这种算法，或者至少确定数字增加的量。一旦知道这一点，就能够可靠地预知要求什么样的序列号。

在实际系统的序列号产生当中，并非完全随机，正如文献[1]所述："4.2BSD 维护了一个全局初始序列号，它每秒增加 128 而且每一新连接开始增加 64，每一次新的连接都用这个数开始。"

攻击者通过同目标主机建立实际连接，获得目标系统序列号计数器的当前数值。攻击者就可以基本确定下一个 ISN 是先前确定的 ISN 加上 64。实在不行，攻击者还可以发送多个 ISN 猜测包以增加猜中的概率。

一旦主机 X 完成了以上操作，它就可以向主机 B 发送命令。主机 B 将执行这些命令，认为他们是由合法主机 A 发来的。

5.5　UDP 协议

UDP 与 TCP 位于同一层。是一个简单的协议，UDP 提供给应用程序的服务是一种不可靠的、无连接的分组传输服务，UDP 的报文可能会出现丢失、重复、延迟以及乱序，而使用 UDP 的应用程序必须负责处理这些问题。UDP 主要用于那些面向查询—应答的服务，例如 NFS、NTP。相对于 FTP 或 Telnet，这些服务需要交换的信息量较小。使用 UDP 的服务包括 NTP(网络时间协议)和 DNS(DNS 也使用 TCP)。UDP 报文格式如图 5-15 所示。

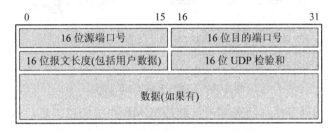

图 5-15　UDP 数据报的字段格式

对于某些应用程序来说，数据报的丢失或者数据包到来的顺序并不重要。由于 UDP 协议无需额外提供字段保证可靠性，因此在性能上要超过 TCP 协议。比如在视频和声频中的应用就是很好的例子。丢失几个包对于用户来说是完全可以接受的。

UDP 是一个无状态、不可靠的传输协议。它基本上是在 IP 基础上增加了一个端口号。UDP 中仅包含从一个应用程序传送到另外一个应用程序所需的最少的信息。

虽然 TCP 和 UDP 都使用端口号来识别单个服务，它们的端口号使用机制是相互独立的。这意味着一个 TCP 客户和一个 UDP 客户可能同时连接到 IP 地址上的同一个端口号，由 IP 层负责对 TCP 包和 UDP 包进行分路处理。

针对 UDP 攻击的一个例子是称为 FRAGGLE 的拒绝服务攻击。在叙述这种攻击技术之前，我们有必要明白单播(Unicasting)、广播(Broadcasting)、多播(Multicasting)的概念。

通常每个以太网帧仅发往单个目的主机，这时，共目的地址指明了单个接收接口，这种传播方式就被称为单播。如果一台计算机要把数据发往一个子网中的所有计算机，就称为广播。每个子网都有两个保留地址：一个网络地址和一个广播地址。广播时，应利用广播地址。

如果一个主机向网上的某些主机发送消息，则称为多播。多播处于单播和广播之间。只有主机的地址属于某个多播地址组内才可能接收到消息。主机可以在多个多播地址上侦听，也可以给一个多播地址发送消息。如果消息很长或经常需要给多个地址发送同样的消息，那么使用多播就可以减少网络通信流量。

为了有效实施 FRAGGLE 攻击，必须广播一个来自目标网络的 UDP 包，而且网络内使用的 IP 地址使用率越多越好。攻击的关键是选择一个好的端口。如果端口不可到达，结果将导致"ICMP 端口不可到达"消息泛滥。ECHO 端口是攻击者比较感兴趣的端口，它仅仅返回(ECHO)刚刚接收到的包。如果被欺骗的端口也是 ECHO 端口，就可以潜在地建立一个环路，其中目标机器不停地对大量的包进行回应(ECHO)。这样将很快导致目标机器被淹没。图 5-16 显示了 FRAGGLE 攻击是如何使网络瘫痪的。

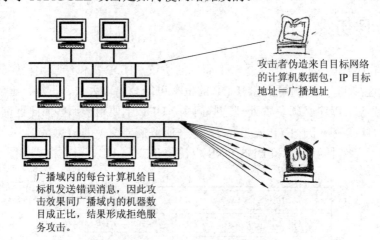

图 5-16　UDP FRAGGLE 攻击

预防这类攻击的好办法在防火墙内过滤掉 ICMP 不可到达消息。最有效的方法还在于保证你的网络没有被用于 FRAGGLE 攻击。因为这种攻击的原理同后面讲述的 ICMP 攻击类似，所以如何使网络更加安全的建议在后续章节还会提到。

从 UDP 首部可以看出来，欺骗 UDP 包比欺骗 TCP 包更容易，因为 UDP 没有初始化连接建立(也可以称为握手)(因为在两个系统间没有虚电路)，也就是说，与 UDP 相关的服务面临着更大的危险。

5.6　ARP/RARP 协议

到目前为止，我们基本上忽略这样一个事实：IP 包是被封装在以太网帧内的。以太网硬件并不知道有 IP 地址，也不理解 IP 地址的格式。以太网有它自己的地址方案，它采用的是 48 比特的唯一硬件(MAC)地址。以太网头包含源和目的硬件地址。以太网帧通过电缆从源接口送到目标接口。目标接口几乎总是在同一本地网络内，因为路由是在 IP 层完成的，而不是以太网接口层。

注意： 虽然以太网是目前为止最为流行的物理网络技术，但决非唯一的 IP 包可以在上面传输的网络。另外，其它协议也可以在以太网上进行传输。我们甚至可以说，以太网处理硬件，IP 处理软件。

问题是 IP 对目标接口的硬件地址一无所知。它只知道分配给接口的 IP 地址(一个硬件接口可以有多个 IP 地址，但是同一网络内的多个接口不能共享同一个 IP 地址)。把 IP 地址转换为硬件地址的机制称为地址解析协议，或者 ARP(Address Resolution Protocol)。

当 IP 需要把一个目的 IP 地址转换为一个硬件接口地址时，它就发送一个 ARP 请求。请求然后被广播到本地网络内的每一台机器。当具有此 IP 地址的机器看到这个请求包，它就发送一个应答(它无需再广播应答包，因为它可以从请求包当中获得硬件和 IP 地址)，在应答中给出其硬件地址。这样，发送请求的机器就可以提取硬件地址，并且在缓存中保存这个地址，以备后用。现在，IP 层可以以适当的源和目的 MAC 地址构造整个以太网帧。

　　问题是 ARP 并不是封装在 IP 包内，ARP 有它自己的包格式。以太网层发送 ARP 请求，并直接对 ARP 服务响应。这意味着 ARP 服务是一直运行着的，随时等待可能到来的请求或者响应。也正是这一点导致 ARP 存在某些安全漏洞。

　　同 ARP 对应的是 RARP(Reverse Address Resolution Protocol)。某些网络中包含无盘终端，没有任何设备存储 IP 地址。这些机器都是通过网络获得引导信息。但是为了完成数据的封装，需要用到它们的 IP 地址。RARP 允许无盘工作站向 RARP 服务器发送请求来获得 IP 地址。

　　RARP 服务器保存 IP 地址同硬件地址的映射列表。当机器发送 RARP 请求，其中并不包含 IP 地址，只有其硬件地址。RARP 服务器通过查询映射表来返回机器的 IP 地址。

　　RARP 同样使用不同的包格式，不过同 ARP 相似，不同之处在于 RARP 并不是一项必须的服务。RARP 并不是一种无盘机器获得 IP 地址的有效方法。BOOTP 和 DHCP 可以更好地完成任务。除非环境特殊，我们建议不要使用 RARP 服务。

　　ARP 的最大问题是它的无状态性。也就是说，侦听响应的进程同发送请求的进程之间没有什么关系。如果机器收到一个 ARP 响应，那么我们是无法知道是否真的发送过对应的 ARP 请求。

　　假想这样一种情形：你的机器收到了一个虚假 ARP 响应，其中包含了网络中另外一台机器的硬件地址对路由器 IP 地址的映射。这样，你的机器的 ARP 缓存将被更新。这种技术称为缓存中毒(Cache Poisoning)。这样所有发往路由器的包都将送往另外的机器。如果另外这一台机器不怀好意，它可以对数据包进行分析，然后发往真正的路由器，你对此还蒙在鼓里。

　　当然，路由器并非唯一可以假冒的机器。聪明的黑客可以选择文件服务器或者数据库服务器进行假冒。经过一番努力，黑客可以截获数据库文件或查询。更复杂情况下，可以对双方都进行欺骗。数据库用户的机器认为黑客的机器是数据库所在地，而数据库却认为黑客机器是用户的机器。

　　虽然，ARP 缓存有一定的有效期，但是我们可以编写简单的软件，给目标机器一直发送 ARP 响应，保证目标机器的 ARP 缓存有效。某些 ARP 实现会试着给缓存中的各个映射发送请求。这将给攻击者带来一定的麻烦，因为真正的 IP 地址会对请求做出响应。不过 ARP 系统的无状态本性再次帮了黑客的忙。也就是在请求被发送之前，黑客先对请求做出响应从而防止请求被发送。图 5-17 显示了这种攻击技术。

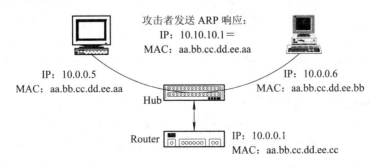

图 5-17　ARP 缓存中毒

ARP 除了可以被伪造以外，还可以用于拒绝服务攻击。缓存中毒使得机器很难被访问到。如果 Web 服务器不知道路由器在什么地方将是很糟糕的事情。更进一步，利用 ARP 的安全缺陷，很容易使整个 LAN 的 ARP 缓存被替换掉。

虽然，ARP 攻击被说得很神奇，但是仔细想一下，就可以知道 ARP 攻击只能被用于本地网络的假冒。这意味着黑客必须已经获得网络中某台机器的访问权。另外，ARP 请求从来不会被送到路由器以外，因此，被假冒的机器必须同黑客所控制的机器位于同一网段内，也就是通过集线器或者令牌环网络连接。

预防 ARP 重定向攻击的最好方法是利用硬件和入侵检测系统。使用交换机而不是集线器。很多交换机可以被配置成硬件地址同特定端口相关联。而入侵检测系统可以识别 LAN 中的 IP 攻击。

5.7 网络服务的安全性

TCP/IP 协议组包含的网络服务众多，本节重点对文件传输协议(FTP)、域名系统(DNS)的安全性进行讨论。

5.7.1 文件传输协议

文件传输协议(FTP)是为进行文件共享而设计的因特网标准协议。

根据 FTP STD 9 定义，FTP 的设计目标包括[http：//rfc.net/rfc0959.html]：

(1) 促进文件(计算机程序或数据)的共享；

(2) 支持间接或隐式地使用远程计算机；

(3) 帮助用户隐藏主机上不同的文件存贮系统；

(4) 可靠并有效地传输数据。

FTP 主要采用传输控制协议(Transmission Control Protocol，TCP)和 Telnet 协议。

1．FTP 模型

就 FTP 模型而言，从 1973 年以来基本没有什么变化。图 5-18 是 FTP 使用的模型。

术语解释：

■ User PI(User-Protocol Interpreter)：用户协议解释器。

■ Server PI(Server-Protocol Interpreter)：服务器协议解释器，在端口 L 侦听来自 User PI 的连接，并建立通信控制连接。它接收来自 user PI 的标准 FTP 命令、发送应答、管理 server DTP。

■ Control Connection：控制连接，用户 PI 和服务器 PI 交换命令和应答的通信路径，遵循 Telnet 协议。

■ Data Connection：数据连接。

■ User DTP(User Data Transfer Process)：数据传输进程在数据端口侦听来自服务器 FTP 进程的连接。如果两个服务器之间正在传输数据，那么 user DTP 无效。

■ Server DTP(Server Data Transfer Process)：在正常的主动(active)状态下，数据传输进

程同正在侦听的数据端口建立数据连接。它用于设置传输和存贮参数，并在 PI 的命令下传输数据。DTP 也可以处于被动(Passive)状态。

■ FTP Commands：FTP 命令，描述 Data Connection 的参数，文件操作类型。

■ FTP Replies：FTP 应答。

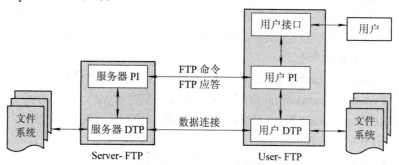

注：1. 数据连接可以双向使用(双工)；2. 数据连接不需要一直存在

图 5-18　FTP 使用模型

在图 5-18 描述的模型中，User PI 发起控制连接。控制连接遵从 Telnet 协议。在用户初始化阶段，标准 FTP 命令由 User PI 产生并通过控制连接传到服务器进程处理。Server PI 将相应的标准 FTP 应答通过控制连接回传给 User PI。FTP 命令规定了数据连接的参数(数据端口，传输模式，表示形式和结构)和文件系统的操作(存储、获取、插入、删除等)。数据传输由数据连接完成。数据连接可以同时用于发送和接收。

User DTP 进程必须保证在特定数据端口监听，由 Server DTP 用指定参数初始化数据连接。

另一种情形是用户希望在两台非本地的 FTP 主机之间传递文件。用户与两个服务器分别建立控制连接，安排两个服务器间的数据连接。在这种情况下，控制信息传递给 User PI，但是数据是在服务器数据传输进程之间传输。图 5-19 描述了这样的服务器–服务器模型。

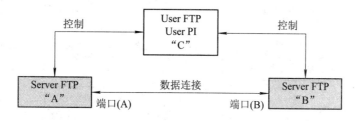

图 5-19　服务器间交互模型

此协议要求数据传输进行的同时保持控制连接的打开。使用完 FTP 服务以后，用户负责关闭控制连接，虽然实际上是由服务器采取具体的关闭行为。

2．FTP 协议的安全扩展

当前实现文件的安全传输方法有：

(1) 通过 FTP 传输预先被加密的文件；

(2) 通过 E-mail 传输预先被加密的文件；

(3) 通过 PEM(Privacy Enhanced Mail)消息；

(4) 通过使用 Kerberos 增强的 rcp 命令。

上述方法没有一种是事实上的标准，也不是真正交互式的方法。在 RFC 2228 之前的 FTP 并不安全。

虽然 FTP 采用 TELNET 协议执行控制连接操作，而且 TELNET 协议后来又增补了认证和加密选项，但在 RFC 1123 中明确禁止在控制连接中进行 TELNET 选项协商。另外，TELNET 认证和加密选项也没有提供完整性保护，而且也没有对数据通道进行保护。

1) RFC 2228 的扩展命令

(1) AUTH (Authentication/Security Mechanism)，认证与安全机制；

(2) ADAT (Authentication/Security Data)，认证与安全数据；

(3) PROT (Data Channel Protection Level)，数据通道保护等级；

(4) PBSZ (Protection Buffer Size)，保护缓冲大小；

(5) CCC (Clear Command Channel)，清空命令通道；

(6) MIC (Integrity Protected Command)，完整性保护命令；

(7) CONF (Confidentiality Protected Command)，保密性保护命令；

(8) ENC (Privacy Protected Command)，私有性保护命令。

同时一种新的返回类型(6yz)也被引入以保护返回值。

2) 协议状态图

图 5-20 描述了经过安全扩展后的 FTP 实现中，认证和授权的流程。矩形框表示的状态是需要客户端发出命令，菱形块表示的状态需要服务器发送响应。

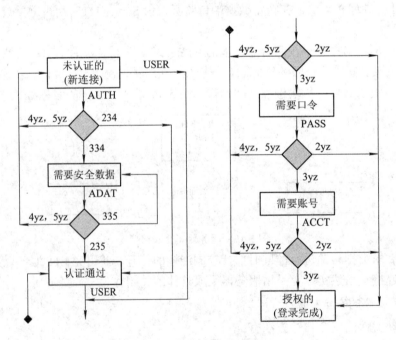

图 5-20　协议状态图

图 5-20 的 1yz，2yz，3yz，4yz，5yz 表示应答信息。1yz 表示已请求行为正被初始化，在处理新的命令之前必须等待其它应答。这类应答通常表明命令已经被接受，用户进程必

须注意数据连接。2yz 表示正面完成应答,所请求命令已经成功完成。3yz 表示命令已经接受,但用户还须用其它命令提供额外信息。4yz,5yz 都表示命令没有被接受。

3. 协议的安全问题及防范措施

1) 反弹攻击(Bounce Attack)

① 漏洞

FTP 规范定义了"代理 FTP"机制,即允许客户端要求服务器向第三方机器传输文件,这个第三方机器就是代理 FTP。同时,FTP 规范中对使用的 TCP 端口号没有任何限制,而通常 0～1023 之间的 TCP 端口号保留用于著名的网络服务。所以,通过"代理 FTP",客户可以命令 FTP 服务器攻击任何一台机器上的众所周知的服务。

② 反弹攻击

客户发送一个包含被攻击的机器和服务的网络地址和端口号的 FTP "PORT"命令。这时客户要求 FTP 服务器向被攻击的服务发送一个文件,这个文件中应包含与被攻击的服务相关的命令(例如:SMTP、NNTP)。由于是命令第三方去连接服务,而不是直接连接,这样不仅使追踪入侵者变得困难,还能避开基于网络地址的访问限制。

③ 防范措施

最简单的办法就是封住漏洞。首先,服务器最好不要建立 TCP 端口号在 1024 以下的连接。如果服务器收到一个包含 TCP 端口号在 1024 以下的 PORT 命令,服务器可以返回消息 504(表示"对这种命令参数没有实现")。

其次,禁止使用 PORT 命令也是一个可选的防范反弹攻击的方案。大多数的文件传输只需要 PASV 命令。这样做的缺点是失去了使用"代理 FTP"的可能,但是在某些环境中并不需要"代理 FTP"。

④ 遗留问题

单控制 1024 以下的连接,仍会使用户定义的服务(TCP 端口号在 1024 以上)遭受反弹攻击。

2) 有限制的访问

① 需求

对某些 FTP 服务器来说,它们希望通过基于网络地址来实现访问控制。例如,服务器可能希望限制来自某些地点的对某些文件的访问(例如,为了某些文件不被传送到组织以外)。在这种情况下,服务器必须保证控制连接和数据连接的远程主机的网络地址是本组织内的。另外,客户也需要对侦听端口上接受连接的远程主机的 IP 地址进行验证,确保连接对方是所期望的服务器建立的。

② 攻击

这种基于网络地址的访问控制使 FTP 服务器很容易受到欺骗攻击。攻击者可以利用这种攻击实现:控制连接是建立在可信任的主机之上,而数据连接却不是。

③ 防范措施

在建立连接前,双方需要同时认证远端主机的控制连接、数据连接的网络地址是否可信(如在组织之内)。

④ 遗留问题

基于网络地址的访问控制可以起一定作用,但很可能受到"地址盗用(spoof)"攻击。

在 spoof 攻击中，攻击机器可以冒用组织内机器的网络地址，从而将文件下载到在组织之外的未授权机器上。

3) 保护密码

① 漏洞

第一，在 FTP 标准中，FTP 服务器允许无限次输入密码；第二，"PASS"命令以明文传送密码。

② 攻击

蛮力攻击有两种表现：在同一连接上直接进行蛮力攻击；和服务器建立多个、并行的连接进行蛮力攻击。

③ 防范措施

对第一种蛮力攻击，建议服务器限制尝试输入正确口令的次数。在几次尝试失败后，服务器应关闭和客户的控制连接。在关闭之前，服务器可以发送返回码 421("服务不可用，关闭控制连接")。另外，服务器在响应无效的"PASS"命令之前应暂停 5 秒来削减蛮力攻击的有效性。若可能的话，目标操作系统提供的机制可以用来完成上述建议。

对第二种强力攻击，服务器可以限制控制连接的最大数目，或探查会话中的可疑行为并拒绝该站点的后续连接请求。

密码的明文传播问题可以采用安全扩展的 FTP 认证机制解决。

④ 遗留问题

上述两种措施的引入又可能导致"拒绝服务"攻击，攻击者可以故意的禁止有效用户的访问。

4) 保密性

在 FTP 标准中，所有在网络上被传送的数据和控制信息都未被加密。为了保障 FTP 传输数据的私密性，应尽可能使用强壮的加密系统，如在 RFC2228 所定义的。

5) 保护用户名(User names)

① 漏洞

当"USER"命令中的用户名被拒绝时，在 FTP 标准中定义了相应的返回码 530。而当用户名是有效的但需要输入密码时，FTP 将使用返回码 331。

② 攻击

攻击者可以通过利用 USER 操作返回的码来确定一个用户名是否有效。

③ 防范措施

不管如何，两种情况都返回 331。

4．基于软件的安全问题

1) 匿名 FTP

使用匿名 FTP，用户可以以"anonymous"用户名登录 FTP 服务器。通常情况下，它要求用户提供完整的 E-mail 地址做为响应。然而在大多数站点上，这个要求不是强制性的，只要它看起来像 E-mail 地址(如：它是否包含@符号)，它不对口令做任何方式的校验。

因此，必须确保匿名用户对 FTP 服务器的存取权限范围。

通常，在 FTP 服务器处理匿名用户命令之前，FTP 服务器会执行 chroot 命令进入匿名

FTP 区。然而，为了支持匿名 FTP 和其它用户 FTP，FTP 服务器需要访问所有文件，这就是说，FTP 服务器并不总是在 chroot 环境中运行。即使使用 chroot 命令进行限制，还是有很多方法可以突破，有兴趣的读者可以参考以下网址：http://www.bpfh.net/simes/computing/chroot-break.html。

为了解决这个问题，可以通过修改 xinetd 的配置来代替直接启动 FTP 服务器，它执行 chroot(用类似于 chroot uid 的程序)，然后再启动 FTP 服务器。一般情况下，FTP 只限于在匿名用户下访问，匿名用户有其正常的访问权，在启动 FTP 服务器前执行 chroot 意味着匿名用户也受到限制。如果 FTP 服务器上没有匿名用户，这就无关紧要了。

建立匿名 FTP 系统的具体技术依赖于操作系统使用的特定 FTP 管理程序(守护程序)。按照手册上有关 FTP 管理系统的有关说明，可知在建立匿名 FTP 服务器时如何堵塞大多数使用说明书上未谈到的漏洞。

无论使用何种 FTP 守护程序，都将面临一个特殊的问题：匿名 FTP 区的可写路径(通常为 incoming)。站点经常为此区提供空间，以便外部用户能用它上载文件。

可写区是非常有用的，但也有不完美的地方。因为这样的可写路径一旦被发现，就会被因特网上的"地下"用户用作仓库和非法资料的集散地。网上很多盗版软件包和黄色影像文件就是通过这种方式传播的。

当非法传播者发现一个新站点时，一般是建立一个隐蔽路径，在此路径下存入他们的文件。他们给路径起个无害的而且隐蔽的名字，诸如："..　"(两个点两个空格)。一般在例行检查匿名 FTP 区时，很少会注意到这样的文件名。因为以"..　"开头的文件和路径常被"ls"命令忽视，除非给这个命令加以特殊显示参数或在根帐号下运行，才能显示出来。

2) 远程命令执行

在 FTP 的扩展选项当中，"SITE　EXEC"允许客户执行服务器上的任意命令。显然这个功能的实现必须非常小心。已经有很多的安全漏洞同它相关。

最新发现的一个 FTP 漏洞与"globbing"功能有关。如果文件名包含统配符(wildcards)，globbing 就可对其进行扩展。例如，表达式"*.c"(没有引号)表示所有以.c 结尾的文件。globbing 还可以把某些字符扩展成系统特定的路径。例如，"～foo"可以扩展成当前系统中用户 foo 的主目录。

当 FTP 服务程序接收到某个文件的请求，如果该文件名的第一个字符为～(tilde)，通常会调用 glob 函数把它解析成特定的父目录，从而得到完整的路径。问题在于扩展路径字符串中的其它元字符(metacharacter)，解析结果有可能是一个非常大的字符串，主程序在处理这个大字符串时可能导致缓存溢出条件。详细信息可参看以下网址：http://www.kb.cert.org/ vuls/id/808552。

5.7.2　域名系统(DNS)

我们知道因特网是基于 TCP/IP 协议的，要进行通信必须获得对方的 IP 地址，这是通过 DNS 服务器来实现的。域名系统(DNS)是一种用于 TCP/IP 应用程序的分布式数据库，它提供主机名字和 IP 地址之间的转换及有关电子邮件的选路信息。

　　DNS 是因特网上其它服务的基础。没有 DNS，也就不会存在 sun.com，microsoft.com 和 myserver.com 等响当当的网址。它处理 DNS 客户机的请求：把名字翻译成 IP 地址；把 IP 地址翻译成名字;并提供特定主机的其它已公布信息(如 MX 记录)。它将因特网中计算机列表存放到一个文件，通常为/etc/hosts(UNIX 系统)，在没有域名服务器情况下，系统上的所有网络程序都通过查询该文件来解析对应于某个主机名的 IP 地址。该文件包括了计算机名与 IP 地址的对应表格，如下：

```
127.0.0.1    localhost
10.0.0.1     mail.myserver.com mail
10.0.0.2     www.myserver.com www
10.0.0.3     bbs.myserver.com bbs
```

1. DNS 基础

　　DNS 的名字空间和 UNIX 的文件系统相似，也具有层次结构。图 5-21 显示了这种层次的组织形式。每个结点(图 5-21 中的圆圈)有一个至多 63 个字符长的标识。这颗树的树根是没有任何标识的特殊结点。命名标识中一律不区分大写和小写。命名树上任何一个结点的域名就是将从该结点到最高层的域名串连起来，中间使用一个点"."分隔这些域名(注意这和 Unix 文件系统路径的形成不同，文件路径是由树根依次向下形成的)。域名树中同一个父节点下的每个结点必须有一个唯一的域名，但域名树中的不同结点可使用相同的标识。

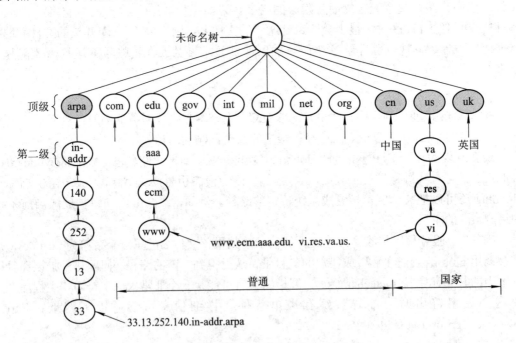

图 5-21　DNS 的层次组织

　　以点"."结尾的域名称为绝对域名或完全合格的域名 FQDN(Full Qualified Domain Name)，例如 sun.tuc.noao.edu.。如果一个域名不以点结尾，则认为该域名是不完全的。域名完整则依赖于所使用的 DNS 软件。如果不完整的域名由两个或两个以上的标号组成，则认为它是完整的；或者在该域名的右边加入一个局部后缀。例如域名 sun 通过加上局部后缀.tuc.noao.edu.则构成完整的域名。

顶级域名被分为三个部分：

(1) arpa 是一个用作 IP 地址到名字转换的特殊域。

(2) 7 个 3 字符长的普通域。有些书也将这些域称为组织域。

(3) 所有 2 字符长的域均是基于 ISO 3166 中定义的国家代码，这些域被称为国家域，或地理域。

一个独立管理的 DNS 子树称为一个区域(zone)。一个常见的区域是一个二级域，如 noao.edu。许多二级域将它们的区域划分成更小的区域。例如，大学可能根据不同的系来划分区域，公司可能根据不同的部门来划分区域。

如果你熟悉 UNIX 的文件系统,会注意到 DNS 树中区域的划分同一个逻辑 UNIX 文件系统到物理磁盘分区的划分很相似。

一旦一个区域的授权机构被委派后，由它负责向该区域提供多个名字服务器。当一个新系统加入到一个区域中，该区域的 DNS 管理者为该新系统申请一个域名和一个 IP 地址，并将它们加到名字服务器的数据库中。这就是授权机构存在的必要性。例如，在一个小规模的大学，一个人就能完成每次新系统的加入。但对一个规模较大的大学来说，这一工作必须被专门委派的机构(可能是网络中心)来完成，因为一个人已无法维持这一工作。

一个名字服务器负责一个或多个区域。一个区域的管理者必须为该区域提供一个主名字服务器和至少一个辅助名字服务器。主、辅名字服务器必须是独立和冗余的，以便当某个名字服务器发生故障时不会影响该区域的名字服务。

主、辅名字服务器的主要区别在于主名字服务器从磁盘文件中调入该区域的所有信息，而辅名字服务器则从主服务器调入所有信息。我们将辅名字服务器从主服务器调入信息称为区域传送。

当一个新主机加入一个区域时，区域管理者将适当的信息(最少包括名字和 IP 地址)加入到运行在主名字服务器上的一个磁盘文件中，然后通知主名字服务器重新调入它的配置文件。辅名字服务器定时(通常是每隔 3 小时)向主名字服务器询问是否有新数据。如果有新数据，则通过区域传送方式获得新数据。

当一个名字服务器没有请求的信息时，它将如何处理？它必须与其它的名字服务器联系。(这正是 DNS 的分布特性)。然而，并不是每个名字服务器都知道如何同其它名字服务器联系，相反，每个名字服务器必须知道如何同根名字服务器联系。1993 年 4 月，有 8 个根名字服务器，所有的主名字服务器都必须知道根服务器的 IP 地址，而不是它们的域名(这些 IP 地址在主名字服务器的配置文件中)。根服务器则知道所有二级域中的每个授权名字服务器的名字和位置(即 IP 地址)。这意味着名字查询过程为：正在处理请求的名字服务器与根服务器联系，根服务器告诉它与另一个名字服务器联系，直到最终能解析该域名的名字服务器为止。在本章的后面我们将通过一些例子来详细了解这一过程。

你可以通过匿名的 FTP 获取当前的根服务器清单。具体是从 ftp.rs.internic.net 或 nic.ddn.mil 获取文件 netinfo/root-servers.txt。

DNS 的一个基本特性是使用超高速缓存。即当一个名字服务器收到有关映射的信息(主机名字到 IP 地址)时，它会将该信息存放在高速缓存中。这样，若以后遇到相同的映射请求，就能直接使用缓存中的结果而无需通过其它服务器查询。

2. DNS 的报文格式

DNS 定义了一个用于查询和响应的报文格式。图 5-22 显示这个报文的总体格式。

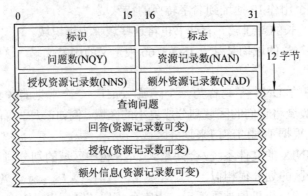

图 5-22　DNS 查询和响应的一般格式

有两种类型的 DNS 查询：A 类型和 PTR 类型。A 类型查询表示希望获得被查询域名的 IP 地址。一个 PTR 查询(也称为指针查询)则请求获得一个 IP 地址对应的域名。

现在 Internet 上存在的 DNS 服务器绝大多数是用 bind 来架设的，bind 有个共同的特点，就是 BIND 会缓存(Cache)所有已经查询过的结果。

1) DNS 欺骗

在 DNS 缓存还没有过期之前，对 DNS 缓存中已经存在的记录，一旦有客户查询，DNS 服务器将会直接返回缓存中的记录。

下面我们来看一个例子，如图 5-23 所示。

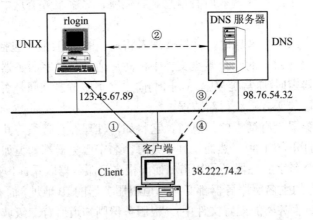

图 5-23　DNS 欺骗例子

图 5-23 是一台运行着 UNIX 的 Internet 主机，并且提供 rlogin 服务，它的 IP 地址为 123.45.67.89，它使用的 DNS 服务器(即/etc/resolv.conf 中指向的 DNS 服务器)的 IP 地址为 98.76.54.32，某个客户端(IP 地址为 38.222.74.2)试图连接到 UNIX 主机的 rlogin 端口。假设 UNIX 主机的/etc/hosts.equiv 文件中使用 dns 名称来限制目标主机的访问，那么 UNIX 主机会向 IP 为 98.76.54.32 的 DNS 服务器发出一个 PTR 记录的查询(获得一个 IP 地址对应的域名)：

②

123.45.67.89 -> 98.76.54.32 **[Query]**

NQY：1 NAN：0 NNS：0 NAD：0

QY：2.74.222.38.in-addr.arpa **PTR**

IP 为 98.76.54.32 的 DNS 服务器中没有这个反向查询域的信息，经过一番查询，这个
DNS 服务器找到 38.222.74.2 和 38.222.74.10 为 74.222.38.in-addr.arpa.的权威 DNS 服务器，
所以它会向 38.222.74.2 发出 PTR 查询：

③

98.76.54.32 -> 38.222.74.2 **[Query]**

NQY：1 NAN：0 NNS：0 NAD：0

QY：2.74.222.38.in-addr.arpa **PTR**

请注意，38.222.74.2 是我们的客户端 IP，也就是说这台机子是完全掌握在我们手中的。
我们可以更改它的 DNS 记录，让它返回我们所需要的结果：

④

38.222.74.2 -> 98.76.54.32 **[Answer]**

NQY：1 NAN：2 NNS：2 NAD：2

QY：2.74.222.38.in-addr.arpa PTR

AN：2.74.222.38.in-addr.arpa PTR trusted.host.com

AN：trusted.host.com **A** 38.222.74.2

NS：74.222.38.in-addr.arpa NS ns.sventech.com

NS：74.222.38.in-addr.arpa NS ns1.sventech.com

AD：ns.sventech.com A 38.222.74.2

AD：ns1.sventech.com A 38.222.74.10

当 98.76.54.32 的 DNS 服务器收到这个应答后，会把结果转发给 123.45.67.98，就是那
台有 rlogin 服务的 UNIX 主机(也是我们的目标)，并且 98.76.54.32 这台 DNS 服务器会把这
次的查询结果缓存起来。

这时，UNIX 主机就认为 IP 地址为 38.222.74.2 的主机名为 trusted.host.com，然后 UNIX
主机查询本地的/etc/hosts.equiv 文件，看这台主机是否被允许使用 rlogin 服务，很显然，我
们的欺骗目的达到了。

在 UNIX 的环境中，有另外一种技术来防止这种欺骗的发生，就是查询 PTR 记录后，
也查询 PTR 返回的主机名的 A 记录，然后比较两个 IP 地址是否相同：

123.45.67.89 -> 98.76.54.32 [Query]

NQY：1 NAN：0 NNS：0 NAD：0

QY：trusted.host.com A

不过，在 98.76.54.32 的 DNS 服务器不会去查询这个记录，而会直接返回在查询
2.74.222.38.in-addr.arpa 时得到的并且存在缓存中的信息：

98.76.54.32 -> 123.45.67.89 [Query]

NQY：1 NAN：1 NNS：2 NAD：2

QY：trusted.host.com A

AN：trusted.host.com A 38.222.74.2

NS：74.222.38.in-addr.arpa NS ns.sventech.com

NS：74.222.38.in-addr.arpa NS ns1.sventech.com

AD：ns.sventech.com A 38.222.74.2

AD：ns1.sventech.com A 38.222.74.10

那么，现在 UNIX 主机就认为 38.222.74.2 就是真正的 trusted.host.com 了。我们的目的达到了！

这种 IP 欺骗的条件是：你必须有一台 Internet 上的授权 DNS 服务器，并且你能控制这台服务器，至少要能修改这台服务器的 DNS 记录，DNS 欺骗攻击才能进行。

2) 拒绝服务攻击(Denial of service)

还是上面的例子，如果我们更改位于 38.222.74.2 的记录，然后对位于 98.76.54.32 的 DNS 服务器发出 2.74.222.38.in-addr.arpa 的查询，并使得查询结果如下：

38.222.74.2 → 98.76.54.32 **[Answer]**

NQY：1 NAN：2 NNS：2 NAD：2

QY：2.74.222.38.in-addr.arpa PTR

AN：2.74.222.38.in-addr.arpa PTR trusted.host.com

AN：www.company.com A 0.0.0.1

NS：74.222.38.in-addr.arpa NS ns.sventech.com

NS：74.222.38.in-addr.arpa NS ns1.sventech.com

AD：ns.sventech.com A 38.222.74.2

AD：ns1.sventech.com A 38.222.74.10

因为 74.222.38.in-addr.arpa 完全由我们控制，所以我们能很方便的修改这些信息来实现我们的目的。

这样一来，使用 98.76.54.32 这台 DNS 服务器的用户就不能访问 www.company.com 了，因为这个 IP 根本就不存在！

3) 偷取服务(Theft of services)

还是上面的例子，只是更改的查询结果如下：

38.222.74.2 -> 98.76.54.32 [Answer]

NQY：1 NAN：3 NNS：2 NAD：2

QY：2.74.222.38.in-addr.arpa PTR

AN：2.74.222.38.in-addr.arpa PTR trusted.host.com

AN：www.company.com CNAME www.competitor.com

AN：company.com MX 0 mail.competitor.com

NS：74.222.38.in-addr.arpa NS ns.sventech.com

NS：74.222.38.in-addr.arpa NS ns1.sventech.com

AD：ns.sventech.com A 38.222.74.2

AD：ns1.sventech.com A 38.222.74.10

这样一来，一个本想访问 http：//www.company.com 的用户会被带到另外一个地方，甚至是敌对的公司的主页，并且发给 company.com 的邮件会被发送给 mail.compertitor.com。

参 考 文 献

[1]　Bellovin S. Security Problems in the TCP/IP Protocol Suite. Computer Communications Review，April 1989

[2]　Steiner J，Neuman C，Schiller J. Kerberos：An Authentication Service for Open Network Systems. USENIX Conference Proceeding，Dallas，Texas，February 1989

[3]　Morris R. A Weakness in the 4.2BSD UNIX TCP/IP Software. Computing Science Technical Report No 117，AT&T Bell Laboratories，Murray Hill，New Jersey，1985

[4]　http：//www.cert.org/advisories/CA-1995-01.html

[5]　Philip Zimmermann，Pretty Good Privacy Version 2.6.1，August 1994

[6]　Postel J. Transmission Control Protocol. rfc 793，September 1981

[7]　Postel J，Reynolds J. Telnet Protocol Specification. RFC 854，May 1983

[8]　Haller N. The S/Key One_time Password System . Proceeding of the Symposium on Network & Distributed Systems，Security，Internet Society，San Diego，CA，February 1994

思 考 题

[1]　分析 TCP 和 IP 协议头各个字段的安全隐患。

[2]　如果想让你得一台只有一块网卡的主机同时拥有多个 IP 地址，请问能用 ARP 协议实现吗？

[3]　UDP FRAGGLE 攻击当中，入侵者发送的数据包中各个协议字段应如何设置？

[4]　请列举几种存在欺骗安全缺陷的协议！

第6章　VPN 和 IPSec

6.1　VPN 定义

虚拟专用网(Virtual Private Networks，VPNs)提供了一种在公共网络上实现网络安全保密通信的方法，如图 6-1 所示。通过基于共享的 IP 网络，VPN 为用户远程接入，外部网和内联网连接提供安全而稳定的通信隧道，而其费用则要比专用租用线路低得多。VPN 通过在共享网络当中开挖一条保密隧道的技术来仿真一条点对点连接，用于发送和接收加密的数据。VPN 的高级安全特性可以有效地保护在隧道中传输的数据。

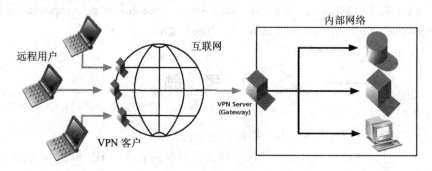

图 6-1　虚拟专用网基础结构

VPN 同现有网络基础设施部件相比，除了安全特性外，主要有以下几个不同点：

1．虚拟(virtual)

这也就意味着网络的基础设施对于 VPN 连接来说是透明的。同样底层的物理网络并非是 VPN 用户拥有，而是由很多用户共享的公共网络。而且为了对上层应用透明，VPN 采用协议隧道技术。由于 VPN 用户本身并不拥有物理网络，因而网络供应商必须在应用服务级进行协商以满足 VPN 的各项需求。

2．专用(private)

VPN 环境下的专用实际上指的是 VPN 网络中的通信信息是保密的。正如上面提到的，VPN 的通信流是建立在公共网络基础之上的，因此对于一条 VPN 连接来说，必须采用防范措施来实现特定的安全需求。这些安全需求包括：

(1) 数据加密；

(2) 数据源认证；

(3) 密钥的安全产生和及时更新；

(4) 分组重放攻击和欺骗攻击保护。

3. 网络(network)

虽然物理网络并不存在，但是我们还是应当把 VPN 看作是现有企业内部网的扩展，它对于其它网络或用户来说应当是可用的。这还得借助于常规的路由和寻址技术来实现。

6.2　VPN 优势

随着互联网的快速增长，我们不经要问："如何才能更有效地利用和开发互联网的资源？"最初，公司通过在互联网上提供 WWW 服务来提升其信息发布和访问能力。而今，由于互联网存在的各种潜在的安全威胁，各公司已逐渐转向电子商务，利用互联网的全球性来快速访问某些关键商务应用和数据。因此，公司正在寻求一种高效安全而低廉的扩展其全球商务应用的解决方案。虽然基于 Web 的技术也可以做到这一点。但相比之下，VPN 为我们提供了一种更加综合和安全的解决方案。

VPN 可以跨越互联网来安全地在扩展的企业网络(远程用户，各子公司，合作伙伴)之间传输信息，如图 6-2 所示。

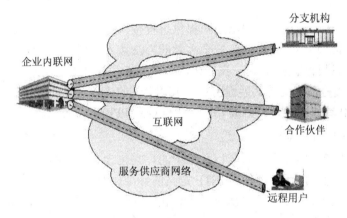

图 6-2　虚拟专用网(VPN)

6.3　VPN 的安全考虑

在实现 VPN 之前，我们不仅仅应看到其带来的好处，同时应清楚其存在的潜在安全威胁，从而可以更好的采取相应的安全措施来预防它们。

一条典型的端对端通信链路可能包含：

(1) 不受企业自身控制的设备(例如 ISP 的接入盒部分，互联网当中的路由器)。

(2) 位于内部网和外部网之间的安全网关(防火墙，路由器)。

(3) 内联网，其中可能有恶意主机。

(4) 外部网，这些网络当中传输着大量其它网络用户信息。

在这种异种网络环境下，存在着各种各样的安全风险：窃听，内容被篡改、拒绝服务攻击等。为了更好的理解 VPN 端对端的安全问题，我们看一下一条端对端通路的各组成部分。

如图6-3所示，一条端对端通路可能包含一条到ISP的拨号连接，以及ISP到企业内部网的公共网络段，最后是边界网关或防火墙和企业的内联网。

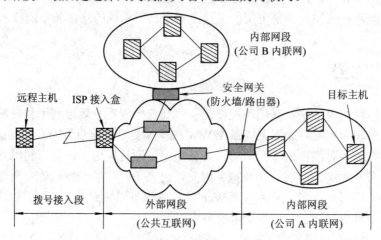

图6-3　一条典型端对端通路构成

1．拨号段

在当今网络环境中，很有必要给用户提供远程接入功能。对于公司职员不管是在家里还是在旅途当中都能够用方便快捷，安全高效的方法接入公司内部网络。有时甚至需要同其它公司内的主机进行通信。在此，我们称这些家里的和旅行出差用户为远程用户(Remote User)。拨号段的覆盖范围就是从远程用户到ISP提供的接入盒之间的网段。该链路使用的协议和过程由ISP具体提供。大多数ISP支持点对点(PPP)链路协议。

2．外部网络段(Internet)

互联网是由大量的实体来共同运行和维护的，它包含了不同的可区分的路由域，各自由不同的网络中心运行，通常都使用IETF定义的标准化IP协议。IP协议的主要功能就是数据分组的路由。由于IP是无连接协议，每个用户的数据包可能途经不同的路径。事实上，来自不同公司的通信流可能同时通过互联网当中的某个路由器。

3．内部网络(Intranet)

此网段位于通信路径的末端，通常由公司自身管理、运行和维护。网络通信流量也是由公司内部员工产生。使用的协议也可能是专有的，不过如今大都使用流行的IP协议。但是随着电子商务的发展，有越来越多的应用需要访问其它公司(合作伙伴，供应商)内部服务器的数据，因此，有时候也很难确定内联网当中的哪些通信流是可信的。比如，公司认为自己的内联网是可信的，而它的合作伙伴可能认为他们的内联网是不可信的。在这种环境下，VPN应当在内部网段和互联网段都能够提供一种一致的网络安全服务。

在一条端对端通路当中，有四类机器：

(1) 远程主机(拨号)；

(2) 固定主机(源和目的主机，或客户机和服务器)；

(3) ISP接入盒；

(4) 安全网关(防火墙和/或路由器)。

通过在这些机器中设置不同的IP安全能力，我们可以得到不同的安全解决方案。下面我们看一下各机器和网段存在的潜在安全问题。

4．拨号客户的安全问题

拨号客户是通信的起点，其保护主要涉及物理安全。

5．拨号网段的安全问题

拨号网段把用户的数据送往 ISP。如果数据是明文的(没有加密)，那么数据很容易被攻击者窃听，同时 ISP 也能看到这些敏感数据。

在远程用户和 ISP 之间的链路层加密可以有效对付被动窃听，但还是无法防止一个恶意 ISP 获得这些数据。

6．互联网的安全问题

在远程接入环境中，ISP 需要构造一条隧道来扩展 PPP 连接，从而使通信连接可以到达远程 ISP 接入盒和安全网关。如果该隧道协议不具备强大的安全功能，一个恶意的 ISP 有可能创建一条伪造的假隧道，从而把用户数据发往一个伪造的网关，见图 6-4。

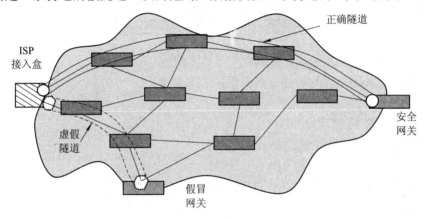

图 6-4　外部网段(Internet)的安全问题

同样，当数据在隧道当中传输时，如图 6-4 所示，互联网中的路由器有可能查看或修改那些没有加密的用户数据包。在用户数据包经过的路径中还可能被别的主机窃听。

通过在互联网中每跳(hop)实施链路加密可以有效抵御窃听，但是并不能让用户数据免遭恶意路由器攻击。因为在路由器处，它需要对用户数据包解密，然后依据 IP 协议头转发到下一个路由器。因此，IETF 推荐使用 IPSec 协议保护隧道通信。

7．安全网关的安全问题

图 6-4 中的安全网关同样存在安全问题。安全网关的主要用途就是强制访问控制策略(也就是说，只接受所希望进入的通信流，防止内部通信流离开企业内部网)。虽然防火墙或路由器通常受企业网络控制，但对于内部攻击者来说还是有很多的机会访问那些网关解密后，以明文方式在内联网中传输的数据包。

非加密认证可以对进出网关的通信流提供某些保护。常见技术有口令、分组过滤、网络地址转换。不过这些技术也分别有其对抗措施，例如地址欺骗，而且新的攻击技术也正在被慢慢开发出来。每次一种新的分组过滤器被设计出来阻止一种已知攻击的时候，相应的新攻击又会很快出现，如此周而复始。

由于基于加密认证技术相对需要很长的突破时间，而且其实施代价已经变得不再是那么遥不可及，因而我们应当考虑采用加密所带来的强大保护功能来抵御各种黑客攻击。

8．VPN、防火墙和路由器

在很多应用环境中，IP 分组过滤是通过防火墙和路由器来提供的。对于 VPN 连接需要穿越防火墙或者路由器的情况下(如图 6-5 所示)，防火墙或路由器的配置需要进行适当的修改以允许 VPN 通信流量通过防火墙或路由器。

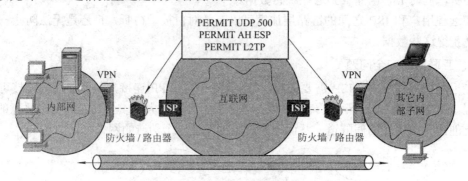

图 6-5　允许 VPN 通信穿越防火墙

通常，防火墙或路由器的过滤规则需要做以下调整：

(1) 允许 IP 转发；

(2) 允许 IKE 的 UDP 端口 500；

(3) 允许 ESP 和 AH 协议通过的 IP 协议 50，51；

(4) 允许 L2TP 和 L2F 协议 UDP 端口 1701；

(5) 允许 IP 协议 47(GRE)和用于 PPTP 协议的 TCP 端口 1723。

9．Intranet 的安全问题

虽然我们有理由相信大部分的安全威胁来自网络外部，但是大量的研究表明有很多攻击确实来自内部网。当来自其它网络的数据在网络内部传输时，不仅需要考虑内部网的安全威胁，还要考虑这些来自外部网络的数据安全性。我们必须确保这两者都是安全的。

网络通信链路的安全威胁可以说是无处不在：在拨号接入段，在 ISP 的接入盒，在互联网，在防火墙或路由器以及企业的内联网。

以往的安全解决方案大都是为了解决某一特定安全问题而提出的，没有一种整体安全框架可以解决所有这些安全问题。可以说，IP 安全体系结构(IPSec)是第一个综合的一致解决方案。它可以提供端对端(end-to-end)或者段对段(segment-by-segment)的保护。

6.4 常见 VPN 应用环境

在这一节我们就 VPN 最常见的三种商业应用环境进行讨论。在通信链路两端的客户和服务器方，都包含兼容的 VPN 软件或硬件。VPN 通常用于：

1．远程接入

企业 VPN 允许移动用户通过因特网拨号进入它们本地的因特网服务供应商(ISP)来接

入企业 LAN。通常使用远程接入隧道协议，如 L2TP，PPTP 或 L2F。图 6-6 使用的是 IPSec 安全协议。

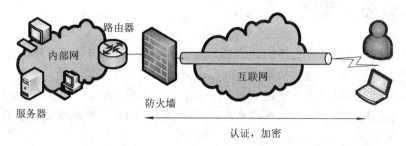

图 6-6　远程接入 VPN

2. LAN-LAN 通信

同企业 LAN 没有恒定 WAN 连接的小型子公司可以使用 VPN 来接入到本企业的内联网，如图 6-7 所示。该种方式的内联网互连，可以确保通信安全而其费用则相对专线连接要低得多。

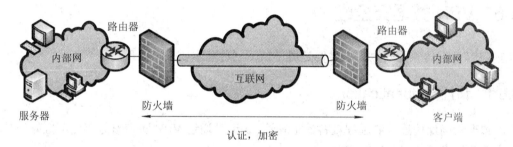

图 6-7　LAN-LAN VPN

3. 可控的内联网接入

企业 LAN 还可以利用 VPN 技术实现对保密网络当中的特定子网实施可控制接入，如图 6-8 所示。在这种模式中，VPN 客户端连接到一个 VPN 服务器，该服务器作为客户端和子网内主机的网关。这种 VPN 通常用于企业同其合作伙伴或供应商之间的安全通信。例如供应商内联网内的某工作站可以同企业内某特定服务器(或防火墙)建立一条 VPN 连接。由此，工作站和服务器(或防火墙)可以互相认证身份，同时确保通信信息是保密的。如果 VPN 隧道是在防火墙处终止，那么还可以在企业内联网的 DMZ(非军事区，指内网和外网的安全过渡子网)中对通信信息进行额外的安全检查，如病毒查杀或内容过滤。

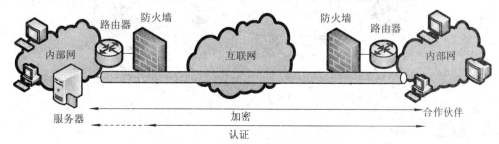

图 6-8　可控制内联网接入 VPN

6.5　VPN 安全策略

　　网络安全策略规定了什么样的通信是允许的，什么样的通信是必须禁止的，而 VPN 安全策略则描述了某一特定通信情形(profile)的保护特性。在某种意义上，它是网络安全策略的一个子集，因为相对来说它要更细节化(Granular)，并且 VPN 在能够保护特定目的地之间的通信之前还依赖前者能许可这些通信。同样要注意的是，要确保受保护的通信流必须经过 VPN，而不是其它的不安全信道。

　　典型地，一条 VPN 安全策略描述了所要保护的通信情形(源和目的，协议和端口)以及保护本身的安全需求(认证，加密，变换，密钥长度和生存期等)。VPN 策略可以按照每个设备单独定义，但是必须以中心目录方式实现，以提供更好的可伸缩性和管理性。事实上，对于同一种通信情形，通信两端的设备必须有相匹配的安全策略才能真正允许其间的通信进行。

6.6　VPN 数据安全性

　　VPN 数据传输的安全需求主要是通过以下三种基本要素来实现的。

6.6.1　认证(Authentication)

　　该要素确保所连接的远程设备的正确性。认证是通过 VPN 隧道双方事先配置好的共享秘密或者用户名和口令来完成的。

　　基于 IPSec 的 VPN 认证使用一个共享秘密和因特网密钥交换(Internet Key Exchange-IKE)协议来实现，如图 6-9 所示。IKE 利用共享秘密来产生一个密钥。基于 PPTP 的 VPN 认证使用一个用户名和口令。它使用以下几种协议来完成：

　　(1) PAP(Password Authentication Protocol)(口令认证协议)。

　　(2) CHAP(Challenge Handshake Authentication Protocol)(挑战握手认证协议)。

　　(3) MS-CHAP(Microsoft encrypted CHAP)(微软加密挑战握手认证协议)。

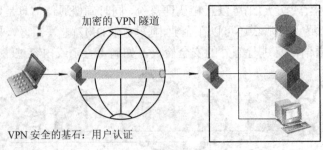

图 6-9　VPN 认证

6.6.2　加密(Encryption)

　　这个特征确保所传输的数据对于第三方来说是没有任何意义的。数据的保密性主要是采用不同的加密算法：

(1) 基于 IPSec 的 VPN 使用 DES 或者 3DES 加密算法。加密后的数据分组使用封装安全有效载荷(Encapsulating Security Payload –ESP)协议进行封装。当数据到达目的地，这些分组被拆封，然后解密。

(2) 基于 PPTP 的 VPN 使用微软的点对点加密(Microsoft Point-to-Point Encryption-MPPE)和 RC4 加密算法作为链路加密，并提供网络安全。作为隧道数据的 PPTP 帧利用通用路由协议(Generic Routing Encryption-GRE)进行封装。

6.6.3　完整性(Integrity)

该要素确保任何对数据的修改都可以被检测出来。这可以通过对所传输的数据进行哈希函数和校验和运算(SHA-1 或 MD5 算法)来完成。

6.7　VPN 协议

VPN 是基于一种称为隧道(Tunneling)的技术。VPN 隧道对要传输的数据用 IP 协议进行封装，这样可以使数据穿越公共网络(通常是指 Internet)。整个数据包的封装和传输过程称为挖隧道。数据包所通过的逻辑连接称为一条隧道。

隧道使得远程用户成为企业网络的一个虚拟节点。从用户的角度来看，信息是在一条专用网络连接上传输，而不管实际的隧道所在物理网络的结构。为了实现认证和加密机制，隧道两端都必须有隧道服务器和客户端软件，而且两端必须使用相同的隧道协议。三种最常见的也是最为广泛实现的隧道技术是：点对点隧道协议(Point-to-Point Tunneling Protocol-PPTP)，第二层隧道协议(Layer 2 Tunneling Protocol-L2TP)和 IP 安全协议(IPSec)。

6.7.1　PPTP

PPTP 是由微软所提议的 VPN 标准，PPTP 运行于 OSI 的第二层。PPTP 是点对点协议(Point-to-Point Protocol-PPP)的扩展，而 PPP 是为在串行线路上进行拨号访问而开发的。PPTP 将 PPP 帧封装成 IP 数据包，以便在基于 IP 的互联网上传输。PPTP 使用微软的 Challenge-Handshake Authentication Protocol(MS-CHAP)来实现认证，使用微软的 Point-to-Point Encryption (MPPE) 实现加密。

(1) MS-CHAP：一种认证机制，验证用户在 Windows NT 域的有效性。

(2) MPPE：一种加密方法，使用 RSA RC4 加密算法，提供强加密级别(128 比特密钥)和标准(40 比特密钥)加密级别两套方案。当使用第二版的 MS-CHAP 时，每个传输方向所使用的 RC4 加密密钥是互相独立推导出来的。缺省情况下，加密密钥在每个数据包中都改变，使得再强大的穷举攻击也变得很难奏效。

6.7.2　L2TP

现代 L2TP 技术结合了微软的点对点隧道协议 PPTP 和 Cisco 的第二层转发(Layer 2

Forwarding-L2F)技术的优点。L2TP 可以在任何提供面向分组的点对点连接上，包括 WAN 技术，如 X.25、帧中继和异步传输模式，建立隧道。

当用于 IP 网络环境下，L2TP 同 PPTP 非常相似。一条 L2TP 隧道在一个 L2TP 客户和一 L2TP 服务器之间建立。客户端可以直接连接到一个 IP 网络或者通过拨号进入一个网络接入服务器来建立 IP 连接。

L2TP 包含了 PPP 的所有安全机制，大都使用的 Challenge-Handshake Authentication Protocol(CHAP)。L2TP 协议规范并没有包含加密或者管理用于加密的密钥过程。L2TP 使用 IPSec 来完成 IP 环境下的数据加密和密钥管理。

6.7.3　IPSec

IPSec 是由 Internet Engineering Task Force (IETF)设计的作为基于 IP 通信环境下一种端到端的保证数据安全机制。整个 IPSec 结构由一系列的 RFC 文档定义，主要有 RFCs 2401～2412，1826 和 1827。IPSec 包含两个安全协议和一个密钥管理协议：

(1) 认证报头协议(Authentication Header – AH)→该协议提供了数据源认证以及无连接的数据完整性检查功能，不提供数据保密性功能。AH 使用一个键值哈希(keyed-hash) 函数而不是数字签名，因为数字签名太慢，将大大降低网络吞吐率。

(2) 封装安全有效载荷协议(Encapsulating Security Payload – ESP)→该协议提供了数据保密性、无连接完整性和数据源认证能力。如果使用 ESP 来验证数据完整性，那么 ESP 不包含 IP 报头中固定字段的认证。

(3) 因特网密钥交换协议(Internet Key Exchange protocol – IKE)→该协议协商 AH 和 ESP 协议所使用的加密算法。

IPSec 保证了支持 IPSec 协议的所有产品之间的互操作性。IPSec 协议以标准加密技术为基础。例如 IPSec 使用：

(1) DES 和其它分组加密算法来加密数据；

(2) 键值哈希算法(HMAC，MD5，SHA)来认证数据包；

(3) 验证公钥有效性的数字证书技术。

6.8　IPSec 协议

IPSec 是一套开放的基于标准的安全体系结构(http：//www.ietf.org)，它提供了大量的安全特性，如下：

(1) 提供认证，加密，数据完整性和抗重放保护；

(2) 加密密钥的安全产生和自动更新；

(3) 使用强加密算法来保证安全性；

(4) 支持基于证书的认证；

(5) 支持下一代加密算法和密钥交换协议；

(6) 为 L2TP 和 PPTP 远程接入隧道协议提供安全性。

IPSec 安全体系结构体现了很好的互操作能力。只要实现得当，它并不会影响那些不支持 VPN 的网络或主机。IPSec 使用当今最好的加密算法。我们通常称 IPSec 协议所使用的特定算法实现为一个变换(transform)。例如,ESP 协议所使用的 DES 算法称为 ESP DES-CBC 变换。这些变换以及协议由一系列的 RFC 和互联网草案定义和发布[详见 http：//www.ietf.org/ html.charters/ipsec-charter.html]。

6.8.1　安全关联(Security Association)

IPSec 提供了多种选项来完成网络加密和认证。每个 IPSec 连接都能够提供加密,完整性和认证当中的一种或者两种。一旦确定了所需的安全服务,那么通信节点双方必须明确规定需要使用的算法(例如, DES 或 IDEA 用来加密；MD5 或 SHA 用于完整性服务)。在确定了算法以后,双方必须共享会话密钥。正如我们后面将看到的,这需要管理大量的信息。而安全关联正是 IPSec 用于跟踪某一个特定 IPSec 通信会话所涉及的细节问题的一种方法。一个安全关联描述了两个或者多个实体如何使用安全服务来实现安全通信。由于其它协议也使用该术语,例如 IKE SA 描述了两个 IKE 设备使用的安全参数,所以在后续的讨论中,将明确指定某个 SA 是 IPSec SA 还是 IKE SA。

安全关联是单向的,这也就意味着每一对通信系统的连接都至少需要两个安全关联——一个是从 A 到 B,而另外一个是从 B 到 A。比如主机 A 需要有一个 SA(out)用来处理外发的数据包；另外还需要有一个不同的 SA(in)用来处理进入的数据包。相对应的主机 B 的两个安全关联分别是 SB(in)和 SB(out)。主机 A 的 SA(out)和主机 B 的 SB(in)将共享相同的加密参数(比如密钥)。类似地,主机 A 的 SA(in)和主机 B 的 SB(out)也会共享相同的加密参数。由于 SA 是单向的,所以针对外发和进入处理使用的 SA,分别需要维护一张单独的(数据)表。

每个安全关联可以由一个三元组唯一确定：

<Security Parameter Index，IP Destination Address，Security Protocol>

即：① 安全参数索引(security parameter index——SPI)是一个随机选取的唯一字符串；② 安全协议识别码(区分 AH 还是 ESP)；③ 目的 IP 地址。

当一个系统需要对发送的包使用 IPSec 实施保护时,它查询数据库中的安全关联,根据其相关内容进行特定处理,然后将安全连接的 SPI 插入到 IPSec 报头。当对等接收方收到数据包,就利用 SPI 和目的 IP 地址,从网络数据库中查询相对应的安全关联,之后根据安全关联的内容对数据包作相关的安全处理。总之,安全关联是通信设备双方所协商的安全策略的一种描述。如图 6-10 所示。

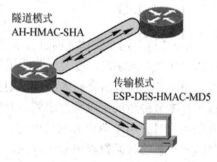

隧道模式
AH-HMAC-SHA

传输模式
ESP-DES-HMAC-MD5

图 6-10　IPSec 安全关联

6.8.2　SA 管理的创建和删除

SA 管理的两大主要任务就是创建和删除。SA 管理既可以手工进行,也可以通过一个 Internet 标准密钥管理协议来完成,比如 IKE。为了进行 SA 的管理,要求用户应用程序的一个接口同 IPSec 内核通信,以便实现对 SA 数据库的管理。

　　SA 的创建分两步进行——先协商 SA 参数，再用 SA 更新 SADB(安全关联数据库)。

> **安全关联数据库**
>
> 　　安全关联数据库包含了每个 SA 的参数信息，如 AH 和 ESP 算法和密钥、序列号、协议模式和有效期。

　　人工密钥协商是必须支持的，在 IPSec 的早期开发及测试过程中，这种方式曾得到广泛的应用。在人工密钥协商过程中，通信双方都需要离线同意 SA 的各项参数。所谓"人工"协商，不外乎通过电话或电子邮件的方式。SPI 的分配、参数的选择都是人工进行的。但是非常明显，这个过程非常容易出错，既麻烦又不安全。同时也只能以人工方式删除，否则这些 SA 永远不会过期。

　　在已经配置好的 IPSec 环境中，SA 的建立可以通过因特网标准密钥管理协议(比如 IKE)来完成。如果安全策略要求建立安全、保密的连接，但却找不到相应的 SA，IPSec 的内核便会自动调用 IKE。IKE 会与目标主机或者途中的主机/路由器协商具体的 SA；SA 创建好且加入 SADB 数据库后，在两个主机间正常流动的数据包便会采用 SA 参数实现相应安全服务。

　　可能有很多方面的理由需要删除 SA，例如：

(1) 存活时间过期；

(2) 密钥已遭破解；

(3) 使用 SA 加密/解密或验证的字节数已超过策略设定的某一个阈值；

(4) 另一端要求删除这个 SA。

　　SA 可以手工删除或者通过 IKE 来删除。为了降低别人破解系统的可能性，经常需要更新密钥。IPSec 本身没有提供更新密钥的能力。为此，我们必须先删除现有的 SA，再协商并建立一个新 SA。一旦 SA 被删除，它所使用的 SPI 便可重新使用。

6.8.3　SA 参数

　　SA 维持着两个实体之间进行安全通信的"场景"或"背景"。SA 需要同时保存由具体协议所规定的字段，以及一些通用字段。本小节讨论的是 AH 和 ESP 都会用到的某些字段，至于各个协议所特有的字段，则会在 AH 和 ESP 章节中分别加以讨论。处理每个 IP 包时，本节讲述的字段都会用到。有些字段用于包的外出处理，有些用于包的进入处理，有些则同时应用于两个方向的处理，具体由字段的用法决定。一些特殊的字段会在用 SA 处理一个包的时候得以更新。首先，让我们来看一看 SA 中用到的各种参数。

　　(1) 序列号(Sequence Number)：序列号是一个 32 位的字段，在数据包的"外出"处理期间使用。它同时属于 AH 及 ESP 头的一部分。每次用 SA 来保护一个数据包，序列号的值便会递增1。通信的目标主机利用这个字段来侦测所谓的"重放"攻击。SA 刚刚建立时，该字段的值设为 0。通常，在这个字段的值溢出之前，SA 会重新进行协商。

　　(2) 序列号溢出(Sequence Number Overflow)：该字段用于外出包处理，并在序列号溢出的时候加以设置。安全策略决定了一个 SA 在序列号溢出时是否仍可用来处理其余的数据包。

　　(3) 抗重放窗口(anti-replay)：该字段在数据包的"进入"处理期间使用。当今，与网络安全有关的一个重要问题便是重放攻击。在重放攻击过程中，网络应用会受到不断重放数据包的轰炸。

　　(4) 存活时间(Lifetime，TTL)：它规定了每个 SA 最长能够存在的时间(所谓的"存活时间"或"存活周期")。超出这个时间，那个 SA 便不可继续使用。存活时间要么可表达成受该 SA 保护的字节数量，要么可表达成 SA 的持续时间。当然，也可以同时用这两种方式来表达一个存活时间。总之，虽然说是"时间"，但也完全可以不必用时间的单位来表达。一旦 SA 到期，便不可再用。为避免"过期"造成通信的停顿，可以采用两种类型的存活时间——软的和硬的。所谓"软存活时间"，是指用它来警告内核，通知它 SA 马上就要到期了。这样一来，在"硬存活时间"到期之前，内核便能及时地协商好一个新 SA。

　　(5) AH 信息：使用 AH 的身份验证算法、密钥、密钥生命周期和相关参数。

　　(6) ESP 信息：使用 ESP 的加密和身份验证算法、密钥、初始向量、密钥生命周期和相关参数。

　　(7) 模式(Mode)：IPSec 协议可同时用于隧道模式及传输模式。依据这个字段的值，载荷的处理方式也会有所区别。可将该字段设为隧道模式、传输模式或者一个通配符。如果将该字段设为"通配符"，那么它到底是隧道模式的 IPSec，还是传输模式的 IPSec 呢？此时，为作出正确的判断，具体的信息要从其它地方收集(亦即从套接字中收集)。若将这个字段设为通配符，暗示着该 SA 既可用于隧道模式，亦可用传输模式。

　　(8) 隧道目的地(Tunnel Destination)：对于隧道模式中 IPSec 来说，需要该字段指出隧道的目的地——亦即外部头的目标 IP 地址。

　　(9) 路径最大传输参数(PMTU)：在隧道模式下使用 IPSec 时，必须维持正确的 PMTU 信息，以便对这个数据包进行相应的分段。

6.8.4　安全策略

　　安全策略决定了为一个包提供的安全服务。对所有 IPSec 实施方案来说，它们都会将策略保存在一个数据库中，这个数据库名为 SPD(安全策略数据库)。我们根据"选择符"对该数据库进行检索，库内包含了为一个 IP 包提供安全服务的有关信息。

　　IP 包的外出和进入处理都要以安全策略为准。在进入和外出包处理过程中，需要查询SPD，以判断为这个包提供的安全服务有哪些。为了提供对非对称策略的支持(亦即在两个主机之间分别为进入和外出的数据包提供不同的安全服务)，可为进入与外出的数据包分别维持不同的 SPD。然而，密钥管理协议总是协商双向 SA。在实际应用中，隧道和嵌套处理大多数都是对称的。

　　对外出通信而言，在 SADB 中进行 SA 检索的结果是一个指针，指向 SA 或 SA 集束(前提是已经建立了 SA)。SA 或 SA 集束需要根据策略的要求，按指定的顺序依次对外出包进行处理。假如 SA 尚未建立，就会调用密钥管理协议来建立数据包。对进入通信来说，首先要对包进行安全处理。然后，根据选择符对 SPD 数据库进行检索，证实对包采取的策略。在以后谈到 IPSec 的实际应用时还会对此加以更深入的讲述。

　　安全策略要求策略管理应用能够增添、删除和修改策略。由于 SPD 保存在内核，所以对一个具体的 IPSec 实施方案而言，它应提供一个恰当的接口，以便对 SPD 进行操纵。至于 SPD 的具体管理方式，则要由实施方案来决定，而且并未为此专门定义一套统一的标准。然而，对管理应用来说，它至少应该具有对选择符内定义的所有字段进行处理的能力。对此，我们将在下一节详述。

6.8.5　选择符

本小节定义了各种不同的选择符，它们决定了提供给一个包的安全服务。选择符是从网络层和传输层头内提取出来的。

(1) 源地址(Source IP Address)：源地址可以是一个通配符、一个地址范围、一个网络前缀或者一个指定的主机。对源自一个主机的所有包来说，假如为它们采取的策略都一样，那么通配符便显得特别有用。网络前缀和地址范围用于安全网关，以便为隐藏在它后面的主机提供安全保护，以及用来构建 VPN。在一个主机安全要求已经明确的前提下，要么在一个多宿主(多址)主机上使用一个特定的地址，要么可在网关上使用。

(2) 目的地址(Destination IP Address)：目的地址可以是通配符、一地址范围、一个网络前缀或一个指定主机。前三个都用于隐藏在安全网关背后的主机。对于经过隧道处理的 IP 包，用作选择符的目标地址字段有别于用于查找 SA 的目的地址。在这种情况下，只要包以隧道方式传输，外部头的目的 IP 地址便可与内部头的不一样。但是，目的网关中的策略是根据真正的目的地址而设的，而最终要用这一地址对 SPD 数据库进行索引。

(3) 名字(User ID)：名字字段用于标识与一名有效用户或者系统名称关联在一起的策略。其中包括一个 DNS 名、X.500 可识别名或者在 IPSec DOI 中定义的其它名字类型。只有在 IKE 协商期间(而非包处理期间)，名字字段才能作为一个选择符使用。在包处理期间，这一字段不能作为选择符使用。这是由于目前无法把一个 IP 地址和一个名字结合在一起。

(4) 协议(Protocol)：协议字段指定了传送协议(只要传送协议能够访问)。许多情况下，只要使用了 ESP，传送协议便无法访问。在这种场合下，需要使用通配符。

(5) 上层端口(Upper Layer Ports)：在进行面向会话的密钥交换时，上层端口代表着源和目的端口，真正应用协议的便是这些端口。如果端口不能访问，需要使用通配符。

6.8.6　IPSec 模式

IPSec 提供了两种操作模式——传输模式和隧道模式(transport 和 tunnel modes)，如图 6-11 所示。两种模式的区别非常直观——它们保护的内容不同，一个是整个 IP 包，一个只是 IP 的有效负载。

在传输模式中，AH 和 ESP 只处理 IP 有效负载，并不修改原来的 IP 协议报头。这种模式的优点在于每个数据包只增加了少量的字节。另外，公共网络上的其它设备可以看到最终的目的和源地址。这使得中间网络可以根据 IP 协议报头进行某些特定的处理(例如，服务质量)。不过第四层的报头是加密的，无法对其进行检查。

传输模式的 IP 报头是以明文方式传输，因此很容易遭到某些通信量分析攻击。但攻击者无法确定传输的是电子邮件还是其它应用程序。

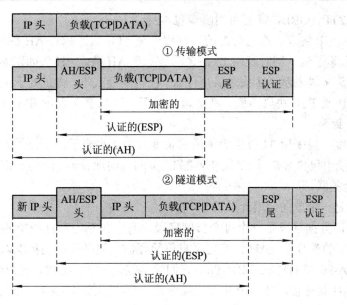

图 6-11　IPSec 隧道和传输模式

　　在隧道模式中,原来的整个 IP 包都受到保护,并被当作一个新的 IP 包的有效载荷。这种模式允许网络设备,如一个路由器,扮演一个 IPSec 代理的角色。也就是说,路由器代表主机完成数据加密:源主机端的路由器加密数据包,然后沿着 IPSec 隧道向前传输。目的主机端的路由器解密出原来的 IP 包,然后把它送到目的主机。隧道模式的优点在于不用修改任何端系统就可以获得 IP 安全性能。隧道模式同样还可以防止通信量分析攻击。在隧道模式中,因为内外 IP 头的地址可以不一样,攻击者只能确定隧道的端点,而不是真正的数据包源和目的站点。

　　在大都数情况下,我们采用隧道模式。隧道模式的优点在于不用修改现有网络结构中的主机、服务器、PC 上的操作系统或者任何应用程序就可以实现 IPSec。

6.9　IPSec 数据包信息格式

6.9.1　认证报头(AH)

　　认证报头是 IPSec 协议之一,用于为 IP 提供数据完整性、数据源身份验证和一些可选的、有限的抗重放服务。它定义在 RFC2402 中。AH 不对受保护的 IP 数据包的任何部分进行加密,即不提供保密性。

　　由于 AH 不提供保密性服务,所以它也不需要加密算法。AH 定义了保护方法、头的位置、身份认证的覆盖范围以及输出和输入处理规则,但没有对所用的身份验证算法进行定义。

　　AH 可用来保护一个上层协议(传输模式)或者一个完整的 IP 数据包(隧道模式)。在两种模式下,AH 头都会紧跟在一个 IP 头之后。AH 是一个 IP 协议,而受 AH 保护的 IP 包只是另一个 IP 包而已。因此,AH 可以单独使用,或和 ESP 联合使用。它还可保护一个隧道传输协议，比如 L2TP、GRE，或者可用隧道包本身。

AH 是另一个 IP 协议，给它分配的协议代号是 51。这意味着 AH 保护的一个 IPv4 数据包的协议字段将是 51，同时表明 IP 头之后是一个 AH 头。AH 头如图 6-12 所示。

(1) 下一个头字段表示 AH 头之后是什么。在传输模式下，将是处于保护中的上层协议的值，比如 UDP 或 TCP 协议的值。在隧道模式下，其数值 4 表示 IP-in-IP(IPv4)封装；数值 41 表示 IPv6 封装。

(2) 载荷长度字段采用 32 位字为单位的长度减去 2 来表示。

(3) SPI 字段中包含 SPI。该字段和外部 IP 头的目的地址一起，用于识别对这个包进行身份验证的安全关联。

(4) 序列号是一个单向递增计数器。

(5) 身份验证数据字段是一个可变长度字段，其中包括完整性校验的结果。该字段长度必须是 32 位字的整数倍。AH 没有定义身份验证器，但必须强制实现以下两个身份验证器：HMAC-SHA-96 和 HMAC-MD5-96。它们都是键值 MAC 函数，输出结果长度等于 96 个比特。同时 AH 具体使用什么公共密钥身份验证算法(比如 RSA 和 DDS)也没有定义。

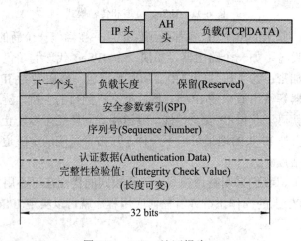

图 6-12   IPSec 认证报头

6.9.2   AH 模式

AH 协议可用于传输模式和隧道模式。不同之处在于它保护的数据要么来自上层协议，要么是一个完整的 IP 数据包。任何一种情况下，AH 都要对外部 IP 头的固有部分进行身份验证。

1. 传输模式

AH 用于传输模式时，保护的是端到端的通信。通信的终点必须是 IPSec 终点。AH 头被插在数据包中实现数据包的安全保护。AH 头紧跟在 IP 头之后(包括任意选项)以及需要保护的上层协议之前。在 IPv6 环境下，AH 被看作是端对端的有效负载。也就是说，中间路由器不会对其进行处理。因此，AH 出现在 IPv6 基础报头、跳点、路由和分片扩展报头后面。根据语义的需要，目标选项报头可出现在 AH 报头之前或之后。身份验证同样包括整个包，除了那些被设置为零的可变字段。具体情况见图 6-13。

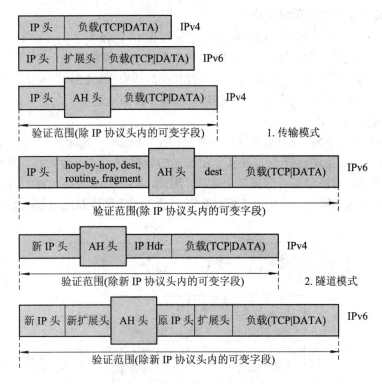

图 6-13　AH 身份验证的作用域

2．隧道模式

AH 用于隧道模式时，它将自己保护的整个数据包封装起来。另外，在 AH 头之前，另添加了一个 IP 头。"里面的"IP 数据包中包含了通信的原始地址，而"外面的"IP 数据包则包含了 IPSec 端点的地址。隧道模式可替换端对端安全服务的传输模式。AH 协议没有提供保密性，因此，无法抵御通信流分析攻击。AH 用于确保收到的数据包在传输过程中不会被修改，保证由要求发送它的当事人将它发送出去，以及保证它是一个新的非重放的数据包。除了可变字段和不可预测的字段以外，外部 IP 报头(在 IPv6 情形，是外部 IP 扩展报头)都是受保护的。

6.9.3　封装安全有效载荷(ESP)

封装安全有效载荷头在 IPv4 和 IPv6 中提供一种混合的安全服务。ESP 提供机密性、数据源的身份验证、数据的完整性和抗重播服务。提供的这组服务由 SA 的相应组件决定。只有选择数据源验证时才可以选择抗重播服务，由接收方单独决定是否选择抗重播服务。(尽管默认要求发送方增加抗重播服务使用的序列号，但只有当接收方检查序列号，服务才是有效的。)ESP 可以单独应用，与 IP 验证头(AH)结合使用，或者采用嵌套形式。安全服务可以在一对通信主机之间，一对通信的安全网关之间，或者一个安全网关和一台主机之间实现，见图 6-12。

ESP 头可以插在 IP 头之后、上层协议头之前(TCP 或 UDP 头)，或者在封装的 IP 头之前(隧道模式)。下面先介绍一下 ESP 分组格式。

1. 封装安全有效载荷分组格式

不管 ESP 处于什么模式，ESP 头都会紧紧跟在 IP 协议头之后。在 IPv4 中，ESP 头紧跟在 IP 头后面(包括任意选项)。这个 IP 协议头的协议字段将是 50，以表明 IP 头之后是一个 ESP 头。在 IPv6 中，ESP 的放置与是否存在扩展头有关。ESP 肯定插在扩展头之后，其中包括逐跳、路由选择和分片头。但 ESP 头应插在目的地选项头之前，因为我们希望对这些目标选项进行保护。

图 6-14 定义了 ESP 分组头格式中的各字段。"可选项"意味着如果没有选择它，该字段可被忽略。也就是说它既不会被包含在传送的分组中，也不会参与完整性校验值(ICV)的计算。建立 SA 时决定是否选择某个选项，因此，ESP 分组的格式对于给定的 SA 是确定的，整个 SA 存活期间也是确定的。相对而言，"强制性"字段总是出现在 ESP 分组格式中，对所有 SA 均如此。

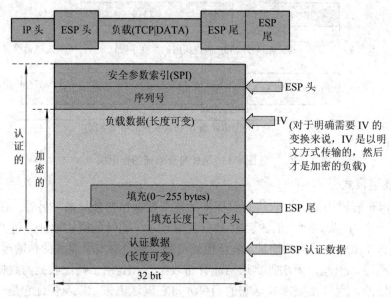

*如果在有效载荷字段中需要包含同步数据，例如初始化向量(IV)，那通常不会被加密，虽然它也被认为是密文的一部分。

图 6-14　ESP 头格式

1) 安全参数索引 SPI

SPI 是一个任意的 32 位值，它与目的 IP 地址和安全协议(ESP)结合，唯一地标识这个数据报的 SA。通常在建立 SA 时由目的系统选择 SPI。SPI 字段是强制性的。值为 0 的 SPI 是保留给本地、特定实现使用的，不允许在线路上发送。

2) 序列号(Sequence Number)

这个无符号的、32 位字段包含一个单调递增的计数器值(序列号)。它是强制性的，即使接收方没有选择激活一个特定 SA 的抗重播服务，它也总是存在。序列号字段由接收方处理，即发送方必须总是传输这个字段，但接收方不一定对其操作。

发送方的计数器和接收方的计数器在一个 SA 建立时被初始化为 0。如果抗重播服务被激活(默认服务)，传送的序列号决不允许出现循环。因此，在 SA 上传送 2^{32} 个分组之前，发送方计数器和接收方计数器必须重新置位(通过建立新 SA 和获取新密钥)。

3) 有效载荷数据(Payload Data)

有效载荷数据是可变长字段，它包含 ESP 要保护的数据(下一个头字段描述的数据)。有效载荷数据字段是强制性的，一个加密算法需要的初始化向量(IV)可在该字段中传输。

4) 填充(供加密使用)

多种情况需要使用填充字段：

(1) 如果采用的加密算法要求明文是某个数量字节的倍数，例如分组密码(block cipher)的块大小，使用填充字段填充明文(包含有效载荷数据、填充长度和下一个头字段以及填充)以达到算法要求的长度。

(2) 不管使用什么加密算法，都可以利用填充字段来确保结果密文以 4 字节边界终止。特别是，填充长度字段和下一个头字段必须在 4 字节字内右对齐，如图 6-14 所示的 ESP 分组格式，从而确保验证数据字段(如果存在)以 4 字节边界对齐。

(3) 除了算法要求或者上面提及的对齐原因之外，填充字段可以用于隐藏有效载荷实际长度，支持(部分)信息流机密性。但是，包含这种额外的填充字段占据一定的带宽，因而谨慎使用。

发送方可以增加 0～255 个字节的填充。ESP 分组的填充字段是可选的，但是所有实现必须支持填充字段的产生和消除。

如果需要填充字节，但是加密算法没有指定填充内容，则必须进行缺省处理。填充字节使用一系列(无符号、1 字节)整数值初始化。附加在明文之后的第一个填充字节为 1，后面的填充字节按单调递增：1，2，3，…。当采用这种填充方案时，接收方应该检查填充字段。(选择这种方案是由于它相对简单，硬件实现容易。在没有使用其它完整性措施的情况下，接收方通过检查解密的填充值，来防止某种形式的"剪切和粘贴"攻击。)

任何要求填充字段但不同于上述默认方法的加密算法，必须在一个指定如何使用 ESP 算法的 RFC 中定义填充字段内容(例如，0 或者随机数)和所有接收方处理这些填充字节的方法。这种情况下，填充字段的内容将由 RFC 中定义的相应算法和模式决定。相关算法的 RFC 可以指定发送方必须检查填充字段或者发送方必须通知接收方如何处理填充字段。

5) 填充长度(Pad Length)

填充长度字段指明紧接其前的填充字节的个数。有效值范围是 0～255，0 表明没有填充字节。填充长度字段是强制性的。

6) 下一个头(Next Header)

下一个头是一个 8 位字段，它标识有效载荷字段中包含的数据类型，例如，IPv6 中的扩展头或者上层协议标识符。该字段值从 IANA(Internet Assigned Numbers Authority)最新的 RFC 定义的 IP 协议号集当中选择。下一个头字段是强制性的。如果在隧道模式下应用 ESP，这个值就是 4，表示 IP-in-IP。如果在传输模式下使用 ESP，这个值表示的就是它背后的上一级协议的类型，比如 TCP 对应的就是 6。

7) 验证数据(Authentication Data)

验证数据是可变长字段，它包含一个完整性校验值(ICV)，ESP 分组中该值的计算不包含验证数据本身。字段长度由选择的验证函数指定。验证数据字段是可选的，只有 SA 选择验证服务，才包含验证数据字段。验证算法规范必须指定 ICV 长度、验证的比较规则和处理步骤。

2．加密和验证算法

　　ESP 是一个通用的，可灵活扩展的协议，这允许它使用不同的加密算法(也称为变换)。IPSec 要求在所有的 ESP 实现中使用一个通用的缺省算法即 DES-CBC 算法(参见 RFC2405 的定义)。然而，两个或更多的系统在建立一个 IPSec 会话时可以协调使用其它的算法。目前，ESP 支持的可选算法包括 3DES(Triple-DES)、RC5、IDEA、CAST、BLOWFISH 和 RC4。

　　IPSec ESP 标准要求所有的 ESP 实现支持密码分组链方式(CBC)的 DES 作为缺省的算法。然而，这种规定并不是强制性的，用户和组织可以自由使用其它的加密算法，或根本不加密。由于全球各国对当地的密码使用和出口政策的法律规定各不相同，因此，这样的灵活性是非常重要的。

　　DES-CBC 用 64 比特一组的加密数据(密文)来代替 64 比特一组的未加密数据(明文)。一个随机的、64 比特的初始化向量(IV)被用来加密第一个明文分组，以保证即使在明文信息开头相同时也能保证加密信息的随机性。

　　必须实施的验证器包括 HMAC-MD5-96 和 HMAC-SHA-1-96，各自对应的标准文档是 RFC2403 和 RFC2404。

3．ESP 传输和隧道模式

　　ESP 头有两种使用方式：传输模式或隧道模式。其间的差别决定了 ESP 保护的真正对象是什么。传输模式仅在主机中实现，提供对上层协议的保护，不提供对 IP 头的保护。隧道模式下，整个受保护的 IP 包都封装在一个 ESP 头中，并且还增加一个新的 IP 头。

　　传输模式中，ESP 插在 IP 头之后，上层协议(例如 TCP，UDP，ICMP 等)之前，或者在任何已经插入的 IPsec 头之前。IPv4 中，意指把 ESP 放在 IP 头(和它包含的任何其它选项)之后，但是在上层协议之前。(注意术语"传输"模式不应该曲解为把它的应用限制在 TCP 和 UDP 中。例如 ICMP 报文也可能使用"传输"模式或者"隧道"模式发送。)图 6-15 给出了典型 IPv4 分组中 ESP 传输模式位置("ESP 尾部"包含所有填充，以及填充长度和下一个头字段)。如果选择身份验证，则在 ESP 报尾之后添加 ESP 认证数据字段。身份验证范围包含所有密文以及 ESP 头。

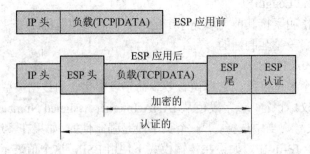

图 6-15　IPv4 分组中 ESP 传输模式

　　IPv6 中，ESP 被看作端到端的有效载荷，中间路由器不会对它进行检查或处理，因而应该出现在逐跳，路由和分片扩展头之后。目标选项扩展头既可以在 ESP 头之前，也可以在 ESP 头之后，这由具体的语义决定。但是，因为 ESP 仅保护 ESP 之后的字段，通常它可能愿意把目标选项头放在 ESP 头之后。图 6-16 给出了典型 IPv6 分组中 ESP 传输模式位置。

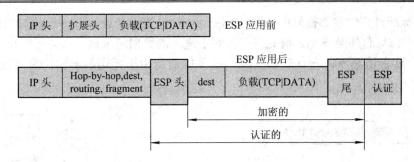

图 6-16　IPv6 分组中 ESP 传输模式

4. 隧道模式 ESP

隧道模式 ESP 可以在主机或者安全网关上实现。ESP 在安全网关(保护用户传输流量)实现时必须采用隧道模式。隧道模式中,"内部"IP 头装载最终的源和目的地址,而"外部"IP 头可能包含不同的 IP 地址,例如安全网关地址。ESP 保护整个内部 IP 分组,其中包括整个内部 IP 头。相对于外部 IP 头,隧道模式的 ESP 位置与传输模式中 ESP 位置相同。图6-17 给出典型 IPv4 和 IPv6 分组中 ESP 隧道模式的位置。

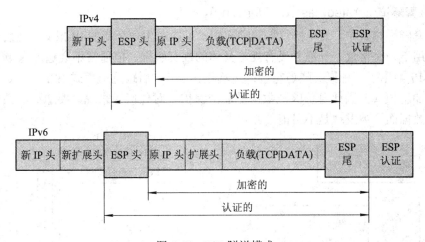

图 6-17　ESP 隧道模式

6.9.4　SA 组合

AH 和 ESP 协议可以单独使用也可以组合使用。每个协议都可以工作在两种模式下,而且协议的终点不一定相同,因此可能的组合方式相当多。幸好,在实际中有意义的组合不是很多。另外,每个 SA 只能实现 AH 或 ESP 协议,不能同时实现两个。所以 IPSec 协议的组合是通过 SA 集束(bundles),也就是多个 SA 来实现的。SA 集束可以通过两种方式来产生:

1. 传输邻接(Transport Adjacency)

传输邻接指给同一个 IP 包多次应用传输模式,而不是隧道模式。这种方式只适用于同级组合。多次嵌套使用不会带来任何好处。传输邻接不允许多个源/目的地址,因为只有一个 IP 头。

　　IPSec 标准规定传输邻接只能如图 6-18 所示应用。也就是说,对于外出数据包,加密(内部 SA)必须在认证(外面 SA)之前完成;而对于进入的数据包来说,认证必须在解密(加密)之前完成。这种情况下,一旦认证失败,就可以避免由于无谓的解密所带来的额外性能损失。

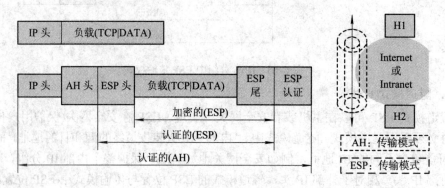

图 6-18　IPSec——传输邻接

2. 嵌套隧道(Iterated(nested) Tunneling)

　　在嵌套隧道模式中,安全协议按顺序应用。每次产生一个新的 IP 报文,然后在此基础上继续应用下一个协议。标准并没有规定具体的嵌套级别。但通常不会超过 3 级。

　　图 6-19 给出了一种嵌套隧道组合:传输模式 AH,后跟隧道模式 ESP。这是一种先身份验证后加密模式,因此身份验证数据受加密保护,对任何人来说,要想截取消息并改变身份验证数据而不被发现是不可能的。

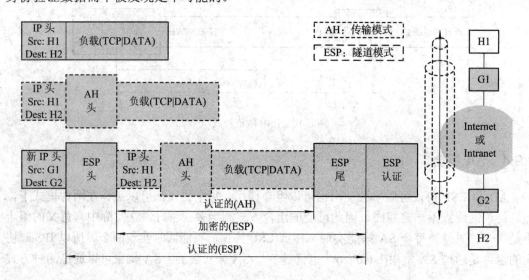

图 6-19　IPSec——嵌套隧道

3. 设计考虑

　　SA 集束本身也可以组合使用。例如,一个 IP 包在应用完传输邻接后可以继续使用嵌套隧道。在设计一个 VPN 时,我们必须限制 IPSec 处理某些分组的步骤数。通常情况下,两个处理步骤足矣。更多情况下,VPN 只是同时使用 ESP 协议的认证和保密功能来减轻处理负担。这种情况下，任何伪造的分组都无法通过 ESP 的认证，虽然这些分组确实非法进入了内部安全网络。

就模式而言，通常的方法是传输邻接用于一条连接的端点，而隧道模式所涉及的两台主机之一至少应当是安全网关。

6.10　因特网密钥管理协议

前面我们在使用 IPSec 时都假定一个安全关联已经建立，所以 IPSec 并没有提供如何建立该安全关联的机制。实际上 IETF 把整个过程分成了两个部分：IPSec 提供了分组级别的安全处理，而因特网密钥管理协议(IKMP)负责协商安全关联。最终，IETF 选择了 IKE 作为配置 IPSec 安全关联的标准协议。

IKE(Internet Key Exchange)在 RFC2409 当中定义。IKE 在两个实体之间建立一条经过认证的安全隧道，并对用于 IPSec 的安全关联进行协商。这个过程需要实体之间互相认证对方然后建立共享密钥。

IKE 最初被称为 ISAKMP/Oakley。因特网安全关联和密钥管理协议(Internet Security Association and Key Management Protocol)，由 RFC2408 定义，提供了建立安全关联和密钥的框架。该框架不依赖于任何技术，可以同现有的其它安全机制一同使用。但 ISAKMP 并没有定义实际的安全机制，而是由 Oakley(RFC2412 定义)来定义 ISAKMP 框架内使用的密钥交换协议。IKE 仍然使用 ISAKMP 作为它的框架，而且还集成了 Oakley 和 SKEME 来作为它的密钥交换协议。目前 IKE 还没有完全实现整个 Oakley 和 SKEME 协议，只是一个子集而已。

6.10.1　IPSec 的密钥管理需求

IPSec 协议 AH 和 ESP 的参与双方需要共享密钥，这可以通过手工(Manual)密钥分发或者带外(out-of-band)密钥分发来实现。问题是密钥有可能丢失、妥协或过期。更重要的是，一旦需要管理的安全关联数目太多，手工分发密钥技术无法满足可伸缩性。因此，好的 IPSec 密钥交换协议应当满足以下需求：

(1) 独立于特定的密码算法。

(2) 独立于特定的密钥交换协议。

(3) 密钥管理实体的认证。

(4) 在不安全传输通道上建立 SA。

(5) 资源的有效使用。

(6) 按需产生主机和基于会话的 SA。

IKE 协议在设计时已经考虑这些需求。IKE 满足下列特性：

(1) 密钥产生和身份认证过程。

(2) 自动密钥更新。

(3) 解决了"第一把密钥"问题。

(4) 每个安全协议(AH，ESP)有自己的安全参数索引(SPI)空间。

(5) 内置保护：资源耗尽攻击，连接/会话劫持攻击。

(6) 前向保密性(Perfect Forward Security)。

(7) 分阶段方法：第一阶段建立密钥交换的密钥和 SA，第二阶段建立数据传输的 SA。

(8) 在 UDP 协议的端口 500 实现。

(9) 支持面向主机(IP 地址)和面向用户(长期身份)证书。

(10) ISAKMP 交换使用强认证方法。

① 预共享密钥；

② 数字签名；

③ RSA 公钥加密。

出于性能考虑，修正的 RSA 公钥加密认证方法在第二阶段第一步(the second Phase 1 exchange)密钥交换时使用密钥而不是公钥/私钥。

6.10.2　认证方法(Authentication)

该认证必须是双向认证。IKE 支持多种认证方法。认证双方通过一个协商过程来对认证协议达成一致意见。通常双方需要实现下列机制：

(1) 预共享密钥(Pre-shared keys)——相同的密钥被预先安装在各自的主机上。IKE 对包含预共享密钥的数据计算其键控哈希值并把该值发送给对方来实现互相认证。如果接收方可以独立地使用预共享密钥来产生相同的哈希值，就表明对方和自己共享同一密钥，从而实现了对对方的认证。

(2) 公钥加密(Public key cryptography)——双方分别产生一个伪随机数(nonce)，并分别用对方的公开密钥进行加密。各方再用自己的私钥解密得到对方的 nonce 值，然后利用该 nonce 值以及其它可用的公共或私有信息计算一个键控哈希值，从而实现互相认证对方。该方法无法提供抗拒绝服务能力。也就是说，认证双方事后都可以否定曾经参与过上述交换过程。当前只支持 RSA 公钥加密算法。

(3) 数字签名(Digital signature)——各方分别对数据集合进行数字签名并发送给对方。这种方法和前面的类似，但是它可以提供抗拒绝服务。当前支持 RSA 公钥加密算法和数字签名标准(Digital Signature Standard)。

不管是数字签名还是公钥加密都需要使用数字证书来完成公钥/私钥的映射。IKE 允许独立地访问证书(例如，通过 DNSSEC)，或者作为 IKE 的一部分双方显式地交换证书信息。

6.10.3　密钥交换(Key Exchange)

通信双方必须有一个共享会话密钥以实现 IKE 隧道的加密传输。Diffie-Hellman 协议就可让双方协商一个会话密钥。这个过程是经过认证的，以防止中间人攻击。IKE 使用 Oakley 来实现密钥交换。Oakley 是基于 Diffie-Hellman 算法的密钥交换协议，并提供额外的安全性。

6.10.4　IKE 阶段综述

IKE 正如 ISAKMP 框架所定义的由两个阶段(phase)组成，不同的阶段 Oakley 协议使用不同的操作模式(mode)。

　　第一阶段用于建立 ISAKMP 的安全关联。第一阶段假设并没有安全通道存在，因此，必须建立这样一条安全通道来保护 ISAKMP 消息。这个 SA 同后续为其它服务建立的 SA 的不同之处在于：这个 SA 由 ISAKMP 拥有。这个 SA 包含了各种密钥材料，它们将用于后续 ISAKMP 消息的加密和认证，以及用于推导非 ISAKMP 安全关联的密钥。

　　第一阶段只协商一个 SA，也就是 ISAKMP SA。该阶段只提供一个建议(proposal)，就是使用 Oakley 为密钥交换方法。该建议可使用多个变换(transform)，它们主要用于协商下列参数：

(1) 认证方法

(2) SA 的有效期

(3) Diffie-Hellman 组

(4) 哈希算法

(5) 加密算法

　　在主模式(main mode)情况下，第一阶段基本上包含六条消息(如图 6-20 所示)：

　　前两条消息是发起者提供一个建议，其中包含一个或多个变换。响应者选择其中某个变换。此外还要产生一个 Cookie，用于预防拒绝服务攻击。Cookie 对(发起者和响应者 Cookie)还可识别 ISAKMP SA。

　　下两条消息是 Diffie-Hellman 密钥交换，其中包含 nonce。这两条消息交换完以后，参与双方就获得了用于认证和加密后续 ISAKMP 消息所需的密钥。同样也可推导密钥材料用于生成第二阶段中的其它非 ISAKMP SA。至此，所有后续的 ISAKMP 消息都将被加密。

图 6-20　主模式下的第一阶段信息流

　　第一阶段的最后两条消息用于认证。根据具体的认证方法交换相应的消息和身份识别符，实现互相认证。这个阶段支持前面所述四种认证方法。

　　在积极(aggressive)模式下，建立一个 SA 只需要三条消息。但是会暴露参与双方的身份。

　　第二阶段用于为不同的服务协商各自的安全关联。这只有在第一阶段成功完成以后才能进行。而且使用第一阶段产生的 ISAKMP SA 保护后续所有的第二阶段 ISAKMP 消息。

　　这个阶段的目的是更新第一阶段建立的密钥材料，它们会用于推导各种服务所需的密钥。例如用于加密和认证消息。在第二阶段，参与实体各自交换协议 SA 的建议，并同意使用其中某个建议，建议包含了认证方法、哈希函数和加密算法的描述。他们将用于保护

AH 和/或 ESP 协议分组。

　　虽然第二阶段支持前向保密性，但通常是可选的。如果要求前向保密性，那么其实现需要一次额外的 Diffie-Hellman 交换。

　　第二阶段中的单次交换可以协商多个安全关联。这只要在消息中携带多个 SA 负载即可。第二阶段支持三种工作模式：

　　(1) 快速模式(Quick Mode)。用于协商服务的一个或多个 SA。

　　(2) 信息模式(Informational Mode)。给对方提供某些信息，通常是由于失败引起的异常条件。例如，如果签名验证失败，那么所提供的任何建议都是不可接受的，或者解密会失败。

　　(3) 新组模式(New Group Mode)。用于协商 Diffie-Hellman 交换的专用(private)组。

　　两个阶段的关系如图 6-21 所示。

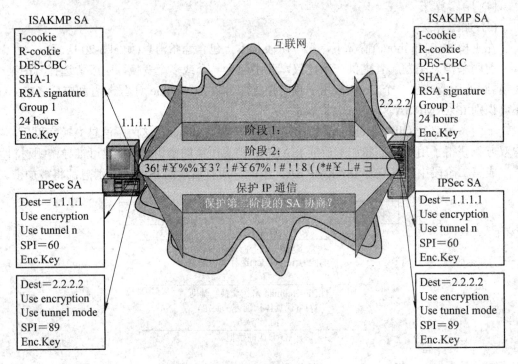

图 6-21　IKE 协商总结

6.10.5　ISAKMP 消息结构

　　ISAKMP 定义了一种非常灵活的方法来构造消息，这些消息能适应不同类型的服务，而不单单是 IPSec。ISAKMP 消息是一种模块化结构，不同部件都包含在不同类型的负载当中。当前总共定义了 13 种类型的负载。

　　(1) Security Association Payload：用于协商安全关联的负载。

　　(2) Proposal Payload：建议负载，指出要使用的协议和变换。

　　(3) Transform Payload：定义了要使用的安全变换。

　　(4) Key Exchange Payload：密钥交换负载，用于各种密钥交换协议。

(5) Identification Payload：身份标识负载，用来确定通信双方身份。

(6) Certificate Payload：证书负载，传送数字证书。

(7) Certificate Request Payload：证书请求负载，要求对方提供数字证书。

(8) Hash Payload：哈希负载，用来验证请求中数据的完整性或者验证通信双方实体。

(9) Signature Payload：签名负载，包含数字签名，用来验证请求中数据的完整性或者提供不可抵赖服务。

(10) Nonce Payload：现时值负载，包含一个随机数，该随机数用来保证交换过程的实时性并防止重放攻击。

(11) Notification Payload：通知负载包含协商相关的错误或者状态消息。

(12) Delete Payload：删除负载，指出发送方已经从数据库中删除的一个或多个 SA。

(13) Vendor ID Payload：供应商 ID 负载。

这些负载是一条 ISAKMP 消息的基本构造块。ISAKMP 消息格式如图 6-22 所示，它由一个 ISAKMP 报头和一个或多个负载组成。它包含如下字段：

(1) Initiator Cookie(发起者 cookie，64 位)。发起者在发送建立 SA、通知 SA、删除 SA 所需的 cookie。

(2) Responder Cookie(响应者 cookie，64 位)。响应实体的 cookie。在发起者发送的第一个消息中没有。

(3) Next Payload(下一个负载，8 位)。指出消息中的一个负载的类型。

(4) Major Version(主版本，4 位)。指出 ISAKMP 使用的主版本。

(5) Minor Version(次版本，4 位)。指出 ISAKMP 使用的次版本。

(6) Exchange Type(交换类型，8 位)。指出交换类型(工作模式)，交换类型不同，那么完成交换所需的消息数以及消息中的负载都不一样。

(7) Flags(标志，8 位)。特殊选项设置。

(8) Message ID(消息 ID，32 位)。该消息的唯一 ID。

(9) Length(长度，32 位)。整个消息长度(报头加上负载)。

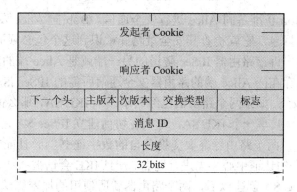

图 6-22　ISAKMP 格式

6.10.6　IPSec/IKE 系统处理

正如前面所述，认证和密钥交换这两个步骤创建一个 IKE SA 以及两个设备之间的安全隧道。隧道的一端提供算法集，另一端必须接受其中某个算法或者拒绝整个连接。如果双方都同意使用其中某种算法，那么它们必须推导用于 IPSec 的 AH、ESP 协议的密钥。因为 IPSec 使用的共享密钥不同于 IKE 所使用的共享密钥。IPSec 共享密钥可以用 Diffie-Hellman 推导得到以确保前向保密性或者通过利用最初创建 IKE SA 时 Diffie-Hellman 交换得到的共享密钥同某个随机数进行哈希运算推导获得。第一种方法提供的安全性要高一些，但速度较慢。至此，IPSec SA 就创建完毕了。

一旦 IPSec SA 安全到位，就不能只是简单地处理，转发或者丢弃分组。而是必须依照安全策略来决定是否对这些包进行额外的 IPSec 处理。尽管 IPSec 在不同的系统平台实现时有一定的差异，但对于主机或网关来说还是有一些其常规的处理原则。我们先举几个 IPSec SA 建立和使用的例子。

图 6-23 举例说明了 IPSec 如何使用 IKE 来建立一个安全关联。由于 Alice 发给 Bob 的数据包要求加密处理从而触发 IKE 处理过程。IKE 过程在 Bob 和 Alice 之间创建一个安全隧道。IPSec SA 的协商就是在该隧道上完成的。Alice 然后可以使用这个 SA 给 Bob 发送安全数据。

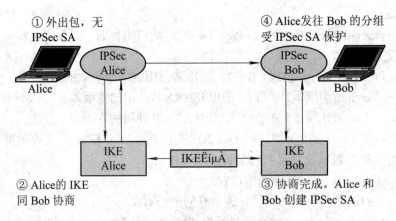

图 6-23　IPSec 中使用 IKE

在图 6-24 中，Bob 正准备同 Alice 进行安全通信。Bob 向 Alice 发送数据，当 Bob 端的路由器看到这个数据包，它就检查其安全策略并意识到这个包必须被加密传输。同样，预先配置的安全策略告诉该路由器 IPSec 隧道的另一端就是 Alice 端的路由器。然后，Bob 端的路由器检查是否存在同 Alice 端的路由器安全通信所需的 IPSec SA。如果没有，就需要从 IKE 那儿得到一个。如果两个路由器已经共享一个 IKE SA，那么很快就可以建立一个 IPSec SA。如果还没有共享一个 IKE SA，那么在协商建立 IPSec SA 之前先建立 IKE SA。作为该过程的一部分，两个路由器需要交换各自的数字证书。而且证书必须先由 Bob 和 Alice 的路由器都信任的认证中心事先进行签名。一旦 IKE 会话被激活，两个路由器就可以协商 IPSec SA。IPSec SA 创建以后，两个路由器就所使用的加密算法(例如，DES)和认证算法(例如，MD5)达成一致，而且还共享一个会话密钥。现在，Bob 端的路由器可以对 Bob 的 IP 数据包进行加密，并发送给 Alice 端的路由器。当 Alice 端的路由器接收到 IPSec 包，它就会查询相应的 IPSec SA，处理完后发送给 Alice。这听起来似乎很复杂，但实际上这些都是自动完成的，对用户 Bob 和 Alice 来说是透明的。

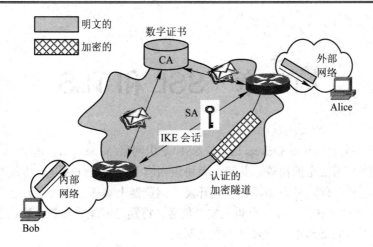

图 6-24　IPSec 和 IKE 实践

参 考 文 献

[1]　http：//www.redbook.com.cn .

[2]　Steven Brown. Implementing Virtual Private Networks. McGraw-Hill Companies，Inc.，1999.

[3]　Spafford E H. The Internet Worm Program：An Analysis. ACM Computer Communication Review，19(1)，pp.17-57.

[4]　Naganand Doraswamy，Dan Harkins. IPSec：the new security standard for the Internet，intranet，and virtual private networks. Prentice Hall PTR，1999.

思 考 题

[1]　当使用隧道方式时，构造了新的外部 IP 首部。对于 IPv4 和 IPv6，指出外部分组中的每一个外部 IP 首部字段和扩展首部与内部分组的相应字段或扩展首部的关系。即指出哪些外部值是从内部值得来的，哪些值是独立于内部值构造出来的。

[2]　两个主机之间想要端到端地认证和加密。画出类似于图 6-18 的图形，显示：

a. 传输邻接，在认证之前应用加密。

b. 传输 SA 绑在隧道 SA 的里面，在认证鉴别之前应用加密。

c. 传输 SA 绑在隧道 SA 的里面，在加密之前应用认证。

第 7 章　SSL 和 TLS

　　安全套接层协议(Secure Sockets Layer，SSL)是由网景(Netscape)公司于 1994 年开发的，用于提供互联网交易安全的协议。其第一版协议内容并没有对外公开，协议的第二版 SSL 2.0 在 1994 年晚些时候对外发布，并在其开发的浏览器上实现了该协议。

　　不幸的是，SSL 2.0 协议存在严重的安全问题，特别是网景公司在该协议的实现上由于对伪随机数发生器的处理不当导致重大安全漏洞。

　　Goldberg 和 Wagner[1]发现：伪随机数发生器的种子是由时间、UNIX 系统进程 ID(pid)及其父进程 ID(ppid)计算得到的，因此，很大程度上减少了密钥的猜测空间。如果攻击者在运行 SSL 服务程序的计算机上拥有账户的话，甚至可以获得用户的 pid 和 ppid 信息，从而可以在 25 秒内恢复出密钥。根据 Rescorla 的研究[2]，即便无法获得 pid 和 ppid，也可以在 1 小时内恢复出密钥。

　　所以，网景公司在 1995 年底发布了 SSL 3.0 版本的协议规范，它基本上是 SSL2.0 的重写，弥补了 SSL2.0 的安全缺陷，并增加了新的密码组件，引入了新的报文消息。

　　1996 年，互联网工程任务组(IETF)以 SSL 3.0 为基础致力于 SSL 协议的标准化工作，在 1999 年发布了传输层安全(Transport Layer Security，TLS)协议标准，即 2246。目前 TLS 的最新标准是 TLS 1.2，就是 RFC5246，其内容与 SSL v3.3 十分接近，只是在选择认证算法和实际的信息模式上有些差异。在此我们统一以 SSL/TLS 来表示这两个协议，不同之处在文中将分别予以叙述。

　　目前主流浏览器和服务器都支持 SSL/TLS 协议，实现浏览器与服务器之间的身份认证和加密数据传输。除此之外，SSL/TLS 还可以用于其它应用协议，如 FTP，LDAP 和 SMTP。

7.1　SSL 协议体系结构

　　SSL/TLS 协议位于可靠的面向连接网络层协议(即 TCP/IP)和应用层协议(如 HTTP)之间，如图 7-1 所示。它在客户端和服务器之间提供安全通信：允许双方互相认证、使用消息的数字签名来提供完整性、通过加密提供消息保密性。

　　SSL/TLS 协议的优势在于它是与应用层协议独立无关的。高层的应用层协议(例如：Http、FTP、Telnet 等)能透明的建立于 SSL/TLS 协议之上。SSL/TLS 协议在应用层协议通信之

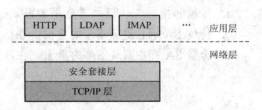

图 7-1　SSL/TLS 运行于 TCP/IP 之上，
高级应用协议之下

前就已经完成加密算法、通信密钥的协商以及服务器认证工作。在此之后应用层协议所传

送的数据都会被加密，从而保证通信的私密性。

SSL/TLS 协议位于 TCP/IP 协议与各种应用层协议之间，由多个协议组成。SSL/TLS 采用两层协议体系结构，如图 7-2 所示。

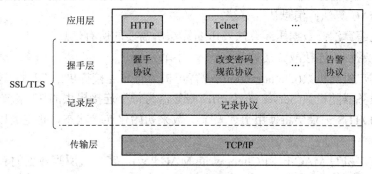

图 7-2　SSL/TLS 协议栈

SSL/TLS 协议分为两层：SSL/TLS 记录协议(SSL/TLS Record Protocol)——它建立在可靠的传输协议(如 TCP)之上，为高层协议提供数据封装、压缩、加密等基本功能的支持；SSL/TLS 握手协议(SSL/TLS Handshake Protocol)——它建立在 SSL/TLS 记录协议之上，用于在实际的数据传输开始前，通讯双方进行身份认证、协商加密算法、交换加密密钥等。

SSL/TLS 协议提供的服务主要有：

(1) 认证用户和服务器，确保数据发送到正确的客户机和服务器；

(2) 加密数据以防止数据中途被窃取；

(3) 维护数据的完整性，确保数据在传输过程中不被改变。

SSL/TLS 协议支持众多加密、哈希和签名算法，使得服务器在选择算法时有很大的灵活性，这样就可以根据以往的算法、进出口限制或者最新开发的算法来进行选择。具体选择什么样的算法双方可以在建立会话之初进行协商。

SSL/TLS 的两个重要概念是 SSL/TLS 会话和 SSL/TLS 连接，具体定义如下：

(1) 连接。连接是客户服务器之间的逻辑链路，用于提供合适的传输服务和操作环境。连接是对等的，暂时的。每个连接都和一个会话相关。

(2) 会话。会话是指客户机和服务器之间的关联。会话由 SSL/TLS 握手协议创建。会话定义了一组可以被多个连接共用的密码安全参数。对于每个连接，可以利用会话来避免对新的安全参数进行代价昂贵的协商。

在任意通信双方之间，每个会话可以包含多个安全连接。参与通信的双方实体也可以存在多个同时的会话。

一个 SSL/TLS 会话是有状态(Stateful)的，由 SSL/TLS 握手协议负责协调客户机和服务器之间的状态。逻辑上有两种状态：当前操作状态和未决状态(在握手协议期间)。此外，还需维持独立的读和写状态。当客户机或者服务器接收到改变码规范消息，它就会拷贝未决读状态为当前读状态。当客户机或者服务器发送一条改变密码规范消息，它就会拷贝未决写状态为当前写状态。当握手协商完成，客户机和服务器交换改变密码规范消息，然后它们之间的后续通信采用新近达成的密码规范进行处理。

SSL/TLS 握手协议用于确定下列安全参数：

(1) 连接端点(Connection End)：作为客户或者服务器的实体双方。

(2) PRF 算法：用于从主密钥产生密钥的算法。

(3) 分组加密算法：包括算法的密钥长度，是否分组还是流密码或者 AEAD 密码，密码的分组长度以及初始化向量的长度。

(4) MAC 算法：消息认证算法。

(5) 压缩算法：数据压缩算法及压缩算法所需要的所有信息。

(6) 主密钥：连接双方实体共享的 48 字节密钥。

(7) 客户机随机数(Client random)：客户机为每个连接提供的 32 字节值。

(8) 服务器随机数(Server random)：服务器为每个连接提供的 32 字节值。

而 SSL/TLS 记录层将使用上述安全参数来初始化连接状态，并生成以下六项同密钥相关的参数：

(1) 客户机写 MAC 密钥(Client write MAC key)：客户机所写数据的 MAC 操作密钥。

(2) 服务器写 MAC 密钥(Server write MAC key)：服务器所写数据的 MAC 操作密钥。

(3) 客户机写加密密钥(Client write encryption key)：客户机加密数据和服务器解密数据的分组密码密钥。

(4) 服务器写加密密钥(Server write encryption c)：服务器加密数据和客户机解密数据的分组密码密钥。

(5) 客户机写初始化向量(Initialization Vectors)：当使用 CBC 模式的分组密码时，每个密钥都需要一个初始化向量。该域首次由 SSL 握手协议初始化。其后每条记录的最后密文块保留作为下一条记录的 IV。

(6) 服务器写初始化向量(Initialization Vectors)：客户机写参数用于服务器对接收到的记录进行处理，同样的服务器写参数也会被客户机用来对接收到的记录进行处理。

一旦设置好安全参数并产生上述密钥，此连接状态将被实例化为当前状态。后续记录层的处理都以此连接状态所规定的安全元素进行处理。每个连接状态包含下列安全元素：

(1) 压缩状态：压缩算法的当前状态。

(2) 密码状态：加密算法的当前状态。

(3) MAC 密钥：本连接的 MAC 密钥。

(4) 序列号(Sequence Numbers)：每个连接状态都包含一个序列号，双方都各自维护自己的序列号用于读和写状态。每当某一方发送或者接收一条改变密码规范消息，都将把序列号设成零。序列号的类型为 uint64，其值不能超过 $2^{64}-1$。

因此，SSL/TLS 连接状态规定了压缩算法、加密算法和 MAC 算法以及上述算法的参数。逻辑上，总共有四种连接状态：当前的读、写状态和未决的读、写状态。所有的记录都是在当前的读写状态下处理。未决状态的安全参数可以通过 SSL/TLS 握手协议进行设置。初始的当前状态必须是无加密、无压缩或者无 MAC。没有用安全参数进行初始化的状态不能成为当前状态。

SSL/TLS 握手协议负责协商一个会话，其包含下列元素：

(1) 会话标识符(Session Identifier)：由服务器选择的一个任意字节序列，用于识别一个激活的或可恢复的会话状态。

(2) 对等实体证书(Peer Certificate)：对等实体的 X509.v3 证书。该状态可为空。

(3) 压缩方法(Compression Method)：在加密之前用于压缩数据的算法。

(4) 密码规范(Cipher Spec)：规定了用于产生密钥材料的伪随机函数(PRF)，分组加密算法(如 null，AES 等)以及 MAC 算法(如 HMAC-SHA1)。同样还定义了密码属性，例如哈希长度。

(5) 主密钥(Master Secret)：客户机和服务器共享的 48 字节秘密。

(6) 是否可恢复(Is Resumable)：确定该会话是否可用于发起新连接的一个标志。

上述各项用于创建 SSL/TLS 记录层保护应用数据所需要使用的安全参数。一个会话可以用来实例化多个连接。这是通过 SSL/TLS 握手协议的可恢复功能来实现的。

7.2　SSL/TLS 记录协议

SSL/TLS 协议的底层是记录协议层。SSL/TLS 记录协议在客户机和服务器之间传输应用数据和 SSL/TLS 控制数据。记录层数据可以被随意压缩、加密，然后与消息验证码压缩在一起。每个记录层数据包都有一个 Content-Type 段用以记录更上层用的协议。

图 7-3 描述了 SSL/TLS 记录协议的整个操作过程。

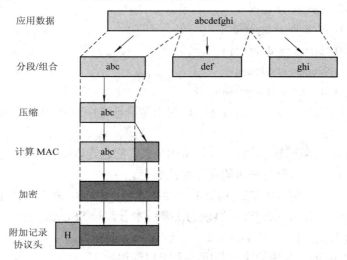

图 7-3　记录协议操作流程

第一步是分段。每一个高层消息都要分段，使其长度不超过 2^{14} 字节。需要注意的是，不同类型的内容有可能被交织在一起。第二步是所有的记录采用当前会话状态中的压缩算法进行压缩。SSL3.0 版本没有指定压缩算法，TLS1.2 的压缩算法由 RFC3749 规定。但是压缩必须是无损的，而且不会增加 1024 字节以上长度的内容。一般我们总希望压缩是缩短了数据而不是扩大了数据。但是对于非常短的数据块，由于格式原因，有可能压缩算法的输出长于输入。

下一步是给压缩后的数据计算消息验证码。这一步在 SSL 和 TLS 协议中差异比较大，下面分别进行讨论。

7.2.1　SSL 3.0 的 MAC 计算

MAC 使用下面公式进行计算：

$$hash(MAC\_write\_secret + pad\_2 +$$
$$hash(MAC\_write\_secret + pad\_1 + seq\_num +$$
$$SSLCompressed.type + SSLCompressed.length +$$
$$SSLCompressed.fragment));$$

其中，"+"代表连接操作；MAC_write_secret 为客户服务器共享的秘密；pad_1 为字符 0x36 重复 48 次(MD5)或 40 次(SHA)；pad_2 为字符 0x5c 重复 48 次(MD5)或 40 次(SHA)；seq_num 为该报文的消息序列号；hash 为哈希算法；SSLCompressed.type 为处理分段的高层协议类型；SSLCompressed.length 为压缩分段长度；SSLCompressed.fragment 为压缩分段(没有压缩时，就是明文分段)。

注意：MAC 运算要先于加密运算进行。

7.2.2　TLS1.2 的 MAC 计算

TLS 记录层使用 RFC2104 中定义的键值消息认证码(HMAC)算法来保护消息的完整性，其计算式如下：

$$MAC(MAC\_write\_key, seq\_num +$$
$$TLSCompressed.type +$$
$$TLSCompressed.version +$$
$$TLSCompressed.length+$$
$$TLSCompressed.fragment);$$

接着，使用对称加密算法给添加了 MAC 的压缩消息进行加密，而且加密不能增加 1024 字节以上的内容长度。

实现 SSL/TLS 记录协议的最后一步是添加报头，它包含以下字段：

- 内容类型(8 位)：所封装分段的高层协议类型。
- 主版本(8 位)：使用 SSL/TLS 协议的主要版本号。对 SSL 和 TLS,值都为 3。
- 次版本(8 位)：使用 SSL/TLS 协议的次要版本号。对 SSLv3，值为 0；对 TLS1.0，值为 1；对 TLS1.1，值为 2；对 TLS 1.2，值为 3。
- 压缩长度(16 位)：分段的字节长度，不能超过 2^{14} 个字节。

图 7-4 描述了 SSL/TLS 记录报文格式。

＋	字节＋0	字节＋1	字节＋2	字节＋3
字节 0	内容类型			
字节 1..4	版本(Version)		长度(Length)	
	主(Major)	次(Minor)	比特：15...8	比特：7...0
字节 5..(m−1)	协议报文			
字节 m..(p−1)	MAC(可选)			
字节 p..(q−1)	填充(只适用于分组密码)			

图 7-4　记录报文格式

　　内容类型字段给出了记录报文所携带的协议信息，目前支持四种高层协议，分别是握手协议(22)、告警协议(21)、改变密码规范协议(20)和应用数据协议(23)。

7.3　改变密码规范协议

　　改变密码规范协议是使用 SSL/TLS 记录协议的三个特定协议之一(由记录头的内容类型字段取值为 20 确定)，也是最为简单的协议，如图 7-5 所示。协议由单个字节消息组成。改变密码规范协议用于从一种加密算法转变为另外一种加密算法。虽然加密规范通常是在 SSL/TLS 握手协议结束时才被改变，但实际上，它可以由客户机或者服务器在任何时候通知接收方实体，后续的记录将采用最新协商的密码规范和密钥进行保护。

+	字节+0	字节+1	字节+2	字节+3
字节 0	20			
字节 1..4	版本(Version)		长度(Length)	
	主(Major)	次(Minor)	0	1
字节 5	1			

图 7-5　改变密码规范协议

　　收到此报文的接收方将指令记录层从读未决状态拷贝信息到读当前状态。同时发送方在发送此报文以后，将马上指令记录层由写未决状态进入写激活状态。

7.4　告警协议

　　告警是能够通过 SSL/TLS 记录协议进行传输的特定类型消息，用于传输消息的严重性以及告警消息的说明。告警由两个部分组成：告警级别和告警的含义说明，具体组成如图 7-6 所示。它们都用 8 比特进行编码。告警消息也被压缩和加密。

+	字节+0	字节+1	字节+2	字节+3
字节 0	21			
字节 1..4	版本(Version)		长度(Length)	
	主(Major)	次(Minor)	0	2
字节 5..6	等级(Level)	含义描述(Description)		
字节 7..(p−1)	MAC(可选)			
字节 p..(q−1)	填充(只适用分组密码)			

图 7-6　告警协议

告警有两个级别，如表 7-1 所示。

表 7.1　告　警　级　别

告警等级	告警名称	含　义　描　述
1	警告	表明一个一般告警信息
2	致命错误	致命错误，立即终止当前连接，同一会话的其它连接也许还能继续，但是肯定不会再产生新的连接。

第二个字节包含了特定警告代码，主要的告警类型如表 7-2 所示。

表 7-2　告　警　类　型

告警号	告警名称	含　　义
0	close_notify	通知接收方发送方在本连接中不会再发送任何消息。
10	unexpected_message	接收到不适当的消息(致命)。
20	bad_record_mac	接收到的记录 MAC 错误，可能是实现有问题或者负载被窜改(致命)。
30	decompression_failure	解压缩失败(致命)。
40	handshake_failure	发送方无法成功协调一组满意的安全参数设置(致命)。
41	no_certificate	认证中心没有合适的证书(保留)。
42	bad_certificate	证书已经破坏。
43	unsupported_certificate	不支持接收的证书类型。
44	certificate_revoked	证书已经撤销。
45	certificate_expired	证书过期。
46	certificate_unknown	在实现证书时产生一些不确定问题。
47	illegal_parameter	握手过程某个字段超出范围或者与其它字段不符(致命)。
	以下为 TLS 1.2 新增的代码	
21	decryption_failed	解密失败。TLS 早期版本使用(保留)。
22	record_overflow	接收到的记录长度超过 $2^{14} + 2048$ 字节，或者解密后的记录长度超过 $2^{14} + 1024$ 字节(致命)。
48	unknown_ca	接收到有效证书链或者部分链，但是证书不可接受，因为 CA 证书无法定位或者匹配不上一个可信的 CA(致命)。
49	access_denied	收到有效证书，但是访问控制规则不允许协商(致命)。
50	decode_error	解码错误(致命)。
51	decrypt_error	解密错误。
60	export_restriction	出口限制。TLS 早期版本使用(保留)。
70	protocol_version	客户试图协商的协议版本可以识别但是不支持(致命)。
71	insufficient_security	服务器需要的密码客户无法支持所导致得协商失败(致命)。
80	internal_error	内部错误(致命)。
90	user_canceled	用户取消(警告)。
100	no_renegotiation	不再重新协商(警告)。
110	unsupported_extension	扩展功能选项不支持(致命)。

7.5　握手协议

SSL/TLS 中最复杂的部分就是握手协议，它工作在记录层协议之上，用于建立会话状态的密码参数，协商会话的安全属性。每当 SSL/TLS 客户和服务器首次进行安全通信，都需要相互之间协商协议版本、选择密码算法、认证双方身份(可选)、使用公钥加密技术来产生共享秘密。

SSL/TLS 握手协议通常包含下列步骤：

(1) 交换 hello 报文来达成一致的算法、交换随机数和检查是否恢复会话。

(2) 交换必要的密码参数来达成一致的次密钥(premaster secret)。

(3) 交换证书和密码信息，允许客户和服务器互相进行身份认证。

(4) 由次密钥和交换的随机值产生主密钥(master secret)。

(5) 为记录层提供安全参数。

(6) 允许客户和服务器各自验证对方已经计算得到相同的安全参数且整个握手过程没有受到攻击。

上述步骤的实现是由一系列客户机和服务器的消息交换来实现。交换的消息格式如图 7-7 所示。所有的握手报文都以 4 字节报文头开始，其中的第一个字节是握手报文类型，后三个字节是报文长度(不包括头)。

+	字节+0	字节+1	字节+2	字节+3
字节 0	22			
字节 1..4	版本(Version)		长度(Length)	
	主(Major)	次(Minor)	比特:15...8	比特:7...0
字节 5..8	报文类型	握手报文数据长度		
		比特:23...16	比特:15...8	比特:7...0
字节 9..(n−1)	握手报文数据			

图 7-7　握手协议

SSL/TLS 握手报文类型及其携带的参数信息如表 7-3 所示。

表 7-3　握手类型及其代码

消 息 类 型		
代　码	含 义 描 述	参　数
0	HelloRequest	空
1	ClientHello	版本号、随机数、会话 ID、密码组、压缩方法
2	ServerHello	版本号、随机数、会话 ID、密码组、压缩方法
11	Certificate	X.509v3 证书链
12	ServerKeyExchange	参数、签名
13	CertificateRequest	证书类型、签名算法、CA 认证机构

代　码	含　义　描　述	参　　数
14	ServerHelloDone	空
15	CertificateVerify	签名
16	ClientKeyExchange	参数、签名
20	Finished	哈希值

SSL/TLS 握手协议、SSL/TLS 改变密码规范协议、SSL/TLS 告警协议以及应用层协议的数据都被封装进入 SSL 记录协议。封装后的协议作为数据被发送到更低层协议进行处理。

SSL/TLS 协议和 TCP/IP 协议之间的封装关系如图 7-8 所示。

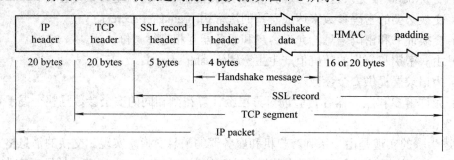

图 7-8　握手协议封装

整个 SSL/TLS 握手过程根据客户服务器的配置不同而不同，相应的也就有不同的消息交换。通常我们可以把 SSL/TLS 握手过程分成以下四类：

(1) 常规 SSL/TLS 握手过程。

(2) 包含客户端认证的 SSL/TLS 握手过程。

(3) 恢复以前的 SSL/TLS 会话的握手过程。

(4) SSL 2.0 握手过程。

7.5.1　常规握手过程

常见的 SSL/TLS 握手过程是使用 RSA 密钥交换，而且只对服务器的身份进行认证。为了减少交换的分组数量，多个 SSL/TLS 记录有可能被封装到单个分组进行传输。一次新 SSL/TLS 握手的报文交换过程如下。

(1) 客户发送一个 ClientHello 报文给服务器，包含的内容如下：

① 协议版本。客户机支持的最高版本号。

② 随机数。由 4 字节的时间戳和 28 字节的随机数组成。

③ 会话 ID。可变长度的会话标识。如果客户要开始一个新的会话，会话 ID 的值为 0。

④ 密码组。客户机所支持的加密算法组合，按客户的优先权降序排列。每个密码组定义了一种密钥交换算法、一种分组密码算法(包括密钥长度)、一种 MAC 算法和一个 PRF 函数。

⑤ 压缩方法。客户机支持的压缩方法列表，按客户的优先权降序排列。

(2) 服务器以 ClientHello 报文进行应答，应答内容包含：

① SSL/TLS 会话将要使用的版本号。

② SSL/TLS 会话将要使用的密码组。

③ SSL/TLS 会话将要使用的数据压缩方法。

④ SSL/TLS 会话将要使用的会话 ID。

⑤ 服务器产生的随机数。

上述的 ClientHello 和 ClientHello 两个报文交换完以后，客户和服务器之间已经建立最基本的安全能力，达成了以下的安全属性：协议版本号、会话 ID、密码组和压缩算法。此外还生成了两个随机数并进行交换，它们将用于后续的密钥产生。

(3) 在 hello 报文之后，服务器将使用 Certificate 报文把自己的数字证书，甚至证书链发送给客户端。

(4) 在某些情况下，服务器提供的证书还不足以让客户来完成次密钥的交换，此时服务器需要紧接着发送一个 Server Key Exchange 报文给客户。该报文通常包含额外的密钥交换参数，如 Diffie-Hellman 密钥交换所需的素数和元根。

(5) 服务器发送 Server Hello Done 报文，告诉客户服务器已经完成该阶段的握手。

(6) 在接收到服务器完成消息之后，客户需要验证服务器是否提供合法的数字证书，并检查 ServerHello 报文的参数是否可以接受。然后客户发送 ClientKeyExchange 报文给服务器。报文内容是使用服务器公钥加密的 48 字节长的次密钥。客户和服务器将各自利用次密钥和随机数来生成对称加密的主密钥。

(7) 客户发送 ChangeCipherSpec 报文给服务器。注意，此报文并非握手协议的一部分，而是使用改变密码规范协议发送的。该报文表明客户发送的后续 SSL/TLS 记录层数据将是加密的。5 字节长的记录头是不加密的。

(8) 客户发送完成消息 Finished 报文。报文内容是客户和服务器之间到目前为止所有握手报文的哈希值，从而完成对密钥交换和认证过程的有效验证。这主要是因为前面在客户和服务器之间交换的报文都是明文，有可能遭受修改或者重放等攻击。

(9) 服务器发送自己的改变密码规范 ChangeCipher-Spec 报文。

(10) 服务器发送 Finished 报文。

创建新会话的整个握手过程图如图 7-9 所示。

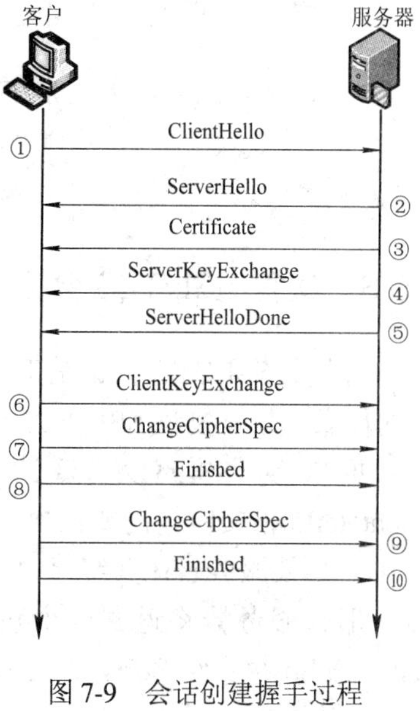

图 7-9　会话创建握手过程

7.5.2　带客户端认证的握手过程

如果服务器需要对客户的身份进行认证，那么在常规握手过程的基础上，将增加额外的三个报文交换，如图 7-10 所示，分别是：

(1) 在服务器发送 ServerDone 报文之前，服务器将给客户发送 CertificateRequest 报文，以要求客户提供其证书。这个报文包含了证书类型、服务器支持的签名和哈希算法以及服务器可以信任和接受的证书颁发机构(CA)的列表。

(2) 客户给服务器发送 Certificate 报文。

(3) 客户给服务器发送 CertificateVerify 报文。该报文包含使用客户私钥进行签名的握手报文的哈希值。此处的握手报文是指从客户 hello 报文开始到此报文为止(不含本报文)的所有的报文信息，包括类型和长度字段。服务器收到该报文后，计算其哈希值，然后使用客户数字证书中的公钥来验证签名的有效性，从而验证客户的身份。

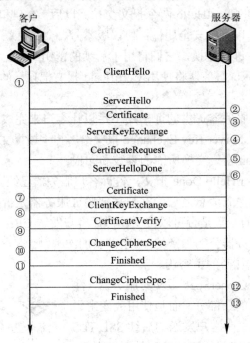

图 7-10　支持客户认证的握手过程

7.5.3　恢复 SSL/TLS 会话

当一个 SSL/TLS 会话是正常结束而且客户和服务器都缓存了会话信息，就有可能在后续的什么时候恢复该 SSL/TLS 会话，而不用重新协商安全参数计算次密钥。

要恢复 SSL/TLS 会话，客户在发送 ClientHello 报文时，需要包含特定 SSL/TLS 会话的 ID。如果服务器在其缓存中没有找到这个会话 ID，那么服务器将返回一个包含新会话 ID 的 ServerHello 报文给客户，从而启动新的 SSL/TLS 会话创建进程。

如果服务器的缓存中确实存在客户所要求的会话 ID，服务器将在 ServerHello 报文中重复该会话 ID。然后客户和服务器将利用缓存的参数信息和新产生的随机数得到新的加密密钥。

图 7-11 给出了恢复 SSL/TLS 会话的报文交换过程。

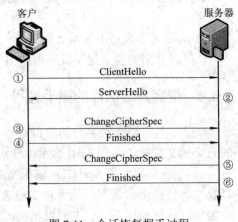

图 7-11　会话恢复握手过程

7.5.4　SSL 2.0 握手过程

SSL 2.0 握手过程如图 7-12 所示。

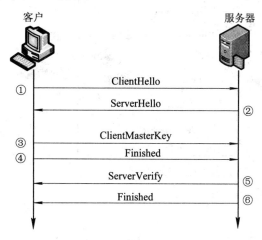

图 7-12　SSL2.0 握手过程

(1) 客户发送 ClientHello 报文。其中包含客户支持的密码组、产生的随机数以及会话 ID。

(2) 服务器发送 ServerHello 报文。其中包括服务器支持的密码组子集，服务器的数字证书和一个连接 ID。连接 ID 的功能等同于 SSL3.0 握手过程中服务器产生的随机数。不过在 SSL3.0 握手过程中是服务器选择密码组然后告诉客户端，而在 SSL 2.0 中是由客户选择所使用的密码组。

(3) 客户发送 ClientMasterKey 报文。其中包含了要使用的密码组、用服务器公钥加密的主密钥。

(4) 客户发送 ClientFinished 报文，其中包含了服务器提供的连接 ID。服务器由此来验证客户是否知道加密密钥。这是第一个加密的报文。

(5) 服务器发送 ServerVerify 报文。这个报文的内容是 ClientHello 报文中挑战数据(随机数)的加密密文。由此，客户可以验证服务器的身份。

(6) 服务器发送 ServerFinished 报文，其中包含了会话 ID。客户可以使用该会话 ID 实现会话的后续恢复。

对一个 SSL2.0 会话的恢复就是简单的忽略上述的第三个步骤。如果服务器能够支持某个会话 ID 的恢复，服务器将在 ServerHello 报文中设置特定标志。

SSL2.0 也支持对客户端的认证。服务器将发送一个 RequestCertificate 报文给客户，然后客户以 ClientCertificate 报文进行应答。

通过上述四种握手过程的讨论，可以把整个握手过程分成四个阶段，如图 7-13 所示，每个阶段的功能、获得的信息客户端和服务器端的握手协议由以下几部分组成：

(1) 协商数据传送期间使用的密码组、会话 ID、压缩方法和随机数，建立安全能力。

(2) 服务器发送自己的证书，交换密钥、请求客户证书、完成 hello 消息。

(3) 认证客户身份，发送交换密钥，发送证书验证消息。

(4) 改变密码组，结束握手协议。

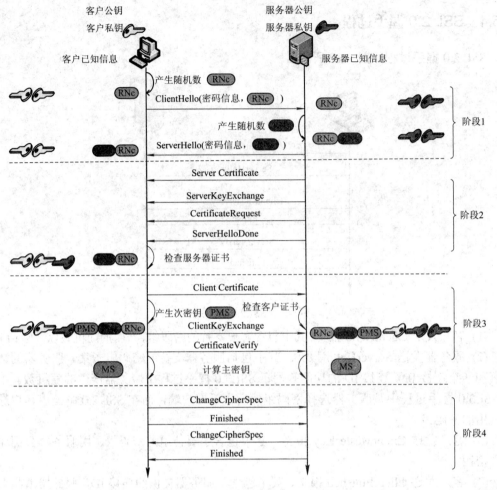

图 7-13　握手过程全景图

7.6　密钥计算

为了保护连接数据，SSL/TLS 记录层需要知道加解密算法、认证算法、MAC 算法、主密钥和客户服务器的随机数。认证、加密和 MAC 算法是通过 ServerHello 报文来完成协商的。同样的压缩算法和随机数也可以通过 hello 报文获得，剩下的未知参数就是主密钥。

7.6.1　计算主密钥

不管使用什么密钥交换方法，从次密钥来计算主密钥的算法都是相同的。一旦计算出主密钥，就应当从内存中删除次密钥。

1. TLS 计算方法

master_secret = PRF(pre_master_secret, "master secret",

ClientHello.random + ServerHello.random)

[0..47];

2. SSL 计算方法

master_secret =

MD5(pre_master_secret + SHA('A' + pre_master_secret +

ClientHello.random + ServerHello.random)) +

MD5(pre_master_secret + SHA('BB' + pre_master_secret +

ClientHello.random + ServerHello.random)) +

MD5(pre_master_secret + SHA('CCC' + pre_master_secret +

ClientHello.random + ServerHello.random));

主密钥长度固定，为 48 字节，而次密钥的长度将根据密钥交换方法的不同而不同。

使用 RSA 作为认证和密钥交换方法时，48 字节长的次密钥是由客户产生的，并用服务器的公钥加密后发送给服务器。服务器使用自己的私钥解密出次密钥。然后客户和服务器各自把次密钥转换为主密钥。

如果使用 Diffie-Hellman 密钥交换方法，则使用协商得到的公钥 Z 作为次密钥，然后转换成主密钥。公钥 Z 的所有前导 0 字节都会被忽略。

7.6.2　伪随机函数(PRF)

有了主密钥，TLS 记录层还需要某种算法对从握手协议获取的安全参数计算出来的主密钥进行扩展，从而产生当前连接状态所需要的其它密钥。

在 TLS 协议中，密钥的扩展是通过伪随机函数(PRF)函数来实现的，它以一个密钥、种子和一个可识别标签作为输入，输出任意长度的数据。

TLS 定义的 PRF 是基于 HMAC。它对所有的密码组都使用 SHA-256 哈希函数。TLS 首先定义了一个数据扩展函数，P_hash(secret , data)，该函数使用单个哈希函数来扩展一个密钥和种子，以得到任意长度的输出。

P_hash(secret, seed) = HMAC_hash(secret, A(1) + seed) +

HMAC_hash(secret, A(2) + seed) +

HMAC_hash(secret, A(3) + seed) + . . .

其中，+ 表示连接操作

A()定义如下：

A(0)=seed

A(i)=HMAC_hash(secret , A(i-1))

P_hash 可以递归多次调用以产生足够长的输出。例如，如果使用 P_SHA256 来产生 80 隔字节的数据输出，那么需要递归调用三次(直到 A(3))用于产生 96 字节的数据，去掉最后的 16 字节得到我们所需要的 80 个字节输出。

由此可以得到 TLS 使用的 PRF 最终计算式子：

PRF(secret, label, seed) = P_<hash>(secret, label + seed)

其中的 label 是一个 ASCII 字符串。在计算时不考虑字符串的最后'\0'字符。

7.6.3　计算其它密钥参数

(1) TLS 计算方法

有了 PRF 函数，就很容易把主密钥扩展成安全字节序列，然后对序列进行切分，依次得到所需要的 client write MAC key、server write MAC key、client write encryption key、server write encryption key

计算公式如下：

key_block = PRF(SecurityParameters.master_secret,

"key expansion",

SecurityParameters.server_random+

SecurityParameters.client_random);

整个计算直到获得足够长的输出才结束。然后把 key_block 分割成：

client_write_MAC_key[SecurityParameters.mac_key_length]

server_write_MAC_key[SecurityParameters.mac_key_length]

client_write_key[SecurityParameters.enc_key_length]

server_write_key[SecurityParameters.enc_key_length]

client_write_IV[SecurityParameters.fixed_iv_length]

server_write_IV[SecurityParameters.fixed_iv_length]

从而获得上述各个密钥。

(2) SSL 计算方法

首先计算足够长的密钥分组：

key_block =

MD5(master_secret + SHA('A' + master_secret +

ServerHello.random +

ClientHello.random)) +

MD5(master_secret + SHA('BB' + master_secret +

ServerHello.random +

ClientHello.random)) +

MD5(master_secret + SHA('CCC' + master_secret +

ServerHello.random +

ClientHello.random)) + [...];

然后把 key_block 分割成：

client_write_MAC_secret[CipherSpec.hash_size]

server_write_MAC_secret[CipherSpec.hash_size]

client_write_key[CipherSpec.key_material]

server_write_key[CipherSpec.key_material]

client_write_IV[CipherSpec.IV_size] /* non-export ciphers */

server_write_IV[CipherSpec.IV_size] /* non-export ciphers */

剩下多余的密钥材料被丢弃。

7.6.4　安全 HTTP 通信

SSL 最为普遍的用法是实现浏览器和 WWW 服务器之间的安全 Web HTTP 通信。当然，这并不排除使用常规的 HTTP。运行在 SSL 上的安全 HTTP 版本命名为 HTTPS，HTTPS 可以运行在不同的服务器端口，缺省情况为 443。

参 考 文 献

[1]　Goldberg I Wagner D. 　Randomness and the Netscape Browser," Dr. Dobb's Journal (Jan.). 1996
　　　http://www.ddj.com/documents/s=965/ddj9601h/9601h.htm.

[2]　Rescorla E. SSL and TLS: Designing and Building Secure Systems. Addison-Wesley, Boston, Mass.
2001

思 考 题

[1]　在 SSL 和 TLS 中，为什么要有一个单独的修改密码规范协议，而不是直接在握手协议中包括 change_cipher_spce 报文？

[2]　说明 SSL 协议是如何抵制各种 Web 安全威胁的：

a. 强行密码分析攻击：对常规加密算法密钥空间的穷举搜索；

b. 已知明文词典的攻击；

c. 重放攻击；

d. 中间人攻击；

e. 口令嗅探；

f. IP 欺骗；

g. SYN 洪泛。

第8章　身份认证及其应用

　　身份认证是网络安全的基础，它是对访问者进行授权的前提，是网络安全的重要机制之一。本章将主要介绍身份认证的有关理论，同时，对第三方认证问题和认证中心也进行了相应的介绍。

8.1　引言

　　从对计算机系统或网络的一般访问过程来看，身份认证是用户获得访问权限的第一步。如果用户身份得不到系统的认可，即授权，他就无法进入该系统并进而访问系统资源。从这个意义来讲，身份认证是安全防御的第一道防线，它是防止非授权用户或进程进入计算机系统的有效安全保障措施。

　　身份认证即身份识别与验证(Identification and Authentication，简称 I&A)是计算机安全的重要组成部分，它是大多数访问控制的基础，也是建立用户审计能力的基础。访问控制通常要求计算机系统能够识别和区分用户，而且通常是基于最小特权原理(Least Privilege Theorem，系统中的每个主体执行授权任务时，仅被授予完成任务所必需的最小访问权限)。用户审计要求计算机系统上的各种活动与特定的个人相关联，以便系统识别出各用户。

8.2　身份认证的方法

　　识别是用户向系统提供声明身份的方法；验证则是建立这种声明有效性的手段。计算机系统识别用户依赖的是系统接收到的验证数据。这样验证就面临着这些考验：收集验证数据问题、安全地传输数据问题以及怎样知道使用计算机系统的用户就是当初验证通过的用户问题。目前用来验证用户身份的方法有：

　　(1) 用户知道什么(Something the user knows))(秘密如口令、个人身份号码(PIN)、密钥等)。

　　(2) 用户拥有什么(才)(令牌如 ATM 卡或智能卡等)。

　　(3) 用户是谁(Something the user is)(生物特征如声音识别、手写识别或指纹识别等)。

8.2.1　基于用户知道什么的身份认证

　　最普通的身份认证形式是用户标识(ID)和口令(Password)的组合，如图 8-1 所示。这种技术仅仅依赖于用户知道什么的事实。通常采用的是基于知识的传统口令技术，但也有其它技术，如密钥。

通常，口令系统的运作需要用户输入用户标识和口令(或 PIN 码)。系统对输入的口令与此前为该用户标识存贮的口令进行比较。如果匹配，该用户就可得到授权并获得访问权。

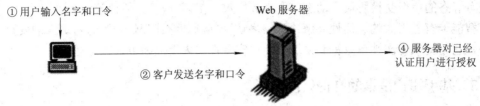

图 8-1 基于用户名和口令的身份认证

口令的优点：口令作为安全措施已经很长时间并成功地为计算机系统提供了安全保护。它已经集成到很多操作系统中，用户和系统管理员对它非常熟悉。在可控环境下管理适当的话，口令系统可提供有效的安全保护。

口令存在的问题：由于口令系统的安全依赖于口令的保密性。由于用户为了方便记忆而在设置口令时常使用姓名拼音、生日、电话号码等，这样口令就会很容易地被猜出。另外只要用户访问一个新的服务器，都必须提供新口令。

8.2.2　基于用户拥有什么的身份认证

尽管某些身份认证技术是完全基于用户拥有什么，但是它在一定程度上还是和基于用户知道什么的技术结合在一起的。这种结合比单一地采用一种技术的安全性大大提高了(如图 8-2 所示)。通常基于用户拥有什么的身份认证技术使用的是令牌，这里介绍两种令牌：记忆令牌和智能卡。

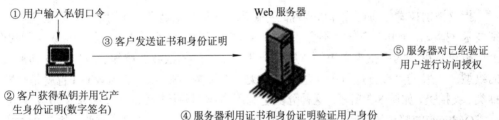

图 8-2 基于数字证书的身份认证

记忆令牌只存储信息，不对信息进行处理，令牌上信息的读取和写入是用专门的读/写设备来完成的。记忆令牌的最通用形式是磁卡(就像信用卡背面一样有一条磁条)。通常用于计算机认证的记忆令牌是 ATM 卡，它是采用用户拥有什么(卡)和用户知道什么(身份识别码)的组合。

记忆令牌的优点在于：当它和身份识别码一起使用时比单独使用口令的机制更安全，因为攻击者很难获得这样的令牌以进入计算机系统。但是它也面临一些问题：需要专门的读取器；令牌的丢失问题等。

智能卡通过在令牌中采用集成电路以增加其功能。同样智能卡还需要用户提供身份识别码或口令等基于用户知道的知识的认证手段。智能卡一般由于其采用的物理特性、接口、协议的不同而不同。根据物理特性不同，智能卡分为信用卡型智能卡(内嵌微处理器)和类似计算器、钥匙、便携式物体的智能卡。对于接口来说，一般有人工接口和电子接口两种，人工接口多采用显示器或键盘式，而电子接口多采用专门的读写器。智能卡所采用的认证协议有静态的口令交换协议、动态口令生成协议、提问-应答式协议等。

智能卡有着很大的灵活性并解决了很多认证问题。它比记忆令牌有着更大的安全性。另外，它可提供一次性口令机制，这样使得安全性大大地提高了。

8.2.3　基于用户是谁的身份认证

基于用户是谁的身份认证是基于用户独有的识别特征。这种机制采用的是生物特征(Biometrics)识别技术，它依赖的是用户独特的生物特征来认证用户的身份。这些生物特征包括：

(1) 生理特征(Physiological characteristic)是指对人体某部分进行直接测量所获得的数据，代表性的生理特征有指纹、视网膜、脸型、掌纹等。

(2) 行为特征(Behavioral characteristic)是指对个人习惯性动作的度量，是对人体特征的间接性测量。代表性的行为特征有声纹、手写签名、击键模式等。

上述这些启发于人的身体特征具有不可复制、不易遗忘或丢失的特点，而且人的指纹、掌纹、脸型、发音、虹膜、视网膜、骨架等都具有唯一性和稳定性的特征，为实现更安全更方便的身份认证提供了物理条件。生物特征与人体是唯一绑定的，防伪性好，不易伪造或被盗。所以相应的各种基于人体的生物特征识别技术研究越来越被人们所重视。以下重点对指纹识别和击键模式识别进行介绍。

8.2.4　指纹识别技术

指纹识别技术是通过计算机实现的身份识别手段，也是当今应用最为广泛的生物特征识别技术。指纹由于其具有终身不变性、唯一性和方便性，已几乎成为生物特征识别的代名词。

指纹是指人的手指末端正面皮肤上凸凹不平产生的纹线。纹线有规律的排列形成不同的纹型。一般的分被分成五大类型：左环类、右环类、旋涡螺旋类(Whorl 也就是"斗")、拱类、尖拱类，如图 8-3 所示。这种分类是利用指纹的总体全局特征，是基于指纹脊(Ridges)或谷(Valleys)的整体流向以及指纹的核心点。指纹分类的主要目的是方便大容量指纹库的管理，并减小搜索空间，加速指纹匹配过程。

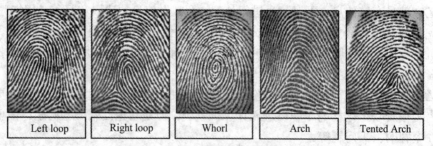

| Left loop | Right loop | Whorl | Arch | Tented Arch |

图 8-3　指纹总体分类

另外一种指纹的特征就是其局部特征，即纹线的起点、终点、结合点和分叉点等，它们称为指纹的细节特征点(Minutiae)。图 8-4 给出最常见的七种细节特征点。

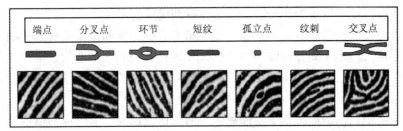

图 8-4　七种细节特征点

指纹识别即指通过比较不同指纹的细节特征点来进行鉴别。采用的特征矢量如：[类型、x\y 坐标、角度]。图 8-5 给出了纹线端点和分叉点的坐标及其与水平方向的夹角。由于每个人的指纹不同，就是同一人的十指之间，指纹也有明显区别，因此，根据指纹所计算得出的特征矢量可用于身份鉴定。

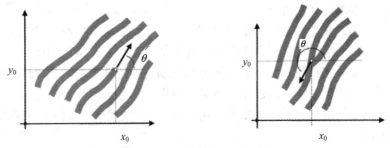

图 8-5　特征点的坐标和角度

指纹识别系统是一个典型的模式识别系统，包括指纹图像获取、处理、特征提取和比对等模块，如图 8-6 所示。

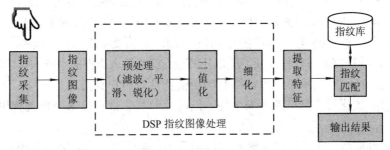

图 8-6　指纹识别系统

指纹图像采集。通过专门的指纹采集仪可以采集活体指纹图像。目前常用的指纹采集设备有三种，光学式、硅芯片式、超声波式。

光学指纹采集器具有使用时间长，对温度等环境因素的适应能力强，分辨率较高的优点。但是由于受光路限制，无畸变型采集器尺寸较大，通常有较严重的光学畸变，采集窗口表面往往有痕迹遗留现象。CCD 器件可能因寿命老化，有降低图像质量等缺陷。

硅芯片式指纹采集器出现于 20 世纪 90 年代末。硅传感器为电容的一个极板，手指则是另一极板，利用手指纹线的脊和谷相对于平滑的硅传感器之间的电容差，形成 8 比特的灰度图像。

超声波式指纹采集器，可能是最准确的指纹采集器。这种采集器发射超声波，根据经过手指表面，采集器表面和空气的回波来测量反射距离，从而可以得到手指表面凹凸不平的图像。超声波可以穿透灰尘和汗渍等，从而得到优质的图像。

指纹图像处理。在实际应用中，由于受手指本身的因素和采集条件的影响，采集到的指纹图像会不同程度地受到各种噪声的干扰，在进行分类和细节匹配之前一般要对采集到的指纹图像做增强处理。指纹图像增强的目的是对低质量的灰度指纹图进行增强，得到清晰的纹线结构。

指纹图像增强算法多数是基于方向场估计的图像滤波算法。图像处理涉及指纹区域检测、图像质量判断、方向图和频率估计、图像增强、指纹图像二值化和细化等。

指纹形态和细节特征提取。指纹形态特征，包括中心(上、下)和三角点(左、右)等，指纹的细节特征点主要包括纹线的起点、终点、结合点和分叉点等。

指纹匹配。可以根据指纹的纹形进行粗匹配，进而利用指纹形态和细节特征进行精确匹配，给出两枚指纹的相似性得分。根据应用的不同，对指纹的相似性得分进行排序或给出是否为同一指纹的判决结果。

指纹识别过程。具有登记和识别两过程，用户需要先采集指纹，然后计算机系统自动进行特征提取，提取后的特征将作为模板保存在数据库或其它指定的地方。在识别或验证阶段，用户首先要采集指纹，然后计算机系统自动进行特征提取，提取后的待验特征将与数据库中的模板进行比对，并给出比对结果。在很多场合，用户可能要输入其它的一些辅助信息，以帮助系统进行匹配，如帐号、用户名等。这是个通用过程，对所有的生物特征识别技术都适用。

8.2.5　击键特征识别

许多常见的生物特征识别技术，如指纹识别技术、面部特征识别技术、语音识别技术、虹膜识别技术等，是需要配备额外的特征采集设备才能使用的，因此应用起来不太方便。而击键特征作为人的一种行为特征，与其它生物特征相比，不需要特殊的硬件设备，只需要常规的键盘即可。击键特征完全靠软件捕获，所以任何接受键盘输入事件的系统均可运用这项技术。

生物击键特征识别技术通过用户固有的击键特性对用户身份进行识别，避免了信息系统单纯依靠口令认证用户身份的不安全性。同时比起其它识别技术而言具有更大的自主性和灵活性。

击键特征包括用户在敲击键盘时对按键的压力、速度和节奏。每个人由于习惯、情绪、环境的不同，击键特征都存在差异。但是在正常情况下输入熟悉的字符串时，他的击键特征分布却是相对簇集的，总是在某一个范围之内摆动。

通常可以用按键压下时刻和释放时刻两个时刻作为基本参数提取用户的击键特性。最常见的击键特性有如下四种：

(1) P-P(Press-Press)时延：相邻两次压下按键之间的时间间隔。

(2) R-R(Release-Release)时延：相邻两次释放按键之间的时间间隔。

(3) P-R(Press-Release)时延：压下当前按键到释放该按键的时间间隔。

(4) R-P(Release-Press)时延：释放前一按键到压下后一按键的时间间隔。

对于具体的某个用户，通过预先多次采集其击键数据可以构成一个击键数据集，其中的样品均属于与该用户相对应的模式类。

8.3　第三方认证

所谓第三方认证，就是在相互不认识的实体之间提供安全通信。最早实现第三方认证的是 Kerberos 认证系统，它的诞生为分布式系统的 I&A 提供了一种第三方认证机制。而另一个第三方认证系统是基于 X.509 数字证书。

Kerberos 的缺点是它在实体之间的 I&A 仅依靠密钥技术，或对称密码系统。近年来，Kerberos 的扩充也支持了 X.509 认证。X.509 标准是由国际标准化组织(International Standards Organization，ISO)开发的许多标准中的一部分，其目标就是要解决分布式计算的安全问题。X.509 认证是基于公开密钥，或者非对称密码系统的，它克服了 Kerberos 存在的问题。

8.3.1　Kerberos 概述

Kerberos 是为 TCP/IP 网络设计的可信第三方认证协议。网络上的 Kerberos 服务器起着可信仲裁者的作用。Kerberos 可提供安全的网络鉴别，允许个人访问网络中不同的机器。Kerberos 基于对称密码学(采用的是 DES，但也可用其它算法替代)，它与网络上的每个实体分别共享一个不同的秘密密钥，是否知道该秘密密钥便是身份的证明。

Kerberos 最初是在麻省理工学院(MIT)为 Athena 项目而开发的，Kerberos 模型是基于 Needham 和 Schroeder[1]提议的可信第三方协议。Kerberos 的设计目标[2]就是提供一种安全、可靠、透明、可伸缩的认证服务。在 Kerberos 模型中，主要包括以下几个部分：客户机、服务器、认证服务器(Authentication Server)、票据授予服务器(Ticket-Granting Server)。其组成如图 8-7 所示。

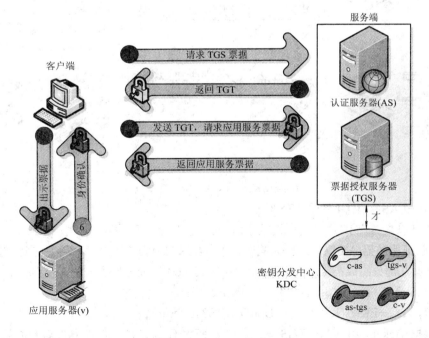

图 8-7　Kerberos 组成

Kerberos 有一个所有客户和自己安全通信所需的秘密密钥数据库(KDC)，也就是说 Kerberos 知道每个人的秘密密钥，故而它能产生消息，向每个实体证实另一个实体的身份。Kerberos 还能产生会话密钥，只供一个客户机和一个服务器(或两个客户机之间)使用，会话密钥用来加密双方的通信消息，通信完毕，会话密钥即被销毁。

Kerberos 使用 DES 加密。Kerberos 第 4 版提供非标准的鉴别模型。该模型的弱点是：它无法检测密文的某些改变。Kerberos 第 5 版使用 CBC 模式。

8.3.2　Kerberos V4 认证消息对话

下面我们讨论第 4 版 Kerberos 身份认证进程的处理过程。

(1) 在客户登录到本地工作站以后，客户向认证服务器(AS)发送一个服务请求，请求获得指定应用服务器的"凭证(Credentials)"(如图 8-8 所示[消息 1])。所获凭证可直接用于应用服务器或票据授予服务器(TGS)。

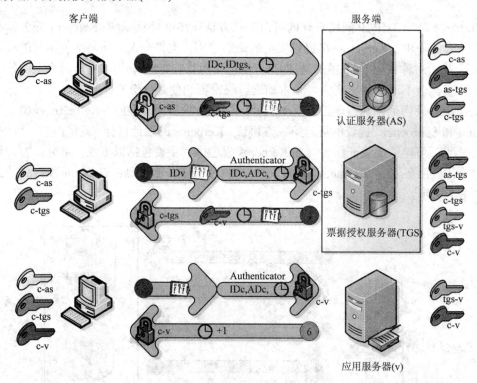

图 8-8　Kerberos 认证消息交换过程

① C → AS：　ID$_c$ ‖ ID$_{tgs}$ ‖ TS1

该消息包含客户 ID，以及票据授予服务器的 ID 和时间戳。

(2) 认证服务器(AS)以凭证作为响应，并用客户的密钥加密(如图 8-8 所示[消息 2])凭证。凭证由下面几部分组成：票据授予服务器"票据(ticket)"；临时加密密钥 K$_{c,tgs}$(称为会话密钥)。

② AS → C : E$_{Kc}$[K$_{c,tgs}$‖ID$_{tgs}$‖TS2‖Lifetime2‖Ticket$_{tgs}$]

　　　Ticket$_{tgs}$=EKtgs[K$_{c,tgs}$‖ID$_v$‖AD$_c$‖ID$_{tgs}$‖TS2‖Lifetime2]

其中，票据 Ticket$_{tgs}$ 用 AS 和 TGS 之间的共享密钥 E$_{Ktgs}$ 加密，从而确保客户和其它对手无法修改其内容。为了防止对手以后再次使用票据来欺骗 TGS，票据还包含了时间戳以及生命周期(票据的合法时间段)。E_{Kc} 是指用客户同 AS 共享的口令来加密该凭证，确保只有正确的客户才能恢复凭证。Lifetime2 是该凭证的生命周期。

(3) 拥有了票据和会话密钥，客户 C 就做好了向 TGS 服务器靠近的准备。客户向 TGS 服务器发送消息请求获得访问某个特定应用服务器的票据 $Ticket_v$(如图 8-8 所示[消息 3])。

③　C → TGS: $ID_v \| Ticket_{tgs} \| Authenticator_c$

　　$Authenticator_c = EK_{c,tgs}[ID_c \| AD_c \| TS3]$

　　$Ticket_{tgs} = EK_{tgs}[K_{c,tgs} \| ID_v \| AD_c \| ID_{tgs} \| TS2 \| Lifetime2]$

该消息包含了身份验证器($Authenticator_c$)，它包括了 C 用户的 ID 和地址以及时间戳。与票据不同的是，票据可以重复使用，而身份验证器只能使用一次，而且生命周期很短。TGS 可以用与 AS 共享的密钥解密票据。这个票据指出已经向用户 C 提供了会话密钥 $K_{c,tgs}$。然后 TGS 可以检查身份验证器来证明客户的名称和地址是否与票据中的名称和接受消息的地址相同。如果都相同，TGS 可以确保票据的发送方是票据的真正拥有者。

(4) TGS 服务器返回应用服务器票据以应答(如图 8-8 所示[消息 4])客户请求。

④　TGS → C : $E_{Kc,tgs}[K_{c,v} \| ID_v \| TS4 \| Ticket_v]$

　　$Ticket_v = E_{Kv}[K_{c,v} \| ID_c \| AD_c \| ID_v \| TS4 \| Lifetime4]$

此消息已经用 TGS 和 C 共享的会话密钥进行了加密，它包含了 C 和服务器 V 共享的会话密钥 $K_{c,v}$，V 的 ID 和票据的时间戳。票据本身也包含了同样的会话密钥。

现在 C 就拥有了 V 可重用的票据授予的票据。当 C 出具此票据时，如消息 5 所示，它就发出了身份验证码。应用服务器可以解密票据，恢复会话密钥并解密身份验证码。

(5) 客户将该 ticket(包含了客户的身份证明和会话密钥的拷贝，这些都以服务器的密钥加密)传送给应用服务器(如图 8-8 所示[消息 5])。

⑤　C → V : $Ticket_v \| Authenticator_c$

　　$Ticket_v = E_{Kv}[K_{c,v} \| ID_c \| AD_c \| ID_v \| TS4 \| Lifetime4]$

　　$Authenticator_c = EK_{c,v}[ID_c \| AD_c \| TS5]$

(6) 现在客户和应用服务器已经共享会话密钥，如果需要互相身份验证，服务器可以发送消息 6 进行响应，以证明自己的身份。服务器返回身份验证码中的时间戳值+1，再用会话密钥进行加密。C 可以将消息解密，恢复增加 1 后的时间戳。因为消息是由会话密钥加密的，所以，C 能够保证只有 V 才能创建它。消息的内容向 C 保证它不是以前的应答。

⑥　V → C: $E_{Kc,v}[TS5+1]$

共享的会话密钥还可用于加密双方进一步的通信或交换加密下一步通信用的单独子会话密钥。

在上述六个消息当中，消息 1 和 2 只在用户首次登录系统时使用。消息 3 和 4 在用户每次申请某个特定应用服务器的服务时使用。消息 5 则用于每个服务的认证。消息 6 可选，只用于互相认证。

8.3.3　Kerberos 基础结构和交叉领域认证

当一个系统跨越多个组织时，就不可能用单个认证服务器实现所有的用户注册。相反，需要多个认证服务器，各自负责系统中部分用户和服务器的认证。我们称某个特定认证服务器所注册的用户和服务器的全体为一个领域(Realm)。交叉域认证允许一个委托人(Principal)向注册在另外一个域的服务器验明自己的身份。

要支持交叉领域认证，Kerberos 必须满足以下三个条件：

(1) Kerberos 服务器在数据库中必须拥有所有用户 ID 和所有参与用户口令哈希后的密钥。所有用户都已经注册到 Kerberos 服务器。

(2) Kerberos 服务器必须与每个服务器共享保密密钥。所有的服务器已经注册到 Kerberos 服务器。

(3) 不同领域的 Kerberos 服务器之间共享一个保密密钥。这两个 Kerberos 服务器要互相注册。

一个 Kerberos 客户(委托人)为了向远程领域验证自己身份，首先需要从本地认证服务器(AS)获得一张远程领域的票据授予票(ticket granting ticket)。这就要求委托人所在的本地认证服务器同验证人所在的远程领域认证服务器共享一个保密密钥(条件 3)。然后委托人使用该票据授予票据从远程认证服务器交换票据信息。远程认证服务器利用共享的交叉域保密密钥来验证来自外来领域的票据授予票据的有效性。如果有效，向委托人发放新票据和会话密钥。交叉领域之间的认证流程如图 8-9 所示。

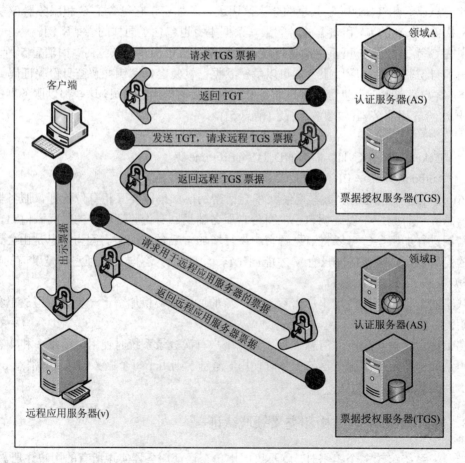

图 8-9　交叉领域认证

8.3.4 Kerberos 版本 5

Kerberos V5 在 RFC4120 中定义。下面只对版本 5 对版本 4 所做的改进进行简单描述。版本 5 在两个方面解决了版本 4 的局限性：环境缺陷和技术缺陷。因为版本 4 在设计之初是在雅典娜项目背景下的，并没有考虑通用环境下的身份认证问题，从而导致了环境缺陷。

(1) 加密系统的相关性：版本 4 需要使用 DES。DES 的出口管制和 DES 的强度都成了问题所在。在版本 5 中，可以用加密类型标识符进行标记，所以可以使用任何一种加密技术。

(2) Internet 协议相关性：版本 4 中只能使用 IP 地址，而版本 5 中网络地址可以使用类型和长度进行标记，允许使用任何类型的网络地址。

(3) 消息字节顺序：版本 4 中发送字节顺序由发送方自定。版本 5 中所有的消息结构都用抽象语法标记 1 号(Abstract Syntax Notation No 1)和基本编码规则(Basic Encoding Rules)进行定义。

(4) 票据的生命周期：版本 4 中生命周期的数值编码为 8 位数(以 5 分钟为单位)。所以其最大生命周期为 $2^8 \times 5 = 1280$ 分钟。这对某些应用来说太短。在版本 5 中，票据包括显式的开始时间和结束时间，允许票据具有任意生命周期。

(5) 身份验证转发：版本 5 支持多跳(multi-hop)交叉领域认证，允许密钥的层次共享。也就是说每个领域同其子女和父母共享一个密钥。例如，xidian.edu 领域同 edu 领域共享一把密钥，同时，edu 领域还和 zju.edu, xjtu.edu, nwu.edu 等领域共享一把密钥。如果 xidian.edu 同 xjtu.edu 之间没有共享密钥可用，来自 xidian.edu 的客户 hu@xidian.edu 要向 xjtu.edu 域进行身份认证，可以首先通过 xidian.edu 领域获得一张来自 edu 领域的票据授予票据，然后利用该票据授予票据从 edu 认证服务器获得 xjtu.edu 领域的票据授予票据，最终获得注册到 xjtu.edu 认证服务器的某应用服务器票据。最后的票据内记录了所有经过的中间领域。最末尾的服务器决定是否信任这些领域。

除了环境缺陷外，版本 4 自身还存在一些技术缺陷。在文献[4]有详细论述，版本 5 试图解决这些缺陷。这些缺陷主要有：

(1) 双重加密：前面的消息 2 和 4 中，提供给客户的票据加密了两次，第一次用目标服务器的密钥，第二次用客户机知道的保密密钥。实际上第二次的加密是浪费计算资源，完全没有必要。

(2) PCBC 加密：版本 4 中的加密利用了非标准的 DES 模式。这种模式已经证明对涉及到密文块互相交换的攻击是薄弱的。版本 5 提供了显式的完整性机制，允许用标准的 CBC 方式进行加密。

(3) 会话密钥：每个票据都包括一个会话密钥，客户机用它来加密要发送给票据相关服务的身份验证码。而且，客户机和服务器还可以用会话密钥来保护会话中传送的消息。但是，因为可以重复使用同样的票据来获得特定的服务，所以要冒一定的风险：对手可能重放发送给客户机和服务器的老会话中的消息。在版本 5 种，客户机和服务器可以协商出一个子会话密钥，只在一次连接中使用。每次客户机的新访问都需要一个新的子会话密钥。

(4) 口令攻击：两种版本对密钥攻击来说都很脆弱。AS 对发送给客户机的消息都用密钥进行加密，而该密钥都是以用户共享的口令为基础的。对手可以捕获该消息，然后采用口令穷举法进行攻击。

8.4　X.509

认证即证明、确认个体的身份。传统的认证方式多采用面对面的方式，或者以一些如笔迹、习惯动作及面貌等生理特征来辨识对方。而在互联网逐渐深入每个人生活之中的今天，每一位网络用户都可以运用网络来进行各种活动，对于认证的需求也更是大大提高。

为了在开放网络上实现远程的网络用户身份认证，ITU 于 1988 年制定了认证体系标准"开放性系统互连——目录服务：认证体系 X.509"。

X.509 作为定义目录业务的 X.500 系列的一个组成部分，是由 ITU—T 建议的，这里所说的目录实际上是维护用户信息数据库的服务器或分布式服务器集合，用户信息包括用户名到网络地址的映射和用户的其它属性。X.509 定义了 X.500 目录向用户提供认证业务的一个框架，目录的作用是存放用户的公钥证书。X.509 还定义了基于公钥证书的认证协议。由于 X.509 中定义的证书结构和认证协议已被广泛应用于 S/MIME、IPSec、SSL/TLS 以及SET 等诸多应用过程，因此 X.509 已成为一个重要的标准。

X.509 的最初发布日期是 1988 年，1993 年对初稿进行了修订，1995 年发布了第三版。

X.509 的基础是公钥密码体制和数字签名，但其中未特别指明使用哪种密码体制(建议使用 RSA)，也未特别指明数字签名中使用哪种哈希函数。1988 年公布的第一版中描述了一个建议的哈希，但由于其安全性问题而在第二版中去掉了。

在 X.509 中，对于认证推出了"简单认证"及"强认证"两种不同安全度的认证等级，并且描述了公开密钥证书格式、证书管理、证书路径处理、目录数据树结构及密钥产生，并提到如何将认证中心之间交叉认证的证书储存于目录中，以减少证书验证时必须从目录服务中获得的证书信息。

X.509 主要内容包括：

(1) 简单认证(Simple Authentication)程序：在此部分，X.509 建议了安全度较低的身份认证程序，此部分所定义的验证程序使用最常见的口令(Password)认证的技术来识别通信双方。只要用户可以提供正确的口令，就认为他/她是合法用户。该认证体系仅能提供较简单、有限的保护，以防止未授权的存取访问。

(2) 强认证(Strong Authentication)程序：该程序提出了一个高安全度的身份认证机制。其验证程序是使用公开密钥密码学的技术，来识别通信双方。强认证可分为"单向的"、"双向的"及"三向的"三种认证方式，分别提供不同安全层次的安全认证。对于公开密钥证书的使用有详细的定义，以强化其认证能力。

(3) 密钥及证书管理：因为强认证程序中需要公开密钥密码系统的支持来实现其认证目的。这部分内容就是针对密钥以及证明密钥正确性的证书管理。

(4) 证书扩充及证书吊销列表扩充(Certificate and CRL extensions)：由于 1988 年版的X.509 中对于证书及证书吊销列表的定义并不是很完善，所以在 1995 年针对这些问题，提出 X.509 修正案，对这两部分作了一些修正与补充，以弥补旧版 X.509 的不足。最终于 1997年 6 月将这两部分合二为一，为最新版的 X.509 文件。

8.4.1　认证协议——简单认证过程

X.509 所提出的简单认证方式，与一般常见的 UNIX 系统基于口令的认证方式类似。它是根据每位用户所提供的用户名以及一个只有收、发双方知道的用户密码，来实现安全程度较低的认证程序。

简单验证中的认证方式，并未以加密的方式保护口令及用户 ID，最多只使用单向函数的保护，非常容易实现，可以提供安全需求较低的封闭区域的认证。X.509 提供的简单认证有下列三种运行方式：

(1) 用户将其口令及用户 ID，未做任何加密保护，直接以明文方式传送给接收端，其执行步骤如图 8-10 所示，这种认证方式的主要缺陷在于明文传输用户代号和口令。

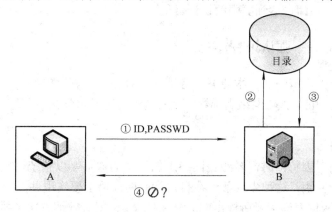

图 8-10　口令及用户代号认证

(2) 用户将其个人口令、用户 ID、一个随机数和/或时间戳，在经过一单向函数保护后，传送至接收端。

(3) 用户用上面(2)方式所述的方法，先经一次单向函数保护所有数据，然后再连同另一组随机数和/或时间戳，再经过第二次的单向函数保护后，传送至接收端。

在(2)及(3)两种认证方式中，发方 A 送至收方 B 的信息内容都经过单向函数运算的杂凑值，将此杂凑值经网络传给对方，密码的明文不会出现在网络上，如图 8-11 所示。

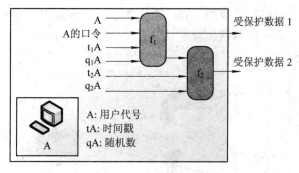

图 8-11　(2)和(3)认证方法

在(2)及(3)两种认证方法中，因为用户的口令并不直接送到网络上，而是经单向函数 f_1 及 f_2 的运算后，再送到网络，所以即使在网络上被攻击者拦截到，因为有单向函数的保护，仍然很难反推出用户口令。且在以单向函数保护的运算过程中，又加入时间戳和随机数一起运算，所以攻击者若将信息重发，虽然可以通过验证，因"时间戳"是记录送方送出的时间，若是与收方收到的时间相差得太多，可以确定是攻击者的重发，欲假冒合法用户，应该予以拒绝，如此可以防止重放攻击。

另外，在 X.509 中有说明，(3)方法中的两次单向函数的算法，不一定要不同，并没有强制规定，可以随应用系统的需要自由使用。

简单认证程序在安全性的考虑上比较简单，只可以让收方 B 认证发方 A 为合法用户，无法让发方 A 也可以认证收方 B，达到收发双方相互认证的安全程度。所以简单认证程序，比较适合在较封闭的区域内使用；若是在一般的开放性系统中，面对广域网络，"简单认证"在安全的需求上就嫌不足了，应该有更强的认证方式，以保证远程认证的正确性。在 X.509 中定义的"强认证"，即可达到更强的认证目的。

8.4.2　认证协议——强认证程序

X.509 以公开密钥密码的技术能够让通信双方容易共享密钥的特点，并利用公钥密码系统中数字签名的功能，强化网络上远程认证的能力，定义出强认证程序，以达到所谓"强认证"的目的。

➤ 取得用户公钥

当网络用户面对因特网时，若想在网络上做秘密的通信，以传统密码学而言，通信双方必须先共享一把密钥，这种先决条件在目前互联网环境上要实现并不容易。1976 年，由 Diffie 及 Hellman 两位密码学者所提出的公开密钥概念，很有效地解决了传统密码学上网络共享密钥的问题，从而让网络上的通信双方可以很容易实现秘密通信。在此之后，随着 Knapsack、RSA 及 ELGamal 等公开密钥密码系统的提出，更增加了公开密钥系统的实用性，但相对的也衍生出另一问题，就是网络上密钥的确认问题。

试想，在图 8-12 中，当网络用户 Bob 自网络上获得一把宣称是另一用户 Alice 的公开密钥时，Bob 如何相信这把公开密钥是属于 Alice 的？在网络环境下，无法真正看到对方，直接拿到对方的公钥，任意一个用户(如图 8-12 的 Cherry)都可能仿冒 Alice 传送假的公开密钥给 Bob，让 Bob 误以为他所通信的对方就是 A，而实际上 Bob 是与另一不知名的攻击者通信。此种攻击法之所以能够成功，究其原因在于用户的公钥，并未与用户的身份紧密相结合。公钥必须让他人可以辨别、验证且、无法伪造，且与个人的身份相结合，才可以有效防止此类攻击的发生。

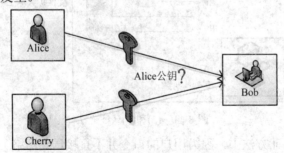

图 8-12　公钥的伪造

目前最常用来防止上述攻击法的机制，即所谓的认证中心(Certificate Authority，CA)技术，通过为每位网络用户签发电子证书来防止这类攻击。

此方法如图 8-13 所示，以类似传统大使馆颁发、登记公民签证的方式，由大家所相信的公正第三者或认证机构(CA)，以数字签名的技术，将每一个用户的公钥与个人的身份数据签署成电子证书(以下简称证书)。当用户收到它人的证书之后，可以经过一定的验证程序，确定所收到的证书无误，确信此证书内所含的公开密钥、身份数据及其它相关内容，确实是证书上声称的主体(Subject)的，而不是其它主体用户的。如此可将用户身份与用户的公钥紧密的结合在一起，让攻击者无法伪冒他人，传送假的公钥欺骗其它网络用户。

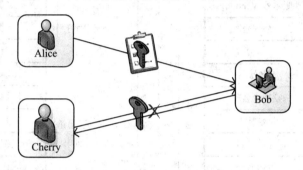

图 8-13 证书和公钥

这种利用公正的第三者帮我们认证用户公钥的方式，可以将用户必须认证网络上每一个用户公钥的问题，缩减到只需认证用户所信任的公正第三方的公钥正确性的问题，大大增加了公开密钥的实用性。

在 X.509 中提到证书必须符合下列两个特点：

(1) 所有可取得认证中心公钥的用户，可以认证任何由该认证中心签发的证书。

(2) 除认证中心本身以外，其它任何人修改证书的动作都会被察觉、检测出来。

由于证书有上述的两个特点，我们可以直接把证书放到证书目录服务中，让用户自由访问存取，不需要再使用其它额外的措施保护它。而数字签名的技术恰好合乎上述两种特性。认证中心会以自己的私钥为用户签发证书，而当用户拿到证书之后，可以使用认证中心的公钥验证所获得证书的正确性，进而相信证书中所含的信息是正确的，进而相信证书所含的公钥是正确的。

在 X.509 中，认证中心对一些用户的相关数据，例如，用户姓名、用户识别码、公钥的内容、签发者的身份数据以及其它用户的相关数据，以认证中心的密钥，运用数字签名技术生成一个数字签名，之后将用户的有关数据、认证中心的签名算法与数字签名，合成一电子文件，就是所谓的数字证书。

8.5 数字证书

数字证书包含用户身份信息、用户公钥信息以及证书发行机构对该证书的数字签名信息。证书发行机构的数字签名可以确保证书信息的真实性，用户公钥信息可以保证数字信息传输的完整性，用户的数字签名可以保证数字信息的不可抵赖性。

数字证书是各类终端实体和最终用户在网上进行信息交流及商务活动的身份证明，在电子交易的各个环节，交易的各方都需验证对方数字证书的有效性，从而解决相互间的信任问题。

用户的数字证书是 X.509 的核心，证书由某个可信的证书发放机构 CA 建立，并由 CA 或用户自己将其放入公共目录中，以供其它用户访问。目录服务器本身并不负责为用户创建公钥证书，其作用仅仅是为用户访问公钥证书提供方便。

X.509 中数字证书的一般格式如图 8-14 所示，本章附录给出了数字证书的样例。

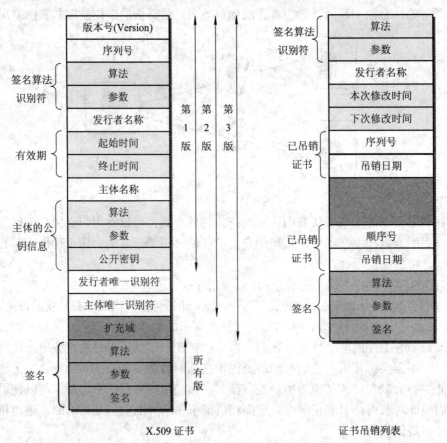

图 8-14　X.509 的证书和证书吊销列表格式

证书中的数据域有：

(1) 版本号：若默认，则为第 1 版。如果证书中需有发行者唯一识别符(Initiator Unique Identifier)或主体唯一识别符(Subject Unique Identifier)，则版本号为 2，如果有一个或多个扩充项，则版本号为 3。

(2) 序列号：为一整数值，由同一 CA 发放的每个证书的序列号是唯一的。

(3) 签名算法识别符：签署证书所用的算法及相应的参数。

(4) 发行者名称：指建立和签署证书的 CA 名称。

(5) 有效期：包括证书有效期的起始时间和终止时间。

(6) 主体名称：指证书所属用户的名称，即这一证书用来证明私钥用户所对应的公开密钥。

(7) 主体的公开密钥信息：包括主体的公开密钥、使用这一公开密钥的算法的标识符及相应的参数。

(8) 发行者唯一识别符：这一数据项是可选的，当发行者(CA)名称被重新用于其它实体时，则用这一识别符来唯一标识发行者。

(9) 主体唯一识别符：这一数据项也是可选的，当主体的名称被重新用于其它实体时，则用这一识别符来唯一地识别主体。

(10) 扩充域：其中包括一个或多个扩充的数据项，仅在第 3 版中使用。

(11) 签名：CA 用自己的秘密密钥对上述域的哈希值进行数字签名的结果。此外，这个域还包括签名算法标识符。

X.509 中使用以下表示法来定义证书：

$$CA《A》= CA\{ V, SN, AI, CA, T_A, A, A_P \}$$

其中，Y《X》表示证书发放机构 Y 向用户 X 发放的证书，Y{I}表示 Y 对 I 的哈希值签名，它由 I 和附加的加密哈希码构成。

8.5.1　证书的获取

CA 为用户产生的证书应有以下特性：

(1) 其它任一用户只要得到 CA 的公开密钥，就能由此得到 CA 为该用户签署的公开密钥。

(2) 除 CA 以外，任何其它人都不能以不被察觉的方式修改证书的内容。

因为证书是不可伪造的，因此无需对存放证书的目录施加特别的保护。

如果所有用户都由同一 CA 为其签署证书，则这一 CA 就必须取得所有用户的信任。用户证书除了能放在目录中供他人访问外，还可以由用户直接把证书发给其它用户。用户 B 得到 A 的证书后，可相信用 A 的公开密钥加密的消息不会被他人获悉，还相信用 A 的秘密密钥签署的消息是不可伪造的。

如果用户数量极多，则仅一个 CA 负责为用户签署证书就有点不现实。通常应有多个 CA，每个 CA 为一部分用户发行、签署证书。

设用户 A 已从证书发放机构 X_1 处获取了公开密钥证书，用户 B 已从 X_2 处获取了证书。如果 A 不知 X_2 的公开密钥，他虽然能读取 B 的证书，但却无法验证用户 B 证书中 X_2 的签名，因此 B 的证书对 A 来说是没有用处的。然而，如果两个 CA：X_1 和 X_2 彼此间已经安全地交换了公开密钥，则 A 可通过以下过程获取 B 的公开密钥：

(1) A 从目录中获取由 X_1 签署的 X_2 的证书 $X_1《X_2》$，因 A 知道 X_1 的公开密钥，所以能验证 X_2 的证书，并从中得到 X_2 的公开密钥。

(2) A 再从目录中获取由 X_2 签署的 B 的证书 $X_2《B》$，并由 X_2 的公开密钥对此加以验证，然后从中得到 B 的公开密钥。

以上过程中，A 是通过一个证书链来获取 B 的公开密钥，证书链可表示为：

$$X_1《X_2》 X_2《B》$$

类似地，B 能通过相反的证书链获取 A 的公开密钥，表示为 $X_2《X_1》 X_1《A》$；

以上证书链中只涉及两个证书，同样有 N 个证书的证书链可表示为：

$$X_1 《X_2》 \ X_2 《X_3》 \ \cdots X_N 《B》$$

此时任意两个相邻的 CA X_i 和 X_{i+1} 已彼此间为对方建立了证书，对每一 CA 来说，由其它 CA 为这一 CA 建立的所有证书都应存放于目录中，并使用户知道所有证书相互之间的连接关系，从而可获取另一用户的公钥证书。X.509 建议将所有 CA 以层次结构组织起来，如图 8-15 所示。用户 A 可从目录中得到相应的证书以建立到 B 的以下证书链：

$$X 《W》 \ W 《V》 \ V 《U》 \ U 《Y》 \ Y 《Z》 \ Z 《B》$$

并通过该证书链获取 B 的公开密钥。

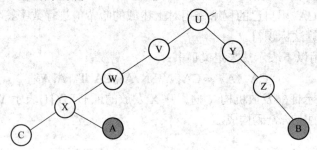

图 8-15　X.509 的层次结构

类似地，B 可建立以下证书链以获取 A 的公开密钥：

$$Z 《Y》 \ Y 《U》 \ U 《V》 \ V 《W》 \ W 《X》 \ X 《A》$$

8.5.2　证书的吊销

从证书的格式上我们可以看到，每一证书都有一个有效期，然而有些证书还未到截止日期前就会被发放该证书的 CA 吊销，这可能是由于用户的秘密密钥已被泄漏，或者该用户不再由该 CA 来认证，或者 CA 为该用户签署证书的秘密密钥已经泄露。为此，每一 CA 还必须维护一个证书吊销列表 CRL(Certificate Revocation List)，其中存放所有未到期而被提前吊销的证书，包括该 CA 发放给用户和发放给其它 CA 的证书。CRL 还必须由该 CA 签字，然后存放于目录以供他人查询。

CRL 中的数据域包括发行者 CA 的名称、建立 CRL 的日期、计划公布下一 CRL 的日期以及每一被吊销的证书数据域。被吊销的证书数据域包括该证书的序列号和被吊销的日期。因为对一个 CA 来说，它发放的每一证书的序列号是唯一的，所以可用序列号来识别每一证书。

所以每一用户收到他人消息中的证书时，都必须通过目录检查这一证书是否已被吊销。为避免搜索目录引起的延迟以及因此而增加的费用，用户自己也可维护一个有效证书和被吊销证书的局部缓存区。

8.6　验证证书

当持证人甲想与持证人乙通信时，他首先查找证书数据库并得到一个从甲到乙的证书路径(certification path)和乙的公开密钥。在 X.509 中强认证的实现是借助用户所拥有的密钥，来证明他的身份，其先决条件就是前述的认证中心体系已建设完成，将用户的公钥与个人身份紧密关联在一起，让公开密钥密码系统能够顺利运作。在 X.509 中的强认证就是基于公开密钥密码系统，达到三种不同信赖程度的认证。

在 X.509 中定义的"强认证"程序包含了三种不同信赖程度的认证，分别是"单向认证"(One-way authentication)、"双向认证"(Two-way authentication)以及"三向认证"(Three-way authentication)。以下简述三种认证的运作方式，(以下程序都是假设收方可以正确的验证对方的证书，但没有限定是以何种方法验证证书)。

8.6.1　单向认证

单向认证，只包含一条信息，可达到下列认证的功能：

(1) 由发送方送出的身份识别数据，可以确认发送方的身份。

(2) 由发送方送出的身份识别数据，确实是要送给接收方的。

(3) 可以确保发送方送出的身份识别数据的完整性，且可确认数据是发送方所送出的。

其认证程序如图 8-16 所描述，详细工作方式如下：

① ② B,A{t_A,r_A,B} ③

图 8-16　单向认证

(1) 发送方 A 先产生一不重复的数字 r_A 用以抵御重放攻击、防止伪造。

(2) 发送方 A 将下列信息送至接收方 B：

$$B,A\{t_A,r_A,B\}$$

X{I}表示 X(在此为 A)对数据 I(此即为 t_A,r_A,B)的签名。

t_A 可以包含一或两个时间，一为识别数据产生的时间，另一为该识别数据逾期的时间。若要以此签名证明某数据(SgnData)的来源时，则应表示为

$$A\{t_A,r_A,B,SgnData\}$$

若要传送机密数据(EncData)给收方 B，例如认证程序之后的通信用的秘密密钥，则可将机密数据加入签名中，信息变成

$$A(t_A, r_A, B, sgnData, BP[encData])$$

XP[I]表示用 X(在此为 B)的公开密钥加密数据 I。

(3) 收方 B 收到后，执行下列动作：

① B 以事先定义的方法，即前面所述的从认证中心取得证书，获得发送方 A 的公钥，并检查 A 的证书是否逾期或被注销。

② 验证签名，以确定数据的完整性。

③ 检查此文件的识别数据，B 是否此文件的收方。

④ 检查时间戳 t_A，是否在有效期限之内。

⑤ 检查 r_A 是否重复出现过。

(在 X.509 中建议数字 r_A 可以包含两部分：一部分是顺序累加的部分，另一部分是真正随机选取的部分。可以检查顺序累加的部分是否重复出现过。)

r_A 在 t_A 有效期限之内是有效的。也就是说 r_A 顺序累加的部分，在 t_A 有效期限之内 A 不会再使用。

8.6.2　双向认证

"双向认证"，包含有两道信息，除了前述"单向认证"的发送方送出的信息之外，收方还需产生一道回复信息给发方。而其在安全上达到的功能，除了前面所介绍的"单向认证"所能达到的三项认证功能外，还可达到下列认证功能：

(1) 由收方送回给发方的身份识别数据，且可确认数据是收方所产生的，信息的接收端确实是发方。

(2) 可以保证由收方送回给发方的身份识别数据的完整性。

(3) 双方可以共享身份识别数据中的秘密部分。(可选)

其认证程序如图 8-17 所描述，详细工作方式如下：

前 3 步骤与"单向认证"相同，自第 4 步骤执行方式如下：

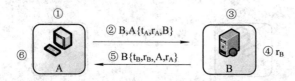

图 8-17　双向认证

(4) 收方 B 产生一不重复的数字 r_B，用以抵御重放攻击以防止伪造。

(5) 收方 B 将下列信息送至发方 A：

$$B\{t_B, r_B, A, r_A\}$$

t_B 可以包含一或两个时间，一为识别数据产生时间，另一为该识别数据逾期时间。若要以此签名证明其数据(sgnData)的来源时，可将数据加入签名中，信息变成：

$$B\{t_B, r_B, A, r_A, \text{sgnData}\}$$

若要顺便传送机密数据 encData 给收方 B，如认证程序之后的通信用的秘密密钥，则可将机密数据加入签名中，信息变成：

$$B\{t_B, r_B, A, r_A, \text{sgnData}, AP[\text{encData}]\}$$

(6) 发方 A 收到后，执行下列动作：

① 以 B 的公钥验证签名，以确定数据的完整性。

② 检查此文件的识别数据，A 是否此文件的收方。

③ 检查时间戳 t_B，是否在有效期限之内。

④ 检查 r_B 是否重复出现过(与单向认证一样，此项根据需要选择是否检查)。

8.6.3　三向认证

"三向认证"，除了前述"双向认证"的信息之外，发方还需要再发送一道应答信息给发方。其功能可达到前面双向识别的功能，但是不需要检查时间戳，只需检查不重复随机数是否正确即可。(因为前两个认证程序中收、发双方必须要有一个所谓的"同步时钟"，才可以顺利执行。但考虑网络的延迟及双方的计算机系统时间的误差，要求两方的时间同步，在技术上比较难实现；若只需检查随机数，虽然是较"双向认证"多一道信息的验证，但是技术上较容易实现)。

其认证程序如图 8-18 所描述。详细工作方式如下：

前 6 个步骤与"双向认证"类似，但步骤 2 与步骤 5 所送出的时间戳 t_B 及 t_A 可以为零，步骤 3 与步骤 6 不用检查时间戳，自第 7 步骤执行方式如下：

图 8-18　三向认证

(7) 送方 A 检查收到的不重复数字 r_A，与步骤 1 所产生的不重复数字是否相同。

(8) 送方 A 将识别数据 $A\{r_B, B\}$ 回传给 B。

(9) 收方 B 收到后，执行下列动作。

① 以 A 的公钥验证签名，以确定数据的完整性。

② 收方 B 检查收到的不重复数字 r_B 与步骤 5 所产生的不重复数字是否相同。

8.7　CA 系统结构

公开密钥基础设施(Public Key Infrastructure，PKI)是一个用公钥密码学技术来实施和提供安全服务的具有普适性(Pervasive)的安全基础设施。所谓的普适性基础就是一个大环境的基本框架，一个基础设施可视为一个普适性基础。整个 PKI 的基础框架由 ITU-T X.509 建议标准定义。互联网工程任务组(IETF)的公钥基础设施 X.509 小组以它为基础开发了适合于互联网环境下的、基于数字证书的形式化模型(PKIX)。

而认证机构(Certification Authority，CA)是 PKIX 的核心，是信任的发源地。CA 负责产生数字证书和发布证书撤销列表，以及管理各种证书的相关事宜。通常为了减轻 CA 的处理负担，专门用另外一个单独机构即注册机构(Registration Authority，RA)来实现用户的注册、申请以及部分其它管理功能。

下面我们以 OpenCA 认证系统为例说明 CA 的工作流程。整个 CA 采用图 8-19 所示的体系结构模型。

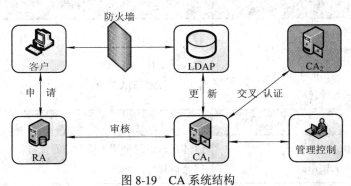

图 8-19　CA 系统结构

在 OpenCA 身份认证系统当中，整个 CA 由注册机构(RA)、认证中心(CA)、CA 管理员平台、访问控制系统以及目录服务器组成。RA 和 CA 以及 CA 和数据库之间的通信都是基于 SSL 协议的加密传输。

8.7.1　CA 服务器

CA 是整个认证机构的核心，它保存了根 CA 的私钥，对其安全等级要求最高。CA 服务器具有产生证书，实现密钥备份等功能。这些功能应尽量独立实施。CA 服务器通过安全连接同 RA 和 LDAP 服务器实现安全通信。

CA 的主要功能如表 8-1 所示。

表 8-1　CA 的主要功能

CA 初始化和 CA 管理	处理证书申请
生成新的 CA 密钥 对新的证书申请进行 CA 签名 输出 CA 证书申请 生成自签名 CA 证书 输出 CA 证书	输入来自 RA 的签名请求 中断申请 挂起申请 删除申请
证书管理	交叉认证
输出 CRL LDAP，数据库更新及管理	产生证书链 利用固定证书链实现交叉认证

8.7.2　RA 服务器

RA 服务器相对复杂一些。它运行于安全(实现双向认证)的 apache 服务器上。考虑安全性，我们把 RA 分成两部分：RA 操作员和 RA 服务器。客户只能访问到 RA 操作员，不能直接和 RA 服务器通信。所以 RA 操作员是因特网用户进入 CA 的访问点。客户通过 RA 操作员实现证书申请、撤销、查询等功能。RA 服务器也配有 LDAP 服务器。RA 服务器由 RA 管理员管理。

RA 服务器的功能如表 8-2 所示。

表 8-2　RA 服务器的功能

证书申请	证书管理
输出申请给 CA 挂起申请 删除已经输出的申请 对申请进行验证	输入 CA 证书 输入新证书 输出证书到 LDAP，数据库
CRL	其它
输入 CRL 输出证书撤销申请	通过 E-mail 通知用户证书已经发布 删除临时文件

RA 操作员的功能主要有：

(1) 获取根 CA 证书。

(2) 证书撤销列表。

(3) 验证证书申请用户身份。

(4) 证书申请及列表。

(5) 获得已申请的证书。

(6) 发布有效证书列表。

(7) 证书撤销请求。

RA 操作员和 RA 服务器之间的通信都通过安全 Web 会话实现(Apache+mod_ssl)。RA 操作员的数量没有限制。

(注意：RA 的证书是通过 bin/目录下的脚本程序 reqcert.bin 和 racert.bin 来实现的，产生的证书具有 .p12 格式，可以直接导入到 RA 的 Netscape 浏览器中)。

8.7.3　证书目录服务器(CA Directory Service Server)

认证中心颁发的证书只是捆绑了特定实体的身份和公钥，但是没有提供如何找到该实体证书的方法。因此，必须使用某种稳定可靠的、规模可扩充的在线数据库系统来实现证书的获取。目录服务器就是为此目的而建的。

认证中心所签发的所有证书都存放在目录服务器上，当终端用户需要确认证书信息时，通过 LDAP 协议下载证书或者吊销证书列表，或者通过 OCSP(在线证书状态协议)协议，向目录服务器查询证书的当前状况。

LDAP 代表轻量级目录访问协议(Lightweight Directory Access Protocol)。LDAP 访问协议运行于 TCP/IP 之上。

LDAP 信息是基于目录项(entries)的概念。一个目录项是属性的集合，这些属性具有全局唯一的可识别名 DN(Globally-unique Distinguished Name)。DN 用于无二义性的引用一个目录项。每个目录项的属性都包括一个类型和一个或多个值。类型通常是一些很好记忆的字符串，像“cn”代表通用名(common name)，或者“mail”代表 email 地址。值的语法依赖于属性类型。例如，cn 属性可能包含值 Babs Jensen，mail 属性包含值 babs@example.com，属性 jpegPhoto 包含 JPEG(binary)格式的图片。

LDAP 协议是基于客户/服务器模式的。客户向服务器提出查询请求。服务器负责在目录上进行必要的操作。在完成了必要的操作后，服务器将向客户返回一个应答。这个应答要么包含查询结果，要么包含错误信息。服务器和客户在实现上并不要求同步，也就是说，在服务器和客户间可能以任意顺序交换请求、应答，只要客户的每个请求都收到应答就可以了。对于同一请求，客户无论连接到哪一个服务器，获得的结果应该是一样的。

8.7.4　CA 操作步骤

当用户提出证书申请时，它利用浏览器连接到安全服务器——RA 操作员，然后发送这个请求。用户必须提供能够标识他自己的用户信息。然后 RA 操作员把这个请求通过安全连接传递给 RA 服务器。RA 服务器会处理这个申请，并准备提交给 CA 进行签名。

现在 RA 服务器的管理人员把证书申请文件通过安全渠道送到 CA，由 CA 对申请按照本 CA 的管理章程进行审核，如果许可则完成最后的证书签名以及制作。CA 再通过安全途径把证书递交给 RA 服务器。现在 RA 服务器把证书导入到 LDAP 目录服务器，可供他人查询等。

8.7.5　证书链构造

CA 的层次结构可被映射为证书链。一条证书链是后续 CA 发行的证书序列。

图 8-20 表示了一个证书链：从最下面的待验证证书通过两级子 CA 到达根 CA。一条证书链对始于层次分支，终止于层次顶部的证书路径进行跟踪。在证书链中：

(1) 每个证书的下一级证书是发行者的证书。

(2) 每个证书包含证书发行者的可识别名，该名字同证书链中的下一证书的主体名字相同。在图 8-20 当中，Engineering CA 证书包含了 CN CA 的 DN。CN CA 的 DN 也是证书链的下一个证书(由 Root CA 签发)的主体名字。

(3) 每个证书由发行者的私钥进行签名。该签名可以用发行者证书(证书链的下一个证书)上的公钥进行验证。CN CA 证书当中的公钥可以用来验证 Engineering CA 证书上的数字签名。

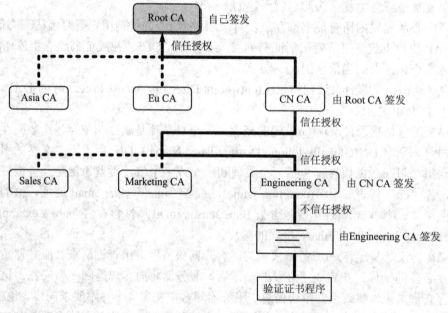

图 8-20　证书链

8.7.6　证书验证过程

证书链验证就是确保给定的证书链是有效、可信、正确签名的。我们下面以 Netscape 浏览器所采用的证书链验证过程为例，验证过程如图 8-21 所示。

(1) 首先根据系统时钟对证书的有效期进行检查。

(2) 发行者证书定位。这可能是本地证书库或者由主体提供的证书链。

(3) 根据发行者证书的公钥验证证书签名。

(4) 如果发行者证书可信，验证成功。否则检查发行者证书，获得下一级 CA 指示，并以发行者证书作为新的验证对象，回到第一步继续验证。

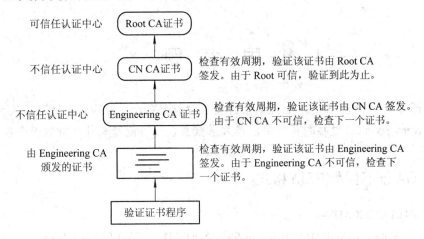

图 8-21 验证证书链直到 ROOT CA

图 8-20 显示的是本地数据库只包含 ROOT CA 证书的情形。如果还包含某个中间可信 CA 证书，例如 Engineering CA，那么验证只需到该证书为止。

8.7.7 小结

身份认证是用户获得系统访问授权的第一步，它是计算机系统安全防护的第一道防线，它也是黑客们攻击计算机系统的所必须突破的第一关，那么它的重要性就不言而喻了。本章介绍了三种基本的身份认证技术，同时对第三方认证技术进行了详细讨论，为读者今后深入学习和研究提供一定的理论支持。

参 考 文 献

[1] Needham R, Schroeder M. Using Encryption for Authentication in Large Networks of Computers. Communications of the ACM , December 1978

[2] Steiner J, Neuman, C, Schiller J. Kerberos: An Authentication Service for Open Networked Systems. Proceedings of the Winter 1988 USENIX Conference, February 1988

[3] Neuman C, USC-ISI. The Kerberos Network Authentication Service (V5). RFC 4120,July 2005

[4] Bellovin S M, Merritt M. Limitations of the kerberos authenication system. Computer Communication Review, 20(5):119-132, October 1990

[5] Chokhani S. Towards a national public key infrastructure. IEEE Communications Magazine, 1994, 32(9): 70-74

[6] Diffie W, Hellman M E. New directions in cryptography. IEEE Transactions on Information Theory,

1976, 22(6):644-654

[7] Kohl J T, Neuman B C, T'so T Y. The evolution of the Kerberos authentication system. In Distributed Open Systems, IEEE Computer Society Press, 1994, pages 78-94

思 考 题

[1] 图 8-16 ~ 图 8-18 所示的强认证过程有可能存在什么样的安全缺陷？试加以分析。

[2] Kerberos 认证过程的第一个消息如果被篡改，可能造成什么样的安全攻击？

附录①：CA 证书样本(PEM 格式)

```
---BEGIN CERTIFICATE---
MIIEczCCA1ugAwIBAgIBADANBgkqhkiG9w0BAQQFAD..AkGA1UEBhMCR0Ix
EzARBgNVBAgTClNvbWUtU3RhdGUxFDASBgNVBAoTC0..0EgTHRkMTcwNQYD
VQQLEy5DbGFzcyAxIFB1YmxpYyBQcmltYXJ5IENlcn..XRpb24gQXV0aG9y
aXR5MRQwEgYDVQQDEwtCZXN0IENBIEx0ZDAeFw0wMD..TUwMTZaFw0wMTAy
MDQxOTUwMTZaMIGHMQswCQYDVQQGEwJHQjETMBEGA1..29tZS1TdGF0ZTEU
MBIGA1UEChMLQmVzdCBDQSBMdGQxNzA1BgNVBAsTLk..DEgUHVibGljIFBy
aW1hcnkgQ2VydGlmaWNhdGlvbiBBdXRob3JpdHkxFD..AMTC0Jlc3QgQ0Eg
THRkMIIBIjANBgkqhkiG9w0BAQEFAAOCAQ8AMIIBCg..Tz2mr7SZiAMfQyu
vBjM9OiJjRazXBZ1BjP5CE/Wm/Rr500PRK+Lh9x5eJ../ANBE0sTK0ZsDGM
ak2m1g7oruI3dY3VHqIxFTz0Ta1d+NAjwnLe4nOb7/..k05ShhBrJGBKKxb
8n104o/5p8HAsZPdzbFMIyNjJzBM2o5y5A13wiLitE..fyYkQzaxCw0Awzl
kVHiIyCuaF4wj571pSzkv6sv+4IDMbT/XpCo8L6wTa..sh+etLD6FtTjYbb
rvZ8RQM1tlKdoMHg2qxraAV++HNBYmNWs0duEdjUbJ..XI9TtnS4o1Ckj7P
OfljiQIDAQABo4HnMIHkMB0GA1UdDgQWBBQ8urMCRL..5AkIp9NJHJw5TCB
tAYDVR0jBIGsMIGpgBQ8urMCRLYYMHUKU5AkIp9NJH..aSBijCBhzELMAkG
A1UEBhMCR0IxEzARBgNVBAgTClNvbWUtU3RhdGUxFD..AoTC0Jlc3QgQ0Eg
THRkMTcwNQYDVQQLEy5DbGFzcyAxIFB1YmxpYyBQcm..ENlcnRpZmljYXRp
b24gQXV0aG9yaXR5MRQwEgYDVQQDEwtCZXN0IENBIE..DAMBgNVHRMEBTAD
AQH/MA0GCSqGSIb3DQEBBAUAA4IBAQC1uYBcsSncwA..DCsQer772C2ucpX
xQUE/C0pWWm6gDkwd5D0DSMDJRqV/weoZ4wC6B73f5..bLhGYHaXJeSD6Kr
XcoOwLdSaGmJYslLKZB3ZIDEp0wYTGhgteb6JFiTtn..sf2xdrYfPCiIB7g
BMAV7Gzdc4VspS6ljrAhbiiawdBiQlQmsBeFz9JkF4..b3l8BoGN+qMa56Y
It8una2gY4l2O//on88r5IWJlm1L0oA8e4fR2yrBHX..adsGeFKkyNrwGi/
7vQMfXdGsRrXNGRGnX+vWDZ3/zWI0joDtCkNnqEpVn..HoX
---END CERTIFICATE---
```

附录②：CA 证书样本(TXT 格式)

Certificate:

　　Data:

　　　　Version: 3 (0x2)

　　　　Serial Number: 0 (0x0)

　　　　Signature Algorithm: md5WithRSAEncryption

　　　　Issuer: C=GB, ST=Surrey, O=Best CA Ltd,

　　　　　　OU=Class 1 Public Primary Certification Authority,

　　　　　　CN=Best CA Ltd

　　　　Validity

　　　　　　Not Before: Feb 5 19:50:16 2000 GMT

　　　　　　Not After : Feb 4 19:50:16 2001 GMT

　　　　Subject: C=GB, ST=Surrey, O=Best CA Ltd,

　　　　　　OU=Class 1 Public Primary Certification Authority,

　　　　　　CN=Best CA Ltd

　　　　Subject Public Key Info:

　　　　　　Public Key Algorithm: rsaEncryption

　　　　　　RSA Public Key: (2048 bit)

　　　　　　　　Modulus (2048 bit):

　　　　　　　　　　00:dd:3c:f6:9a:be:d2:66:20:0c:7d:0c:ae:bc:18:

　　　　　　　　　　cc:f4:e8:89:8d:16:b3:5c:16:75:06:33:f9:08:4f:

　　　　　　　　　　d6:9b:f4:6b:e7:4d:0f:44:af:8b:87:dc:79:78:93:

　　　　　　　　　　e8:e4:20:19:df:f0:0d:04:4d:2c:4c:ad:19:b0:31:

　　　　　　　　　　8c:6a:4d:a6:d6:0e:e8:ae:e2:37:75:8d:d5:1e:a2:

　　　　　　　　　　31:15:3c:f4:4d:ad:5d:f8:d0:23:c2:72:de:e2:73:

　　　　　　　　　　9b:ef:f7:84:25:b0:cf:92:4d:39:4a:18:41:ac:91:

　　　　　　　　　　81:28:ac:5b:f2:7d:74:e2:8f:f9:a7:c1:c0:b1:93:

　　　　　　　　　　dd:cd:b1:4c:23:23:63:27:30:4c:da:8e:72:e4:0d:

　　　　　　　　　　77:c2:22:e2:b4:43:bb:9d:ca:36:59:fc:98:91:0c:

　　　　　　　　　　da:c4:2c:34:03:0c:e5:91:51:e2:23:20:ae:68:5e:

　　　　　　　　　　30:8f:9e:f5:a5:2c:e4:bf:ab:2f:fb:82:03:31:b4:

　　　　　　　　　　ff:5e:90:a8:f0:be:b0:4d:aa:f3:af:2c:27:42:c8:

　　　　　　　　　　7e:7a:d2:c3:e8:5b:53:8d:86:db:ae:f6:7c:45:03:

　　　　　　　　　　35:b6:52:9d:a0:c1:e0:da:ac:6b:68:05:7e:f8:73:

　　　　　　　　　　41:62:63:56:b3:47:6e:11:d8:d4:6c:92:be:65:aa:

　　　　　　　　　　f2:a5:72:3d:4e:d9:d2:e2:8d:42:92:3e:cf:39:f9:

　　　　　　　　　　63:89

　　　　　　　　Exponent: 65537 (0x10001)

X509v3 extensions:

X509v3 Subject Key Identifier:

3C:BA:B3:02:44:B6:18:30:75:0A:53:90:24:22:\

9F:4D:24:72:70:E5

X509v3 Authority Key Identifier:

keyid:3C:BA:B3:02:44:B6:18:30:75:0A:53:90:\

24:22:9F:4D:24:72:70:E5

DirName:/C=GB/ST=Some-State/O=Best CA Ltd/\

OU=Class 1 Public Primary Certification

Authority/CN=Best CA Ltd

serial:00

X509v3 Basic Constraints:

CA:TRUE

Signature Algorithm: md5WithRSAEncryption

b5:b9:80:5c:b1:29:dc:c0:03:db:28:c8:a3:08:30:ac:41:ea:

fb:ef:60:b6:b9:ca:57:c5:05:04:fc:2d:29:59:69:ba:80:39:

30:77:90:f4:0d:23:03:25:1a:95:ff:07:a8:67:8c:02:e8:1e:

f7:7f:96:06:3e:7e:90:99:b2:e1:19:81:da:5c:97:92:0f:a2:

ab:5d:ca:0e:c0:b7:52:68:69:89:62:c9:4b:29:90:77:64:80:

c4:a7:4c:18:4c:68:60:b5:e6:fa:24:58:93:b6:72:ef:5c:9b:

a0:3a:c7:f6:c5:da:d8:7c:f0:a2:20:1e:e0:04:c0:15:ec:6c:

dd:73:85:6c:a5:2e:a5:8e:b0:21:6e:28:9a:c1:d0:62:42:54:

26:b0:17:85:cf:d2:64:17:89:c3:99:94:cf:0d:bd:e5:f0:1a:

06:37:ea:8c:6b:9e:98:22:df:2e:9d:ad:a0:63:89:76:3b:ff:

e8:9f:cf:2b:e4:85:89:96:6d:4b:d2:80:3c:7b:87:d1:db:2a:

c1:1d:71:7a:d1:fe:36:59:a7:6c:19:e1:4a:93:23:6b:c0:68:

bf:ee:f4:0c:7d:77:46:b1:1a:d7:34:64:46:9d:7f:af:58:36:

77:ff:35:88:d2:3a:03:b4:29:0d:9e:a1:29:56:78:60:fe:00:

15:98:7a:17

第 9 章　访问控制与系统审计

James P. Anderson 在 1972 年提出的参考监视器[1](The Reference Monitor)的概念是经典安全模型的最初雏形，如图 9-1 所示。在这里，参考监视器是个抽象的概念，可以说是安全机制的代名词。

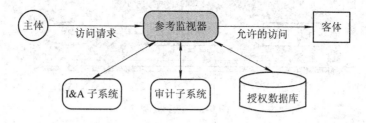

图 9-1　经典安全模型

经典安全模型包含如下基本要素：

(1) 明确定义的主体(执行用户操作的进程或者进程集)和客体(需要对其进行访问控制的实体)。

(2) 描述主体如何访问客体的一个授权数据库；它是安全策略的实现形式，包含了主体、客体和访问权力。

(3) 约束主体对客体访问尝试的参考监视器；它是系统中负责执行系统安全策略的硬件和软件。当主体试图对某个客体执行某项操作(例如，读操作或写操作)时，参考监视器必须比对主体和客体的属性，并执行相关的安全检查。

(4) 识别和验证主体和客体的 I&A 可信子系统。

(5) 审计参考监视器活动的审计子系统。

可以看出，主体对客体的访问尝试都在参考监视器的控制之下，并与授权数据库所表示的策略保持一致。安全事件则都被保存在审计档案中。

作为一种抽象机制，参考监视器并没有规定系统所要执行的任何特定策略，也不指定其具体的实现方法。它主要是定义了一套保障框架，在高安全信息系统的设计、开发和实现中提供指导。参考监视器要求实现三种最基本的原则：

(1) 完整性(Completeness)。参考监视器必须被执行，不能被绕过；要求主体只能通过参考监视器来引用客体。例如，不允许主体绕过文件系统直接对物理磁盘发起读写请求。

(2) 隔离性(Isolation)。在未授权情况下，参考监视器不会被篡改。

(3) 验证性(Verifiability)。参考监视器的正确性必须是可以证明的；能够给出这种证明的系统被认为是可信系统。

从参考监视器模型可以看出，为了实现计算机系统安全所采取的基本安全措施，即安全机制有：(1)身份认证；(2)访问控制；(3)审计。这三种安全机制之间的关系可以用图 9-2

来表示。

从图 9-2 可以看出，参考监视器是主体/角色对客体进行访问的桥梁，身份识别与验证即身份认证是主体/角色获得访问授权的第一步，这也是早期黑客入侵系统的突破口。访问控制是在主体身份得到认证后，根据安全策略对主体行为进行限制的机制和手段。审计作为一种安全机制，它在主体访问客体的整个过程中都发挥着作用，为安全分析提供了有利的证据支持。它贯穿于身份认证、访问控制的前前后后。同时，身份认证、访问控制为审计的正确性提供保障。它们之间是互为制约、相互促进。

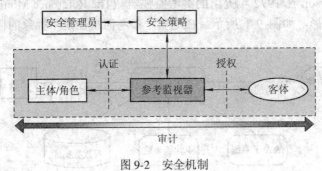

图 9-2 　安全机制

9.1 　访问控制

在计算机安全防御措施中，访问控制是极其重要的一环，它是在身份认证的基础上，根据身份的合法性对提出的资源访问请求加以控制。访问控制的目的是保证资源受控、合法地使用。用户只能根据自己的权限大小来访问系统资源，不得越权访问。同时，访问控制也是记账、审计的前提。访问控制是现代操作系统常用的安全控制方式之一。

9.1.1 　基本概念

从广义的角度来看，访问控制(Access Control)是指对主体访问客体的权限或能力的限制，以及限制进入物理区域(出入控制)和限制使用计算机系统和计算机存储数据的过程(存取控制)。

在访问控制中，主体是指必须控制它对客体的访问的活动资源，它是访问的发起者，通常为进程、程序或用户。

客体则是指对其访问必须进行控制的资源，客体一般包括各种资源，如文件、设备、信号量等。根据系统复杂度不同，客体可以是静态的，即在进程生命周期中保持不变，或动态改变的。为使进程对自身或他人可能造成的危害最小，最好在所有时间里进程都运行在最小客体下。

访问控制中的第三个元素是保护规则，它定义了主体与客体之间可能的相互作用途径。

根据访问控制策略的不同，访问控制一般分为自主访问控制、强制访问控制、基于角色的访问控制。自主访问控制是目前计算机系统中实现最多的访问控制机制，它是根据访问者的身份和授权来决定访问模式。强制访问控制是将主体和客体分级，然后根据主体和客体的级别标记来决定访问模式。"强制"主要体现在系统强制主体服从访问控制策略。基于角色的访问控制的基本思想是：授权给用户的访问权限通常由用户在一个组织中担当的角色来确定。它根据用户在组织内的所处的角色作出访问授权和控制，但用户不能自主地将访问权限传给他人。这一点是基于角色的访问控制和自主访问控制的最基本区别。

9.1.2 自主访问控制

自主访问控制，又称任意访问控制(Discretionary Access Control，DAC)，是指根据主体身份或者主体所属组的身份或者二者的结合，对客体访问进行限制的一种方法。它最初由 TCSEC(可信计算机安全评估标准[2])定义，是访问控制措施中最常用的一种方法，这种访问控制方法允许用户可以自主地在系统中规定谁可以存取它的资源实体，即用户(包括用户程序和用户进程)可选择同其它用户一起共享某个文件。所谓自主，是指具有授予某种访问权力的主体(用户)能够自己决定是否将访问权限授予其它的主体。

安全操作系统需要具备的特征之一就是自主访问控制，它基于对主体及主体所属的主体组的识别来限制对客体的存取。在大多数的操作系统中，自主访问控制的客体不仅仅是文件，还包括邮箱、通信信道、终端设备等。

自主访问控制的具体实施可采用以下几种方法：

1．访问控制矩阵(Access Control Matrix)

从理论上来说，访问控制矩阵是用来表示访问控制系统安全状态的，因此访问控制矩阵模型是用状态和状态转换进行定义的，系统和状态用矩阵表示，状态的转换则用命令来进行描述。直观地看，访问控制矩阵是一张表格，每行代表一个用户(即主体)，每列代表一个存取目标(即客体)，表中纵横对应的项是该用户对该存取客体的访问权集合(权集)。访问控制系统的基本功能是确保只有矩阵中指定的操作才能被执行。

图 9-3 是访问控制矩阵原理的简单示意图。抽象地说，系统的访问控制矩阵表示了系统的一种保护状态，如果系统中用户发生了变化，访问对象发生了变化，或者某一用户对某个对象的访问权限发生了变化，都可以看作是系统的保护状态发生了变化。由于访问控制矩阵模型只规定了系统状态的迁移必须有规则，而没有规定是什么规则，因此，该模型的灵活性很大，但却给系统埋下了潜在的安全隐患。另外，当系统拥有大量用户和客体时，访问控制矩阵将变得十分臃肿且稀疏，效率很低。因此，访问控制系统很少采用矩阵形式，更多的是其替代形式：访问控制列表和能力表。

主体＼客体	客体1	客体2	客体3
主体1	读	读	写
主体2		写	
主体3	执行		读

图 9-3 访问控制矩阵举例

2．能力表(Capability List)

在能力表访问控制方法中借用了系统对文件的目录管理机制，为每一个欲实施访问操作的主体，建立一个能被其访问的"客体目录表(文件目录表)"。例如，某个主体的客体目录表可能为

客体 1:权限	客体 2:权限	客体 i:权限	客体 j:权限	客体 n:权限

目录表中的每一项称为能力，它由特定的客体和相应的访问权限组成，表示主体对该客体所拥有的访问能力。把主体所拥有的所有能力组合起来就得到了该主体的能力表。这种方法相当于把访问控制矩阵按照行进行存贮。

当然，客体目录表中各个客体的访问权限的修改只能由该客体的合法属主确定，不允许其它任何用户在客体目录表中进行写操作，否则将可能出现对客体访问权的伪造。因此，操作系统必须在客体的拥有者控制下维护所有的客体目录。

能力表访问控制机制的优点是容易实现，每个主体拥有一张客体能力表，这样主体能访问的客体及权限一目了然，依据该表对主体和客体的访问与被访问进行监督比较简便。

缺点一是系统开销、浪费较大，这是由于每个用户都有一张目录表，如果某个客体允许所有用户访问，则将给每个用户逐一填写文件目录表，因此会造成系统额外开销；二是由于这种机制允许客体属主用户对访问权限实施传递并可多次进行，造成同一文件可能有多个属主的情形，各属主每次传递的访问权限也难以相同，甚至可能会把客体改用别名，因此使得能越权访问的用户大量存在，在管理上繁乱易错。

3. 访问控制列表(Access Control List)

访问控制列表的策略正好与能力表访问控制相反，它是从客体角度、按列进行设置的、面向客体的访问控制。每个客体有一个访问控制列表，用来说明有权访问该客体的所有主体及其访问权限，如图9-4所示。图中说明了不同主体对客体(Example 文件)的访问权限。其中客体 Example 文件的访问控制列表如下：

    <john, r >   <jane, rw >

其中，john 和 jane 表示用户的注册 ID；r 和 w 表示所允许的访问类型读和写。

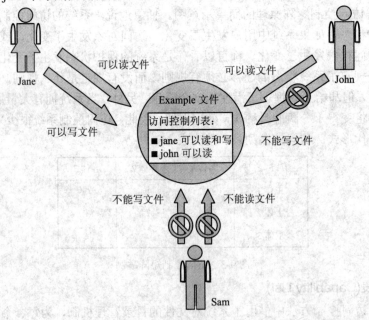

图9-4　访问控制列表

访问控制列表通常还支持统配符，从而可以制定更一般的访问规则。例如，我们可以制定：

　　<*.* , r >

表示任何组当中的任何用户都可以读文件。也可以制定如下规则：

　　<@.* , rw >

表示只有文件的属主(@)才能读和写文件。

　　访问控制列表方式的最大优点就是能较好地解决多个主体访问一个客体的问题，不会像能力表访问控制那样因授权繁乱而出现越权访问。缺点是由于访问控制列表需占用存储空间，并且由于各个客体的长度不同而出现存放空间碎片造成浪费，每个客体被访问时都需要对访问控制列表从头到尾扫描一遍，影响系统运行速度和浪费了存储空间。

4．许可模式

　　存取许可与存取模式是自主访问控制机制中的两个重要概念。存取许可是一种权力，即存取许可能够允许主体修改客体的访问控制列表，因此，可以利用存取许可实现自主访问控制机制的控制。存取模式是经过存取许可的确定后，对客体进行各种不同的存取操作。存取许可的作用在于定义或改变存取模式；存取模式的作用是规定主体对客体可以进行的存取操作。

　　在各种以自主访问控制机制进行访问控制的系统中，存取模式主要有：读(Read)，即允许主体对客体进行读和拷贝的操作；写(Write)，即允许主体写入或修改信息，包括扩展、压缩及删除等；执行(Execute)，就是允许将客体作为一种可执行文件运行，在一些系统中该模式还需要同时拥有读模式；空模式(Null)，即主体对客体不具有任何的存取权。

　　在许多操作系统当中，对文件或者目录的访问控制是通过把各种用户分成三类来实施的：属主(Self)、同组的其它用户(Group)和其它用户(Public)。

　　访问控制系统的作用就是给不同类型的用户分配不同的存取模式。通常每个文件或者目录都同几个称为文件许可(File Permissions)的控制比特位相关联。各个文件许可位的含义，如图 9-5 所示。

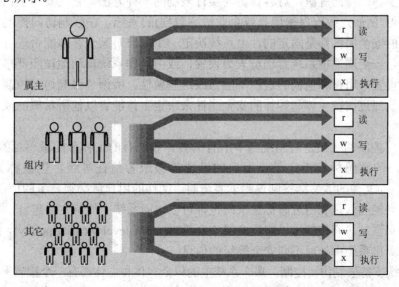

图 9-5　self/group/public 访问控制

以下给出了某系统中 smit.log 文件和 bin 目录的访问许可模式：

```
-rw-r--r-- 1 oper1 staff 1079 Apr 19 23:24 smit.log
drwxr-xr-x 10 bin bin 256 Apr 18 07:35 ..
```

其中，最左边的第 9 位表示文件类型，可以为 p、d、l、s、c、b 和-。p 表示命名管道文件；d 表示目录文件；l 表示符号连接文件；s 表示 socket 文件；c 表示字符设备文件；b 表示块设备文件；-表示普通文件。

位是用来区分客体是一个文件还是一个目录，随后的 9 个比特才是真正的许可模式，其中第 8-6 位、5-3 位、2-0 位分别表示文件所有者的权限，同组用户的权限，其它用户的权限，分别对应图 9-5 中三类用户的访问权限。例如属主对文件 smit.log 拥有读和写权限，而其它用户只有读权限。"-"表示对应的许可权限没有提供，也就代表没有相应权限。

缺省情况下，创建文件的用户即成为文件的所有者。一般来说，文件的所有者是除了超级用户外可以修改文件许可模式的唯一用户。

自主访问控制面临的最大缺陷主要有两点：第一，在基于 DAC 的系统中，主体的拥有者负责设置访问权限。也就是说，主体拥有者对访问的控制有一定权利。但正是这种权利使得信息在移动过程中其访问权限关系会被改变。如用户 A 将其对客体目标 O 的读访问权限传递给用户 B，那么 B 就可以读取 O 的内容并将其拷贝到另一个客体 X，此时，原用户 A 就很难再对客体 O 的内容进行控制了，这很容易产生安全漏洞。第二，DAC 机制很容易受特洛伊木马攻击。

9.1.3　强制访问控制

强制访问控制(Mandatory Access Control，MAC)是根据客体中信息的敏感标签和访问敏感信息的主体的访问等级，对客体访问实行限制的一种方法。它主要用于保护那些处理特别敏感数据(例如，政府保密信息或企业敏感数据)的系统。在强制访问控制中，用户的权限和客体的安全属性都是固定的，由系统决定一个用户对某个客体能否进行访问。所谓"强制"就是安全属性由系统管理员人为设置，或由操作系统自动地按照严格的安全策略与规则进行设置，用户和他们的进程不能修改这些属性。所谓"强制访问控制"是指访问发生前，系统通过比较主体和客体的安全属性来决定主体能否以他所希望的模式访问一个客体。

强制访问控制的实质是对系统当中所有的客体和所有的主体分配敏感标签(Sensitivity Label)。用户的敏感标签指定了该用户的敏感等级或者信任等级，也被称为安全许可(Clearance)。而文件的敏感标签则说明了要访问该文件的用户所必须具备的信任等级。

强制访问控制就是利用敏感标签来确定谁可以访问系统中的特定信息。

贴标签和强制访问控制可以实现多级安全策略(multi-level security policy)。这种策略可以在单个计算机系统中处理不同安全等级的信息。

只要系统支持强制访问控制，那么系统中的每个客体和主体都有一个敏感标签同它相关联。敏感标签由两个部分组成：类别(Classification)和类集合(有时也称为隔离间-Compartments)。

例如：

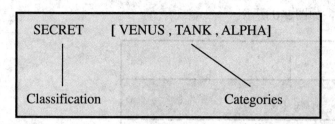

类别是单一的、层次结构的。在军用安全模型(基于美国国防部的多级安全策略)中，有四种不同的等级：绝密级(Top Secret)、机密级(Secret)、秘密级(Confidential)及普通级(Unclassified)，其级别关系为 T>S>C>U。

类集合或者隔离间是非层次的，代表系统当中信息的不同区域。类当中可以包含任意数量的项。

强制访问控制机制的特点主要有：一是强制性，这是强制访问控制的突出特点，除了代表系统的管理员以外，任何主体、客体都不能直接或间接地改变它们的安全属性。二是限制性，即系统通过比较主体和客体的安全属性来决定主体能否以它所希望的模式访问一个客体，这种无法回避的比较限制，将防止某些非法入侵。同时，也不可避免地要对用户自己的客体施加一些严格的限制。

9.1.4 访问控制模型

在强制访问控制系统当中，控制系统之间的信息输入和输出是非常重要的。MAC 系统有大量的规则用于数据输入和输出。

在 MAC 系统当中，所有的访问决策都是由系统作出，而不是自由访问控制当中的由用户自行决定。对某个客体是否允许访问的决策由以下三个因素决定：

(1) 主体的标签，即你的安全许可，如

TOP SECRET [VENUS TANK ALPHA]

(2) 客体的标签，例如文件 Example 的敏感标签如

SECRET [VENUS ALPHA]

(3) 访问请求，例如你试图读还是写访问。

根据主体和客体的敏感标签和读写关系可以有以下四种组合：

(1) 下读(Read down)。主体级别高于客体级别的读操作。

(2) 上写(Write up)。主体级别低于客体级别的写操作。

(3) 下写(Write down)。主体级别高于客体级别的写操作。

(4) 上读(Read up)。主体级别低于客体级别的读操作。

这四种组合中不同的读写方式导致了不同的安全模型。

1. Bell-LaPadula 模型

Bell-LaPadula(BLP)模型[3]是 20 世纪 70 年代，美国军方提出的用于解决分时系统的信息安全和保密问题，该模型主要用于防止保密信息被未授权的主体访问。

BLP 模型使用主体、客体、访问操作(读，写，读/写)以及安全级别这些概念，当主体

和客体位于不同的安全级别时，主体对客体就存在一定的访问限制。BLP 模型基于以下两种规则来保障数据的保密性，如图 9-6 所示。

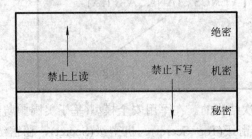

图 9-6　Bell-LaPadula 模型

(1) 禁止上读(NRU)。主体不可读安全级别高于它的数据，称为简单安全特性。

(2) 禁止下写(NWD)。主体不可写安全级别低于它的数据，称为*(星号)特性。

上述两条规则能保证信息不被非授权主体所访问，实现分级安全。

以图 9-7 为例，客体 Example 文件的敏感标签为：SECRET [VENUS ALPHA])，主体 Jane 的敏感标签为 SECRET [ALPHA])，虽然主体的敏感等级满足上述读写规则，但是由于主体 Jane 的类集合当中没有 VENUS，所以不能读此文件。而写则允许，因为客体 Example 的敏感等级不低于主体 Jane 的敏感等级，写了以后不会降低敏感等级。

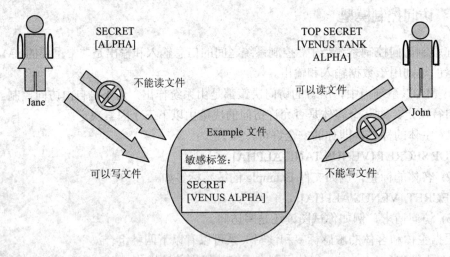

图 9-7　强制访问控制举例

BLP 模型是一个很安全的模型，其控制信息只能由低向高流动，能满足军事部门等一类对数据保密性要求特别高的机构的需求。总的来说，BLP 模型"过于安全"：上级对下级发文受到限制、部门之间信息的横向流动被禁止、缺乏灵活、安全的授权机制。BLP 模型主要的安全弱点在于：

(1) 低安全级的信息向高安全级流动，可能破坏高安全客体中数据完整性，被病毒和黑客利用。

(2) 只要信息由低向高流动即合法(高读低)，不管工作是否有需求，这不符合最小特权原则。

2．Biba 完整性模型

20 世纪 70 年代，Ken Biba 提出了 Biba 访问控制模型[4]，该模型对数据提供了分级别的完整性保证，类似于 BLP 保密性模型，Biba 模型也使用强制访问控制系统。BLP 模型使用安全级别(绝密，机密，秘密等)，这些安全级别用于保证敏感信息只被授权的个体所访问，而 Biba 模型不关心信息保密性的安全级别，因此，它的访问控制不是建立在安全级别上，而是建立在完整性级别上。

Biba 模型能够防止数据从低完整性级别流向高完整性级别，跟 BLP 一样，Biba 模型基于下述两种规则来保障数据的完整性，如图 9-8 所示。

(1) 禁止下读(NRU)属性。主体不能读取安全级别低于它的数据，称为简单完整特性。

(2) 禁止上写(NWD)属性。主体不能写入安全级别高于它的数据，称为完整特性。

从这两个属性来看，我们发现 Biba 与 BLP 模型的两个属性是相反的，BLP 模型提供保密性，而 Biba 模型对于数据的完整性提供保障。

Biba 模型在应用中的一个例子是对 Web 服务器的访问过程。如图 9-9 所示。定义 Web 服务器上发布的资源安全级别为"秘密"，Internet 上用户的安全级别为"公开"，依照 Biba 模型，Web 服务器上数据的完整性将得到保障，Internet 上的用户只能读取服务器上的数据而不能更改它，因此，任何"POST"操作将被拒绝。

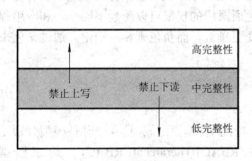 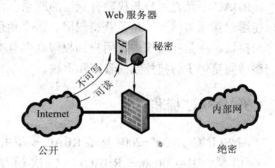

图 9-8　Biba 模型　　　　　　图 9-9　Biba 模型应用举例

另一个例子，是对系统状态信息的收集，网络设备作为对象，被分配的安全等级为"机密"，网管工作站的安全级别为"秘密"，那么网管工作站将只能使用 SNMP 的"get"命令来收集网络设备的状态信息，而不能使用"set"命令来更改该设备的设置。这样，网络设备的配置完整性就得到了保障。

Biba 模型并没有被用来设计安全操作系统，但大多数完整性保障机制都基于 Biba 模型的两个基本属性构建。

9.1.5　基于角色的访问控制

强制访问控制弥补了自主访问控制在防范木马型攻击方面的不足，但是强制访问控制只能应用于等级观念明显的行业(如军队)，在商业领域其应用并不十分有效。在 20 世纪 80 年代到 90 年代初这段时期，访问控制领域的研究人员逐渐认识到将角色作为一个管理权限的实体单独抽象出来的好处，1992 年，Ferraiolo 和 Kuhn 合作提出了 RBAC 模型[7]。1996 年 Sandhu 等人[8]提出了 RBAC 模型框架：RBAC96，该框架把 RBAC 分成四个概念模型。

2004 年 2 月，美国国家标准委员会(ANSI)和 IT 国际标准委员会(INCITS)以 RBAC96 为基础制定了 ANSI INCITS 359-2004 标准。从概念提出到商业运用和部署，RBAC 得到了快速发展。

　　基于角色的访问控制(Role–Based Access Control，RBAC)，其核心思想就是：将访问许可权分配给一定的角色，用户通过饰演不同的角色获得角色所拥有的访问许可权。这是因为在很多实际应用中，用户并不是可以访问的客体信息资源的所有者(这些信息属于企业或公司)，这样的话，访问控制应该基于员工的职务而不是基于员工在哪个组或是谁。

　　在 RBAC 中，"角色"是指一个或一群用户在组织内可执行的操作的集合。RBAC 从控制主体的角度出发，根据管理中相对稳定的职权和责任来划分角色，将访问权限与角色相联系，这点与传统的 MAC 和 DAC 将权限直接授予用户的方式不同；通过给用户分配合适的角色，让用户与访问权限相联系。角色成为访问控制中访问主体和受控客体之间的一座桥梁，如图 9-10 所示。

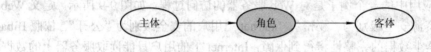

图 9-10　基于角色的访问控制

　　RBAC 不允许用户与权限有直接的联系。在 RBAC 中，权限被指派给角色，所有用户只能通过指派给他们的角色获得权限。每个角色所对应的权限可以跨越不同平台和应用程序来授权。在某些组织中，用户和权限众多且变更频繁，而角色则相对稳定。通过角色来控制访问简化了访问控制的管理和审核。

9.1.6　RBAC 标准模型

　　ANSI INCITS 359-2004 标准 RBAC 模型由 4 个部件模型组成，这 4 个部件模型分别是基础模型 RBAC0(Core RBAC)、层次模型 RBAC1(Hierarchal RBAC)、约束模型 RBAC2(Constraint RBAC)和统一模型 RBAC3(Combines RBAC)，如图 9-11 所示。

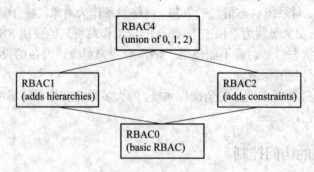

图 9-11　RBAC 框架模型

RBAC0 包含了构成一个 RBAC 控制系统的最小元素集合，其中包括以下五个基本单元：

　　(1) 用户(users)：代表人，也可以是设备、代理等，是一个可以独立访问计算机系统中的数据或者用数据表示的其它资源的主体。

　　(2) 角色(roles)：表示工作职责。

(3) 客体(objects)：表示资源或者对象，任何访问控制机制都是为了保护系统的资源。客体可以是文件、目录、数据库表、行、字段等，甚至于磁盘空间、CPU 周期等都是资源。

(4) 操作(operations)：是程序的可执行映像，被用于调用和执行。例如文件系统的操作有读、写、执行等。

(5) 权限(permissions)：权限由客体以及客体所对应的操作组成。

在 RBAC 中，权限被赋予角色，而不是用户，当一个角色被指定给一个用户时，此用户就拥有了该角色所包含的权限，如图 9-12 所示。图中采用的双向箭头，表示多对多的关系。例如，一个主体可以有多个角色，而一个角色也可以分配给不同主体。

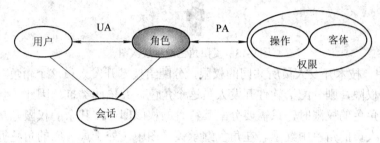

图 9-12　用户、角色和权限之间关系

RBAC 的重点关注对象就是角色和用户、权限的关系，分别被称为用户角色分配 UA(User assignment)和角色权限分配 PA(Permission assignment)。关系的左右两边都是多对多关系。

会话(Session)是用户与激活的角色集合之间的映射。用户是一个静态的概念，而会话则是一个动态的概念。一次会话是用户的一个激活进程，它代表用户与系统的一次交互。用户与会话是一对多关系，一个用户可以同时打开一或多个会话，每个会话和单个用户关联。

每个会话将一个用户与他所对应的角色集中的一部分建立映射关系，这个角色会话子集称为被会话激活的角色集。当一个用户激活他所有角色的一个子集的时候，就建立了一个会话。于是，在这次会话中，用户可以执行的操作就是该会话激活的角色集对应的权限所允许的操作。

为了提高效率，避免相同权限的重复设置，RBAC 采用了"角色继承"的概念，定义的各类角色，它们都有自己的属性，但可能还继承其它角色的属性和权限。角色继承把角色组织起来，能够很自然地反映组织内部人员之间的职权、责任关系。

角色继承是一种角色和角色之间的关系，当角色 A 继承角色 B 的权限时，我们称角色 A 为资深角色(Senior Role)，角色 B 为资浅角色(Junior Role)，也就是资深角色会继承资浅角色的权限。这种继承我们称之为直接继承。另一种继承方式是间接继承，即当前述角色 B 又继承另一角色 C 的权限，此时角色 A 不仅拥有角色 B 的权限，而且还会通过角色 B 间接拥有角色 C 的权限。由此，角色之间形成一种层次型的结构，称之为无环有向图(Acyclic Directed Graph)结构。树状图(Tree)和网格图(Lattice)都属于这种结构，分别对应不同的继承方式。

RBAC1 引入角色间的继承关系，角色间的继承关系可分为一般继承关系和受限继承关系。受限继承关系(Limited Inheritance)中的一个角色只能直接继承另一个资浅角色的权限，但间接继承不受限制，这种角色继承关系是一个树结构，如图 9-13 所示。

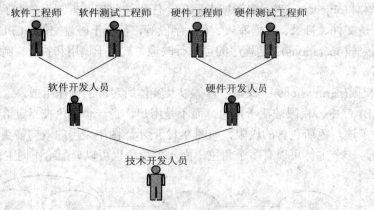

图 9-13　受限角色继承层次图

图 9-13 中，技术开发人员所共同的权限，分配给技术开发人员这个角色。而软件开发人员所共用的权限，则分配给软件开发人员这个角色，并依此类推。因此，我们在设定软件工程师这个角色的权限时，只需要分配其特有的权限即可，其余的权限则从软件开发人员及技术开发人员的角色中继承。在角色继承关系图中，处于最上面的角色拥有最大的访问权限，越下端的角色拥有的权限越小。图 9-13 中权限继承的方向和面向对象程序设计中对象继承的方向刚好相反。

一般继承关系(General Inheritance)中的一个角色能直接继承多于一个资浅角色的权限。此时角色之间形成网格图，如图 9-14 所示，但也可能形成树状图(实际上是反转树(Inverted Tree)结构)，如图 9-14 中最上面三层结构。

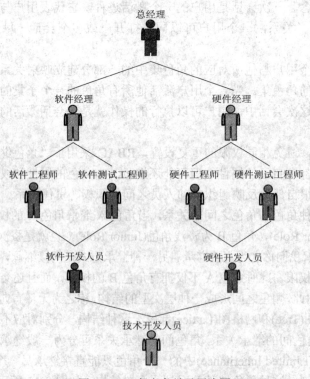

图 9-14　一般角色继承层次图

RBAC2 模型中添加了多种约束关系。RBAC2 的约束规定了权限被赋予角色，或角色被赋予用户时，以及当用户在某一时刻激活一个角色时所应遵循的强制性规则。主要的约束关系如下：

(1) 职责分离包括静态职责分离和动态职责分离。

静态职责分离(SSD)。只有当一个角色与用户所属的其它角色彼此不互斥时，这个角色才能授权给该用户。例如，会计和出纳一般都不允许同一个人兼任。

动态职责分离(DSD)。只有当一个角色与一主体的任何一个当前激活角色都不互斥时，该角色才能成为该主体的另一个激活角色。

(2) 基数限制(Cardinality Constraints)。在创建新的角色时，要指定角色的容量。在一个特定的时间段内，有一些角色只能由一定人数的用户占用。同样，一个角色对应的权限数目也受限。

(3) 先决条件角色。可以分配角色给用户仅当该用户已经是另一角色的成员；对应地，可以分配权限给角色，仅当该角色已经拥有另一种操作权限。例如，当用户拥有了角色 A 时才可以分配角色 B 给用户，而且在其它任何情况下角色 B 都不能分配给用户，那么角色 A 即为角色 B 的先决条件角色，有的时候我们也称为必备角色。同理类推必备权限。

(4) 时间频度限制。规定特定角色权限的使用时间及频度。

RBAC3 是 RBAC1 和 RBAC2 两者的结合，既提供了角色间的继承关系，又提供了职责分离等多种约束关系，其模型如图 9-15 所示。

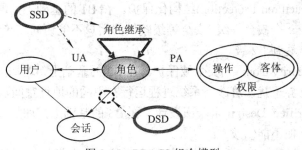

图 9-15　RBAC3 组合模型

9.1.7　总结

访问控制，作为安全防御措施的一个重要环节，其作用是举足轻重的。自主访问控制机制虽然有着很大的灵活性，但同时也存在着安全隐患；强制访问控制机制虽然大大提高了安全性，但是在灵活性上就会大打折扣。这两种传统的访问控制机制存在的问题使得访问控制的研究向着新的方向发展，基于角色的访问控制机制就是这种形势下的产物，它克服了传统的访问控制机制的不足，是一种有效而灵活的安全策略。它是未来访问控制的发展趋势。

9.2　计算机安全等级的划分

为了加强计算机系统的信息安全，1985 年美国国防部发表了《可信计算机评估准则》(缩写为 TCSEC)[2]，即通常所说的黄皮书。TCSEC 提出了访问控制在计算机安全系统中的重要作用，给出了自主访问控制和强制访问控制策略，以阻止非授权用户对敏感信息的访问。该标准将计算机系统的安全程度从高到低划分划分了 4 类 7 个安全等级，分别为 A1，B3，B2，B1，C2，C1，D 七个等级，每一等级对访问控制都提出了不同的要求。例如，C 级要求至少具有自主型的访问控制；B 级以上要求具有强制型的访问控制手段。各个等级具体划分如下。

(1) D 级：(Minimal Protection)最低安全保护。没有任何安全性防护，如 DOS 和 Windows95/98 等操作系统。

(2) C1 级：(Discretionary Security Protection)自主安全保护。这一级的系统必须对所有的用户进行分组；对于每个用户必须注册后才能使用；系统必须记录每个用户的注册活动；系统对可能破坏自身的操作将发出警告。

(3) C2 级：(Controled Access Protection)可控访问保护。在 C1 级基础上，增加了以下要求：所有的客体都只有一个主体；对于每个试图访问客体的操作，都必须检验权限；有且仅有主体和主体指定的用户可以更改权限；管理员可以取得客体的所有权，但不能再归还；系统必须保证自身不能被管理员以外的用户改变；系统必须有能力对所有的操作进行记录，并且只有管理员和由管理员指定的用户可以访问该记录。SCO UNIX 和 Windows NT 属于 C2 级。

(4) B1 级：(Labeled Security Protection)标识的安全保护。在 C2 的基础上，增加以下几条要求：不同的组成员不能访问对方创建的客体，但管理员许可的除外；管理员不能取得客体的所有权。Windows NT 的定制版本可以达到 B1 级。

(5) B2 级：(Structured Protection)结构化保护。在 B1 的基础上，增加以下几条要求：所有的用户都被授予一个安全等级；安全等级较低的用户不能访问高等级用户创建的客体。银行的金融系统通常达到 B2 级。

(6) B3 级：(Security Domain)安全域保护。在 B2 的基础上，增加以下要求：系统有自己的执行域，不受外界干扰或篡改。系统进程运行在不同的地址空间从而实现隔离。

(7) A1 级：(Verified Design)可验证设计。在 B3 的基础上，增加以下要求：系统的整体安全策略一经建立便不能修改。

1999 年 9 月 13 日我国颁布了《计算机信息系统安全保护等级划分准则》(GB17859—1999)，定义了计算机信息系统安全保护能力的五个等级：第一级到第五级。实际上，国标中将国外的最低级 D 级和最高级 A1 级取消，余下的分为五级。TCSEC 中的 B1 级与 GB17859 的第三级对应。

(1) 第一级：用户自主保护级；

(2) 第二级：系统审计保护级；

(3) 第三级：安全标记保护级；

(4) 第四级：结构化保护级；

(5) 第五级：访问验证保护级。

9.3　系统审计

计算机的出现，尤其计算机网络的出现，使得安全问题备受人们关注。而且人们在为实现计算机安全的征程中经历着不断的探索。最为引人注目的应该是美国国防部(DOD)在20 世纪 70 年代支持的一项内容广泛的研究计划,该计划研究安全策略、安全指南和"可信系统"的控制。

可信系统定义为"能够提供足够的硬件和软件,以确保系统同时处理一定范围内的敏感或分级信息"。因此,可信系统主要是为军事和情报组织在同一计算机系统中存放不同敏感级别(通常对应于相应的分级)信息而提出的。

在最初的研究中,研究人员争论安全审计机制是否对可信系统的安全级别有帮助。最终,审计机制被纳入《可信计算机系统评估准则》("橙皮书")中,作为对 C2 及 C2 以上级系统的要求的一部分。概括了 DOD 的可信计算机系统研究成果的这一系列文档通常被称为"彩虹系列"(Rainbow Series)。"彩虹系列"中的一份文档"褐皮书"(Tan Book)就是说明可信系统中的审计的,标题是《理解可信系统中的审计指南》。彩虹系列文档可在网站:http://secinf.net/rainbow_series/下载。

9.3.1　审计及审计跟踪

审计(Audit)是指产生、记录并检查按时间顺序排列的系统事件记录的过程。它是一个被信任的机制,TCB 的一部分。同时,它也是计算机系统安全机制的一个不可或缺的部分,对于 C2 及以上安全级别的计算机系统来讲,审计功能是其必备的安全机制。而且,审计是其它安全机制的有力补充,它贯穿计算机安全机制实现的整个过程,从身份认证到访问控制这些都离不开审计。同时,审计还是后来人们研究的入侵检测系统的前提。

可信计算基础(Trusted Computing Base,简称 TCB)

所谓可信计算基础即操作系统中用于实现安全策略的一个集合体(包含软件、固件和硬件),该集合体根据安全策略来处理主体对客体的访问,并满足以下特征: (a)TCB 实施主体对客体的安全访问; (b)TCB 是抗篡改的; (c)TCB 的结构易于分析和测试。

审计跟踪(Audit Trail)("褐皮书")是系统活动的记录,这些记录足以重构、评估、审查环境和活动的次序,这些环境和活动是同一项事务的开始到最后结束期间围绕或导致一项操作、一个过程或一个事件相关的。

从这个意义来讲,审计跟踪可用来实现:确定和保持系统活动中每个人的责任;重建事件;评估损失;监测系统问题区;提供有效的灾难恢复;阻止系统的不正当使用等。

作为一种安全机制,计算机系统的审计机制的安全目标有("褐皮书"):

(1) 审查基于每个目标或每个用户的访问模式,并使用系统的保护机制。

(2) 发现试图绕过保护机制的外部人员和内部人员。

(3) 发现用户从低等级到高等级的访问权限转移。

(4) 制止用户企图绕过系统保护机制的尝试。

(5) 作为另一种机制确保记录并发现用户企图绕过保护的尝试,为损失控制提供足够的信息。

9.3.2　安全审计

审计是记录用户使用计算机网络系统进行所有活动的过程,它是提高安全性的重要工具。安全审计跟踪机制的价值在于：经过事后的安全审计可以检测和调查安全漏洞。

(1) 它不仅能够识别谁访问了系统，还能指出系统正被怎样地使用。

(2) 对于确定是否有网络攻击的情况，审计信息对于确定问题和攻击源很重要。

(3) 系统事件的记录能够更迅速和系统地识别问题，并且它是后面阶段事故处理的重要依据。

(4) 通过对安全事件的不断收集与积累并且加以分析，有选择性地对其中的某些站点或用户进行审计跟踪，以提供发现可能产生破坏性行为的有力证据。

安全审计就是对系统的记录与行为进行独立的品评考查，目的是：

(1) 测试系统的控制是否恰当，保证与既定安全策略和操作能够协调一致。

(2) 有助于作出损害评估。

(3) 对控制、策略与规程中特定的改变作出评价。

安全审计跟踪机制的内容是在安全审计跟踪中记录有关安全的信息，而安全审计管理的内容是分析和报告从安全审计跟踪中得来的信息。

安全审计跟踪将考虑。

(1) 要选择记录什么信息。审计记录必须包括网络中任何用户、进程、实体获得某一级别的安全等级的尝试：包括注册、注销，超级用户的访问，产生的各种票据，其它各种访问状态的改变。特别注意公共服务器上的匿名或客人账号。

实际收集的数据随站点和访问类型的不同而不同。通常要收集的数据包括：用户名和主机名，权限的变更情况，时间戳，被访问的对象和资源。当然这也依赖于系统的空间。(注意不要收集口令信息)

(2) 在什么条件下记录信息。

(3) 为了交换安全审计跟踪信息所采用的语法和语义定义。

收集审计跟踪的信息，通过列举被记录的安全事件的类别(例如明显违反安全要求的或成功完成操作的)，应能适应各种不同的需要。已知安全审计的存在可对某些潜在的侵犯安全的攻击源起到威摄作用。

审计是系统安全策略的一个重要组成部分，它贯穿整个系统不同安全机制的实现过程，它为其它安全策略的改进和完善提供了必要的信息。而且，它的深入研究为后来的一些安全策略的诞生和发展提供了契机。后来发展起来的入侵检测系统就是在审计机制的基础上得到启示而迅速发展起来的。

◆─────── 参 考 文 献

[1] Anderson J P. ESD-TR-73-51, Electronic Systems Division, Air Force Systems Command, Hanscom Field, Bedford, MA, October 1972

[2] DoD Trusted Computer System Evaluation Criteria(Orange Book), 26 December 1985

[3] Bell D E, LaPadula L J. Secure Computer Systems: Mathematical Foundations and Model, Bedford, MA: The Mitre Corporation, 1973

[4] Biba K J. Integrity Considerations for Secure Computer Systems, Bedford, MA: The MITRE

Corporation, 1977

[5]　Clark D D, Wilson D R. A Comparison of Commercial and Military Computer Security Policies, IEEE Symposium of Security and Privacy, 1987, pp. 184–194

[6]　Dr David F C, Brewer, Dr Micheal Nash J. The Chinese Wall Security Policy, Proc. IEEE Symposium on Research in Security and Privacy, April 1989, pp. 206–214

[7]　Ferraiolo D F, Kuhn D R. Role-Based Access Control, Proceedings of the NIST-NSA National (USA) Computer Security Conference, 1992, pp. 554–563

[8]　Sandhu R, et al. Role-Based Access Control Models, IEEE Computer, Vol.29, No. 2, February 1996.

[9]　Ravi S, Sanhdu, Pierangela Samarati．Access Control: Principle and Practice．IEEE Computer，September 1994，pp.40–48

思　考　题

[1]　在多级安全系统当中，"不下写"规则的重要性是什么？

[2]　Bell Lapadula 模型中同级别主体和客体之间的访问规则是什么？

[3]　比较下属敏感标签的安全等级：

　　　TOP SECRET [VENUS ALPHA] 和 SECRET [VENUS ALPHA]？

　　　TOP SECRET [VENUS] 和 SECRET [ALPHA]？

[4]　防火墙所实现的单向访问机制，它不允许敏感数据从内部网络(例如，其安全级别为"机秘")流向 Internet(安全级别为"公开")，所有内部数据被标志为"机密"或"高密"。此时防火墙的"上读"和"下写"意味着什么？

第 10 章　防火墙技术

　　防火墙(firewall)原是汽车中一个部件的名称。在汽车中，利用防火墙把乘客和引擎隔开，以便汽车引擎一旦着火，防火墙不但能保护乘客安全，同时还能让司机继续控制引擎。在电脑中，防火墙是一种设备，可使个别网路不受公共部分(因特网)的影响。后来，将防火墙电脑简称为"防火墙"，它分别连接受保护网络和因特网。

　　防火墙作为网络防护的第一道防线，它由软件或/和硬件设备组合而成，它位于企业或网络群体计算机与外界通道(Internet)的边界，限制着外界用户对内部网络的访问以及管理内部用户访问外界网络的权限。

　　防火墙是一种必不可少的安全增强点，它将不可信网络同可信任网络隔离开(如图 10-1 所示)。防火墙筛选两个网络间所有的连接，决定哪些传输应该被允许哪些应该被禁止。这取决于网络制定的某一形式的安全策略。

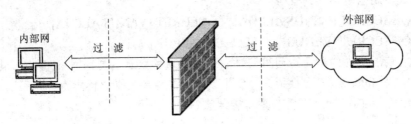

图 10-1　防火墙示意图

　　防火墙是放置在两个网络之间的一些组件，这组组件具有下列性质：

　　(1) 双向通信必须通过防火墙；

　　(2) 防火墙本身不会影响信息的流通；

　　(3) 只允许本身安全策略授权的通信信息通过。

　　从诞生到现在，防火墙已经历了四个发展阶段：基于路由器的防火墙、用户化的防火墙工具套、建立在通用操作系统上的防火墙、具有安全操作系统的防火墙。目前，防火墙供应商提供的大部分都是具有安全操作系统的软硬件结合的防火墙。

10.1　防火墙的概念、原理

　　防火墙是在内部网和外部网之间实施安全防范的系统。可认为它是一种访问控制机制，用于确定哪些内部服务对外开放，以及允许哪些外部服务对内部开放。它可以根据网络传输的类型决定 IP 包是否可以进出企业网、防止非授权用户访问企业内部、允许使用授权机器的用户远程访问企业内部、管理企业内部人员对 Internet 的访问。防火墙的组成可用表达

式说明如下:

$$防火墙 = 过滤器 + 安全策略(网关)$$

防火墙通过逐一审查收到的每个数据包,判断它是否有相匹配的过滤规则(用表格的形式表示,包括 Match,Action,Trace,Target 四个条件项)。即按表格中规则的先后顺序以及每条规则的条件逐项进行比较,直到满足某一条规则的条件,并作出规定的动作(中止或向前转发),从而来保护网络的安全。

防火墙主要提供以下四种服务:

(1) 服务控制:确定可以访问的网络服务类型。

(2) 方向控制:特定服务的方向流控制。

(3) 用户控制:内部用户、外部用户所需的某种形式的认证机制。

(4) 行为控制:控制如何使用某种特定的服务。

10.2　防火墙技术(层次)

第一代防火墙出现在大约十年前,它是一种简单的包过滤路由器形式。当今,有多种防火墙技术供网络安全管理员选择。防火墙一般可以分为以下几种:包过滤型防火墙、应用网关型防火墙、电路级网关防火墙、状态检测型防火墙、自适应代理型防火墙。下面具体分析各种防火墙技术。

10.2.1　包过滤防火墙(TCP、IP)

包是网络上信息流动的基本单位。它由数据负载和协议头两个部分组成。包过滤作为最早、最简单的防火墙技术,正是基于协议头的内容进行过滤。术语"包过滤"通过将每一输入/输出包中发现的信息同访问控制规则相比较来决定阻塞或放行包。通过检查数据流中每一个数据包的源地址、目的地址、所用端口、协议状态等因素,或它们的组合来确定是否允许该数据包通过。如果包在这一测试中失败,将在防火墙处被丢弃。包过滤防火墙如图 10-2 所示。

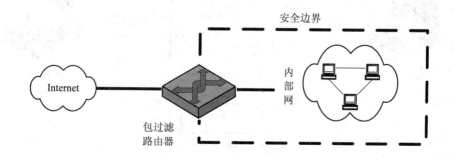

图 10-2　包过滤防火墙

考虑包过滤路由器同守卫的类比。当装载有包的运输卡车到达时,"包过滤"守卫快速的察看包的住户地址是否正确,检查卡车的标识(证件)以确保它也是正确的,接着送卡车通过关卡传递包。虽然这种方法比没有关卡更安全,但是它还是比较容易通过并且会使整个内部网络暴露于危险之中。

包过滤防火墙是最快的防火墙,这是因为它们的操作处于网络层并且只是粗略检查特定的连接的合法性。例如,HTTP 通常为 Web 服务连接使用 80 号端口。如果公司的安全策略允许内部职员访问网站,包过滤防火墙可能设置允许所有的连接通过 80 号这一缺省端口。不幸的是,像这样的假设会造成实质上的安全危机。当包过滤防火墙假设来自 80 端口的传输通常是标准 Web 服务连接时,它对于应用层实际所发生的事件的能见度为零。任何意识到这一缺陷的人都可通过在 80 端口上绑定其它没有被认证的服务,从而进入私有网络而不会被阻塞。

许多安全专家也批评包过滤防火墙,因为端点之间可以通过防火墙建立直接连接。一旦防火墙允许某一连接,就会允许外部源直接连接到防火墙后的目标,从而潜在的暴露了内部网络,使之容易遭到攻击。

10.2.2　应用代理防火墙(Application Layer)

在包过滤防火墙出现不久,许多安全专家开始寻找更好的防火墙安全机制。他们相信真正可靠的安全防火墙应该禁止所有通过防火墙的直接连接——在协议栈的最高层检验所有的输入数据。为测试这一理论,DARPA (Defense Advanced Research Projects Agency)同在华盛顿享有较高声望的以可信信息系统著称的高级安全研究机构签订了合同,以开发安全的"应用级代理"防火墙。这一研究最终造就了 Gauntlet(http://www.tis.com/),它是第一代为 DARPA 和美国国防部的最高标准设计的商业化应用级代理防火墙。

应用级代理防火墙模式提供了十分先进的安全控制机制,如图 10-3 所示。它通过在协议栈的最高层(应用层)检查每一个包从而提供足够的应用级连接信息。因为在应用层中它有足够的能见度,应用级代理防火墙能很容易看见前面提及的每一个连接的细节从而实现各种安全策略。例如,这种防火墙很容易识别重要的应用程序命令,象 FTP 的"put"上传请求和"get"下载请求。

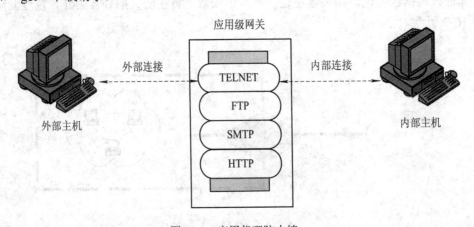

图 10-3　应用代理防火墙

应用级代理防火墙也具有内建代理功能的特性——在防火墙处终止客户连接并初始化一条到受保护内部网络的新连接。这一内建代理机制提供额外的安全，这是因为它将内部和外部系统隔离开来，从外面只看到代理服务器，而看不到任何内部资源，而且代理服务器只允许被代理的服务通过。使得系统外部的黑客要探测防火墙内部系统变得更加困难。

考虑前面安全守卫的类比，和刚才在输入包中查找地址不同的是，"应用级代理"安全守卫打开每个包并检查其中内容并将发送者的信任书同已明确建立的评价标准相对比。如果每个传输包都通过了这种细致的检查，那么守卫签署传送标记，并在内部送一份可信快递以传递该包到合适的住户，卡车及司机无法进入。这种安全检查不仅更可靠，而且司机看到内部网络。尽管这些额外的安全机制将花费更多处理时间，但可疑行为绝不会被允许通过"应用级代理"安全守卫。

代理服务安全性高，可以过滤多种协议，通常认为它是最安全的防火墙技术。其不足主要是不能完全透明地支持各种服务、应用，一种代理只提供一种服务。另外需要消耗大量的 CPU 资源，导致相对低的性能。

10.2.3　电路级网关型防火墙(Session Layer)

电路级起一定的代理服务作用。它监视两主机建立连接时的握手信息，从而判断该会话请求是否合法，如图 10-4 所示。一旦会话连接有效，该网关仅复制、传递数据。它在 IP 层代理各种高层会话，具有隐藏内部网络信息的能力，且透明性高。但由于其对会话建立后所传输的具体内容不再作进一步地分析，因此安全性稍低。

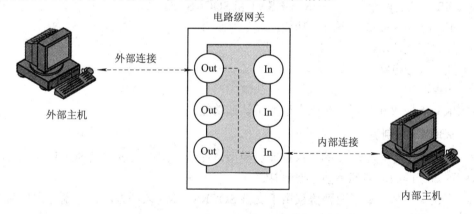

图 10-4　电路级防火墙

电路级网关不允许进行端点到端点的 TCP 连接，而是建立两个 TCP 连接。一个在网关和内部主机上的 TCP 用户程序之间，另一个在网关和外部主机的 TCP 用户程序之间。一旦建立两个连接，网关通常就只是把 TCP 数据包从一个连接转送到另一个连接中去而不检验其中的内容。其安全功能就是确定哪些连接是允许的。

它和包过滤型防火墙有一个共同特点，都是依靠特定的逻辑来判断是否允许数据包通过，但包过滤型防火墙允许内外计算机系统建立直接联系，而电路级网关无法 IP 直达。

电路级网关实现的一个例子就是 SOCKS(http://www.socks.permeo.com/)。第五版的 SOCKS 是 IETF 认可的、标准的、基于 TCP/IP 的网络代理协议。SOCKS 包括两个部件：

SOCKS 服务器和 SOCKS 客户端。SOCKS 服务器在应用层实现，而 SOCKS 客户端的实现位于应用层和传输层之间。SOCKS 协议的基本目的就是让 SOCKS 服务器两边的主机能够互相访问，而不需要直接的 IP 互联(Reachability)，如图 10-5 所示。

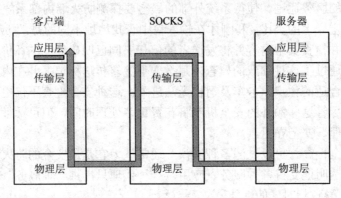

图 10-5　SOCKS 协议层次

1．SOCKS 代理服务器概念

当一个应用程序客户需要连接到一个应用服务器，客户先连接到 SOCKS 代理服务器。代理服务器代表客户连接到应用服务器，并在客户和应用服务器之间中继(relay)数据。对于应用服务器来说，代理服务器就是客户。

2．SOCKS 模型

SOCKS 协议有两个版本——SOCKS v4 和 SOCKS v5。

SOCKS v4 协议完成以下三个功能：

(1) 发起连接请求。

(2) 建立代理电路。

(3) 中继应用数据。

SOCKS v5 协议在第四版基础上增加了认证功能。

3．SOCKS 控制流

图 10-6 给出了 SOCK v5 的协议控制流模型。虚线范围内表示的是 SOCK v4 的功能。SOCKS v5 对第四版功能的增强主要包括：

(1) 强认证。另定义了两种协议用于支持 SOCKS v5 的认证方法，分别是用户名/口令认证(rfc1929)和 GSS-API(通用安全服务 API)认证(rfc1961)。

(2) 认证方法协商。应用客户和 SOCKS v5 服务器可以就使用的认证方法进行协商。

(3) 地址解析代理。SOCKS v5 内置的地址解析代理简化了 DNS 管理和 IP 地址隐藏和转换。SOCKS v5 可以为客户解析名字。

(4) 基于 UDP 应用程序的代理。

4．使用 SOCKS 的原因

利用 SOCKS v5 所具有的强大而灵活的协议框架，支持 SOCKS v5 的应用程序有很多优势，例如，透明的网络访问、容易支持认证和加密方法、快速开发新的网络应用、简化网络安全策略管理和支持双向代理。

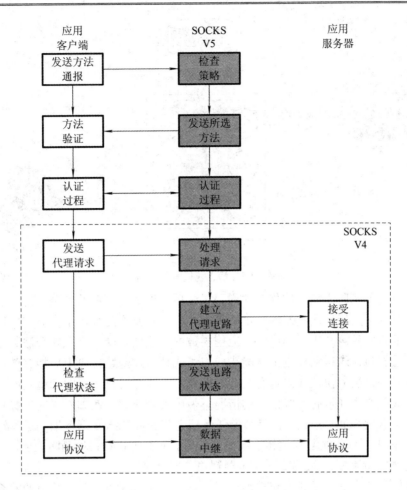

图 10-6　SOCKS 协议控制流

10.2.4　状态包检测(Stateful-inspection)

为了克服基本状态包过滤模式所带有的明显安全问题,一些包过滤防火墙厂商提出了所谓的状态包检测概念。上面提到的包过滤技术简单的查看每一个单一的输入包信息,而状态包检测模式增加了更多的包和包之间的安全上下文检查以达到与应用级代理防火墙相类似的安全性能。状态包检测防火墙在网络层拦截输入包,并利用足够的企图连接的状态信息以做出决策(通过对高层的信息进行某种形式的逻辑或数学运算),如图 10-7 所示。这些包在操作系统内核的私有检测模块中检测。安全决策所需的状态相关信息在检测模块中检测,然后保留在为评价后续连接企图的动态状态表(库)中。被检查通过的包发往防火墙内部,允许直接连接内部、外部主机系统。

状态包检测防火墙工作在协议栈的较低层,通过防火墙的所有数据包都在低层处理,而不需要协议栈的上层来处理任何数据包,因此减少了高层协议头的开销,执行效率也大大提高了。另外,一旦一个连接在防火墙中建立起来,就不用再对该连接进行更多的处理,这样,系统就可以去处理其它连接,执行效率可以得到进一步的提高。

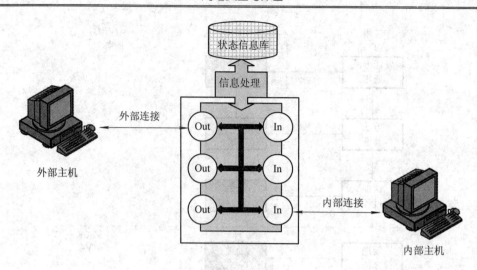

图 10-7　状态包检测防火墙

　　尽管状态包检测防火墙方法显著的增强了简单包过滤防火墙的安全，但它仍然不能提供和前面提及的应用级检测相似的充足能见度。状态包检测防火墙不依靠与应用层有关的代理，而是依靠某种算法来识别进出的应用层数据。这些算法通过已知合法数据包的模式来比较进出数据包，这样从理论上就能比应用级代理在过滤数据包上更加有效。但应用级代理防火墙对最高层的协议栈内容有足够的能见度，从而可以准确的知道它的意图，而状态包检测防火墙必须在没有这些信息的情况下做出安全决策。例如，当应用级代理防火墙厂商声称支持微软 SQL Server，你就知道任何到内部 SQL Server 服务器的远程连接必须在应用层通过专门的微软 SQL 代理接受全面的检测。而对于状态包检测防火墙，允许远程用户访问防火墙后面的 SQL 数据库是肯定要冒更大安全风险的。

　　假设我们的安全守卫是状态包检测守卫。这次当包到来时，和仅简单的检查地址所不同的是，守卫检测货物单看是否包内有任何东西是被禁止的。虽然它比简单的包过滤好，但它还是不如真正打开包检测它的内容安全。如果包看起来是可接受的，守卫打开关卡，允许运货卡车进入。

　　状态包检测防火墙的安全比应用级代理要少。应用级代理防火墙本质上提供了比包过滤防火墙更多的安全，不管它是有状态的还是无状态的。带有状态检测的包过滤防火墙仍然允许外部用户直接访问内网系统和应用程序，而这些程序和系统可能配置在拥有众所周知的安全弱点的操作系统上。应用级代理通过一个自身具有有限、明确的任务集代理来限制访问应用程序或计算机系统，从而掩盖了这些同样的弱点。

10.3　防火墙体系结构

　　目前，防火墙的体系结构一般有以下几种：

(1) 双重宿主主机体系结构；

(2) 被屏蔽主机体系结构；

(3) 被屏蔽子网体系结构。

10.3.1 双重宿主主机体系结构(Dual Homed Host)

双重宿主主机体系结构是围绕具有双重宿主的计算机而构筑的，该计算机至少有两个网络接口(NIC)。这样的主机可以充当与这些接口相连的网络之间的路由器，它能够从一个网络接口到另一个网络接口转发 IP 数据包。然而，实现双重宿主主机的防火墙体系结构禁止这种转发功能。因而，IP 数据包从一个网络(例如，因特网)并不是直接发送到其它网络(例如，内部的、被保护的网络)。防火墙内部的系统能与双重宿主主机通信，同时防火墙外部的系统(在因特网上)能与双重宿主主机通信，但是这些系统不能直接互相通信。它们之间的 IP 通信被完全阻止。

双重宿主主机的防火墙体系结构是相当简单的：双重宿主主机位于两者之间，并且被分别连接到因特网和内部网络，如图 10-8 所示。

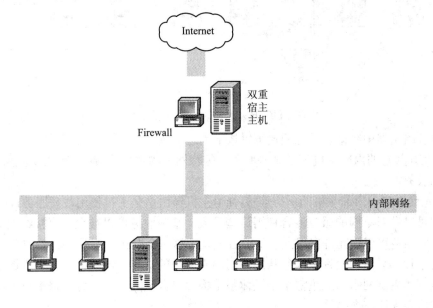

图 10-8   双宿主防火墙体系结构

10.3.2 屏蔽主机体系结构(Screened Host)

双重宿主主机体系结构提供来自与多个网络相连的主机的服务(但是路由关闭，否则从一块网卡到另外一块网卡的通信会绕过代理服务软件)，而被屏蔽主机体系结构使用一个单独的路由器来提供与内部网络相连主机(堡垒)的服务。在这种体系结构中，主要的安全措施有数据包过滤，如图 10-9 所示。

在屏蔽路由器上的数据包过滤是按这样一种方法设置的，即堡垒主机(Bastion host)，它是因特网上的主机能连接到内部网络系统的桥梁(例如，传送进来的电子邮件)，而且仅有某些特定类型的连接被允许通过。任何外部系统试图访问内部系统或者服务必须首先连接到这台堡垒主机上。因此，堡垒主机需要拥有高等级的安全。数据包过滤也允许堡垒主机开放可允许的连接到外部世界(什么是"可允许"将由用户的站点的安全策略决定)。

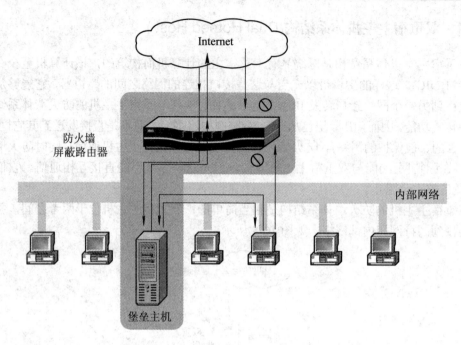

图 10-9　屏蔽主机防火墙体系结构

在屏蔽路由器中数据包过滤配置可以按下列之一执行：

(1) 允许其它的内部主机为了某些服务与因特网上的主机连接(即允许那些已经由数据包过滤的服务)。

(2) 不允许来自内部主机的所有连接(强迫主机经由堡垒主机使用代理服务)。

用户可以针对不同的服务混合使用这些手段；某些服务可以被允许直接经由数据包过滤，而其它服务可以被允许仅仅间接地经过代理。这完全取决于用户实行的安全策略。

因为这种体系结构允许数据包从因特网向内部网的访问，所以，它的设计比没有外部数据包能到达内部网络的双重宿主主机体系结构要更冒风险。因为路由器提供的服务非常有限，实施起来比较容易。

10.3.3　屏蔽子网结构(Screened Subnet Architectures)

屏蔽子网结构通过进一步增加隔离内外网的边界网络(perimeter network)为屏蔽主机结构增添了额外的安全层。这个边界网络有时候被称为非军事区(DeMilitarized Zone)。堡垒主机是最脆弱、最易受攻击的部位，通过隔离堡垒主机的边界网络，便可减轻堡垒主机被攻破所造成的后果。因为此处堡垒主机不再是整个网络的关键点，它们给入侵者一些访问，而不是全部。最简单的屏蔽子网结构(如图 10-10 所示)有两个屏蔽路由器，一个连接外网与边界网络，另一个连接边界网络与内网。为了攻进内网，入侵者必须通过两个屏蔽路由器。即使黑客能够攻破堡垒主机，他还须通过内部屏蔽路由器。

我们可以在内部网与外部网之间建立一系列的边界网络，不可靠的、较脆弱的服务放在靠外的边界网络中，远离内部网络。这样所提供的额外安全层使得内部网络更加安全。当然，屏蔽路由器的过滤规则必须正确设置，否则不会提供额外的安全性。

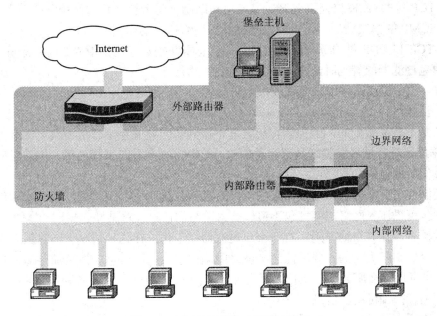

图 10-10 屏蔽子网防火墙体系结构

10.4 包过滤技术

包过滤器是最原始的防火墙。包过滤器根据每个包头部内的信息来决定是否要将包继续传输，从而增强安全性。理论上，包过滤器可以被配置为根据协议包头的任何部分进行判断，但是大部分的过滤器被配置成只过滤最有用的数据域，主要是：

(1) IP 地址；

(2) 协议类型；

(3) TCP/UDP 头信息。

10.4.1 创建包过滤规则

在确定包过滤的配置规则之前，需要作如下决定：

(1) 打算提供何种网络服务，并以何种方向(从内部网络到外部网络，或者从外部网络到内部网络)提供这些服务。

(2) 是否限制内部主机与因特网进行连接。

(3) 因特网上是否存在某些可信任主机，它们需要以什么形式访问内部网。

对于不同的包过滤产品，用来生成规则的信息也不同，但通常都包括以下信息：

(1) 接口和方向。包是流入还是离开网络，这些包通过哪种接口。

(2) 源和目的 IP 地址。检查包从何而来(源 IP 地址)、发往何处(目的 IP 地址)。

(3) IP 选项。检查所有选项字段，特别是要阻止源路由(source routing)。

(4) 高层协议。使用 IP 包的上层协议类型，例如 TCP 还是 UDP。

(5) TCP 包的 ACK 位检查。这一字段可帮助确定是否有、及以何种方向建立连接。

(6) ICMP 的报文类型。可以阻止某些刺探网络信息的企图。

(7) TCP 和 UDP 包的源和目的端口。此信息帮助确定正在使用的是哪些服务。

创建包过滤器的规则时，有如下几条重要的约定：

首先，由主机或网络用来允许或拒绝访问的一些规则要使用 IP 地址，而不使用主机名或域名。虽然进行 IP 地址和域名欺骗都不是非常难的事，但在很多攻击中，一个 IP 地址欺骗常常是不容易做到的，因为黑客想要真正得到响应并非易事。然而只要黑客能够访问 DNS 数据库，进行域名欺骗却是很容易的事。这时，域名看起来很熟悉，但它对应的地址却不是我们所期望的。

不要回应所有从外部网络接口来的 ICMP 代码，因为它们很可能给黑客暴露信息，特别是哪种包可以流入网络，哪种包不可以流入网络的信息。对某些包返回 ICMP 代码可能等于告诉黑客，在某个地方确实有一个包过滤器在工作。在这种情况下，对黑客来说有信息总比没有好。防火墙的主要功能之一就是隐藏内部网络的信息。黑客通过对信息的筛选处理，可以发现什么服务不在运行，而最终发现什么服务在运行。如果不返回 ICMP 代码，就可限制黑客得到可用的信息。

要丢弃所有通过外部网络适配器流入，而其源地址是来自受保护网络的包。这很可能是有人试图利用这些包进行地址欺骗达到通过网络安全关口的目的。要记住防火墙不能防止网络内部的攻击。

10.4.2　IP 头信息

通常，包过滤器只根据包的头部信息来操作。由于在每个包里有多个不同的协议头，所以需要检查那些对包过滤非常重要的协议头。大多数包过滤器不使用以太帧的头部信息。帧里的源地址和其它信息没有太大用处，因为这是本地局域网上系统的 MAC 硬件地址，或者是包通过因特网的最近一个路由器的硬件地址。

接下来是协议栈中 IP 包的头部信息。IP 包的头部信息很有限。头部信息中有三种信息在包过滤中很重要：

(1) IP 地址，包括源和目的地址；

(2) 协议类型，例如 TCP、UDP、ICMP；

(3) IP 选项，例如源路由选择。

显然源和目的地址是最有用的。如果防火墙只允许因特网上一定数量的主机通过，可以采用基于源地址过滤的方法。相反亦然，可以对网络内部产生的包进行过滤，只允许某些特定目的地址的包通过防火墙到达因特网。

10.4.3　TCP 头信息

TCP 是因特网服务使用最普遍的协议。例如，Telnet、FTP、SMTP、NNTP 和 HTTP 都是以 TCP 为基础的服务。TCP 提供端点之间可靠的双向连接。进行 TCP 连接就象打电话一样，必须先拨号，建立连接之后，你才能和被叫的用户之间建立可靠的连接。

TCP 的可靠性在于它对应用层的三个保证：

(1) 目标将按发送的顺序接收应用程序数据。

(2) 目标将接收所有应用程序数据。

(3) 目标将不重复接收任何应用程序数据。

TCP 宁愿取消一个连接也不违反其中一个保证。例如，如果来自会话中的 TCP 数据包在传输中丢失，TCP 层在将数据上交给应用层之前安排重新传输那些数据包。如果一些数据不能恢复，那么 TCP 层将取消连接并向应用层报告，而不是向应用层提交有残缺的数据。

这些保证在设置期间(连接的两端必须在它们能实际传输数据之前交换启动信息)和维持性能(连接的两端必须跟踪连接的状态，来决定向另一端重新传送什么数据以弥补对话中发生的错误)方面产生一定的开销。

TCP 的双向体现在：一旦连接建立，服务器能在同一连接中对客户进行应答(捎带技术)。你不必建立一条从客户到服务器用于询问或者命令的连接，以及另一条从服务器返回到客户用于回答的连接。

如果你试图阻止 TCP 连接，仅阻止连接的第一个数据包就足够了。没有第一个数据包(它包含建立连接的信息)，接收端不会把之后的数据重新组装成数据流，连接也就不存在。第一个数据包可以被识别是因为在它的报头中 ACK 位没有被设置；其它连接中所有的数据包不论它去往什么方向，它的 ACK 位都将被设置。

理解这些"建立连接"的 TCP 数据包可让我们对内部客户和外部服务器之间的连接进行控制。你可以仅允许建立连接的 TCP 数据包(其 ACK 位没有设置)出站而不能入站。建立连接的数据包将允许从内部客户到外部服务器去，但是不允许从外部的客户进来到内部服务器。入侵者不能只在他们的建立连接中打开"ACK"位破坏这个机制，因为缺少 ACK 位将认定这些数据包是建立连接的数据包。

图 10-11 表示了 ACK 在一个 TCP 连接的部分数据包上是如何设置的。

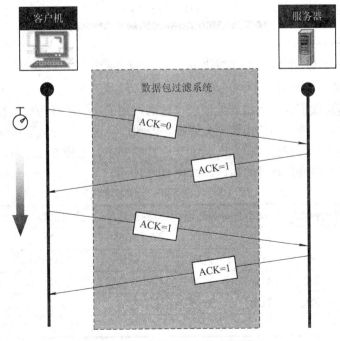

图 10-11　TCP 数据包上的 ACK 位

仅仅依靠地址进行数据过滤在实际运用中是不可行的，因为目标主机上往往运行着多种网络服务。比方说，我们不想让用户采用 Telnet 的方式连到系统，但这绝不等于我们非得同时禁止他们使用 SMTP/POP 邮件服务器？所以说，在地址之外我们还要对服务器的 TCP/UDP 端口进行过滤。

1. 端口和套接字

端口用来标识连接端点的应用程序。由于一台计算机可能同时有多个应用程序使用 TCP 协议栈，因而需要一种方法来区分各个包发往的应用程序。例如，已经和远程计算机建立了 Telnet 会话，又想要上传文件到那台计算机。Telnet 并不能传输文件，所以必须打开一个 FTP 连接。由于两个连接使用的 IP 包的源和目的地址都相同，于是就可以用端口区分相应的应用程序。

把地址和端口结合起来，就可以唯一地标识一条连接。这种数字的组合名字我们称为套接字(socket)。在图 10-12 中，两台计算机之间建立了两个连接会话，一个是 Telnet(端口23)，另外一个是 FTP(端口20)。FTP 实际上使用了两个端口，一个是用于发送数据的端口20，一个是交换命令信息的端口21。很明显这些端口号对包过滤器来说非常有用。相对而言，如果仅仅基于包的源或目的地址来拒绝和允许该包，就会造成要么允许全部连接要么拒绝全部连接的后果，而端口号可帮助我们有选择地拒绝或允许个别服务。尽管我们可能不想让用户使用 Telnet 登录到一个远程计算机(或者相反)，但可能不关心他们是否通过匿名 FTP 会话交换文件。在包过滤规则中使用端口号可以同时拒绝或允许各种网络服务。

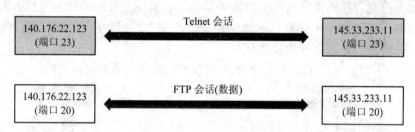

图 10-12　套接字(由一个地址和一个端口号组成)唯一标识一条网络连接

2. 端口过滤规则创建

有了这些信息我们就可以很好地创建包过滤规则了。一条好的包过滤规则可以同时指定源和目的端口。一些老的路由器不允许指定源端口，这可能导致防火墙的很大的安全漏洞。例如，创建几个允许流入和流出 SMTP 连接的例子，这样 Email 可以进行传送。在第一个例子中，规则中只允许目的端口，如表 10-1 所示。

表 10-1　SMTP 连续控制表

规则	方向	协议	源地址	目的地址	目的端口	动作
1	流入	TCP	外部	内部	25	允许
2	流出	TCP	内部	外部	>=1024	允许
3	流出	TCP	内部	外部	25	允许
4	流入	TCP	外部	内部	>=1024	允许
5	*	*	*	*	*	不允许

在这个例子中，可以看到规则1和规则3允许端口25的流入和流出连接，该端口通常被 SMTP 使用。规则1允许外部计算机向内部网络的服务器端口25发送数据。规则2允许网络内部的服务器回应外部 SMTP 请求，并且假定它使用大于1024的端口号，因为规则允许大于或等于端口1024的连接。

规则 3 和 4 允许反方向的 SMTP 连接，内部网络的 SMTP 服务器可以向外部网络的 SMTP 服务器的端口25建立连接。最后一条规则5，不允许其它任何连接。这些过滤规则看起来非常好，允许两个方向的 SMTP 连接，并且保证了内部局域网的安全。但这是错误的。当创建包过滤规则时，需要同时观察所有的规则，而不是一次只观察一条或两条。在这个例子中，规则2和规则4允许大于端口1023的所有服务，不论是流入还是流出方向。黑客可以利用这一个漏洞去做各种事情，包括与特洛伊木马程序通信。

要修补这些规则，需要能够除了指定目的端口之外，还要能够指定源端口。让我们看下一个改进以后的例子，如表 10-2 所示。

表 10-2　改进后的例子

规则	方向	协议	源地址	目的地址	源端口	目的端口	动作
1	流入	TCP	外部	内部	>=1024	25	允许
2	流出	TCP	内部	外部	25	>=1024	允许
3	流出	TCP	内部	外部	>=1024	25	允许
4	流入	TCP	外部	内部	25	>=1024	允许
5	*	*	*	*		*	不允许

在这一个例子中，规则2和规则4不再允许两端口都大于1023的连接。相反，在连接的一端，这些连接被绑定到 SMTP 端口25上。

10.4.4　UDP 端口过滤

现在回过头来看看怎么解决 UDP 问题。UDP 包没有 ACK 位所以不能进行 ACK 位过滤。UDP 是发出去就不管的"不可靠"通信。这种类型的服务通常用于广播、路由、多媒体等广播形式的通信任务。NFS、DNS、WINS、NetBIOS-over-TCP/IP 和 NetWare/IP 都使用 UDP。看来最简单的可行办法就是不允许建立入站 UDP 连接，防火墙设置为只许转发来自内部接口的 UDP 包，来自外部接口的 UDP 包则不转发。现在的问题是，比方说，DNS 域名解析请求就使用 UDP 协议，如果你提供 DNS 服务，至少得允许一些内部请求穿越防火墙。还有，IRC 这样的客户程序也使用 UDP，如果要让你的用户使用它，就同样要让他们的 UDP 包进入网络。我们能做的就是对那些从本地到可信任站点之间的连接进行限制。但是，什么叫可信任，如果黑客采取地址欺骗的方法不又回到老路上去了吗？

有些新型路由器可以通过"记忆"出站 UDP 包来解决这个问题：如果入站 UDP 包匹配最近出站 UDP 包的目标地址和端口号就让它进来。如果在内存中找不到匹配的 UDP 包就只好拒绝它了，如图 10-13 所示。

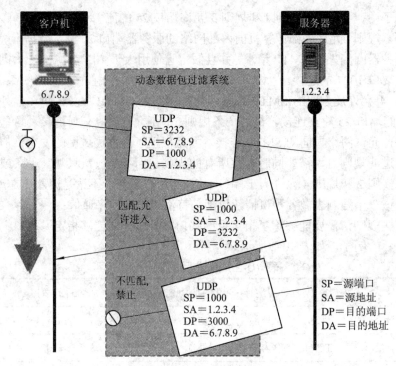

图 10-13 UDP 动态数据包过滤

但是，我们如何确信产生数据包的外部主机就是内部客户机希望通信的服务器呢？如果黑客诈称 DNS 服务器的地址，那么他在理论上当然可以从 DNS 的 UDP 端口发起攻击，只要你允许 DNS 查询和解析包进入网络这个问题就必然存在。办法是采用代理服务器。

所谓代理服务器，顾名思义就是代表你的网络和外界打交道的服务器。代理服务器不允许存在任何网络内外的直接连接。它本身就提供公共和专用的 DNS、邮件服务器等多种功能。代理服务器重写数据包而不是简单地将其转发了事。给人的感觉就是网络内部的主机都站在了网络的边缘，但实际上他们都躲在代理的后面，露面的不过是代理这个假面具。

10.4.5 无状态操作和有状态检查

使用源和目的端口对建立 TCP 连接的规则十分有用，因为 TCP 是面向连接的协议，UDP 是一个无连接的协议。每一个 UDP 包是独立的，在进行请求/响应时，从每个包的头部不可能确定一个流入包是不是前一个 UDP 包的响应包。一条简单的包过滤规则不可能控制使用 UDP 包的服务。

简单的包过滤器，又称为无状态包过滤器，是在一个包接一个包的基础上决定过滤的，无法创建依据一个包与另一个包的关系来进行过滤的规则。

动态包过滤技术，也称为有状态检查，是通过在内存中保持一个对流入和流出包进行匹配的表而在更高层次上实施包过滤的概念。保留的信息通常包括源和目的地址以及源和目的端口。

每当一个可信任的内部主机与一个不可信任的外部主机建立一个 TCP 套接字时，同连接同步(SYN)包一起传输的还有套接字信息(IP 地址和端口)。当 SYN 包被路由通过状态检查包过滤器时，过滤器将在它的状态表中建立一个包含目标套接字和响应套接字的条目，然后将包发送到不可信任的网络上。当响应返回时，过滤器简单地在它的状态表中查找包的源套接字和目标套接字，如果查明它与希望的响应匹配，就让这个包通过。如果在状态表中没有这个条目，包就被放弃，因为它不是内部网络请求的。图 10-14 表示的有状态包过滤器的建立阶段。

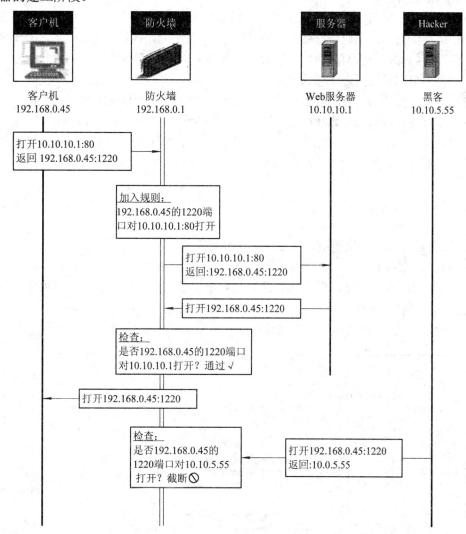

图 10-14 一个状态检查包过滤器允许返回的数据

当 TCP 关闭连接数据包被发送通过过滤器时，或者在一段延迟之后，这段延迟通常是几分钟，过滤器就将这个条目从状态表中删除。这就保证了释放的连接不会在状态表中留下"漏洞"。

10.5 堡垒主机(Bastion)

术语堡垒主机通常是指那些在安全方面能够达到普通工作站所不能达到程度的计算机

系统。这样一个计算机系统会最大程度利用底层操作系统所提供的资源保护、审计和认证机制等功能，并且对完成既定任务所不需要的应用和服务都将从计算机系统中删除，这样就减少了成为受害目标的机会。

同时，堡垒主机不保留用户账户，软件运行所必须的或主机管理员所需的服务都以最小特权为原则运行。

堡垒主机是最显露的主机，因此也应当是最安全的主机。设计和构筑堡垒主机有两条基本原则：尽量简单；随时做好堡垒主机被损害的准备。堡垒主机越简单，它的安全越有保证。但即便如此，也没有绝对安全的计算机系统，入侵仍有可能发生。因此我们有理由强调：如果堡垒主机被损害该怎么办？

堡垒主机可以用于各种各样的防火墙体系结构当中，而且堡垒主机的数量可以依照站点的具体需求及资源而定。通常在防火墙体系结构当中，我们使用一台路由器来连接 LAN 和因特网，而这个路由器可以完成数据包过滤功能。包过滤器是 LAN 和因特网之间的第一道防线，在那台包过滤路由器之后，是一台或几台堡垒主机为内部网的用户提供所需的代理服务。

通过堡垒主机可提供的服务很多，配置也不一样，见图 10-15。但总的可以分成以下四类：

(1) 安全的服务：如果使用，可以通过包过滤器提供。

(2) 提供的服务不安全，但可以采取安全措施弥补：在堡垒主机上提供。

(3) 提供的服务不安全，也无法保证它的安全：尽量废除这些服务。如果确实需要，专门提供一台牺牲品主机。

(4) 不使用的或者不与因特网连接的服务：尽量废除。

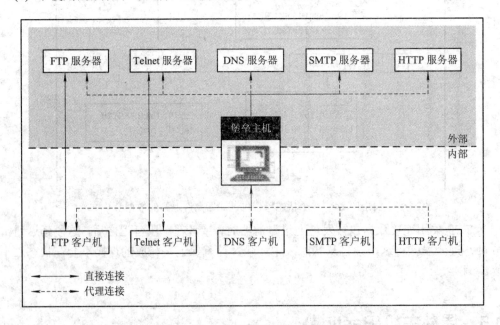

图 10-15　堡垒主机可以运行各种各样的因特网服务

堡垒主机应该使用最安全的方式来配置它，当然我们也必须使它能够完成它自己的工作。安全总是用户需求和网络中潜在威胁的平衡产物，千万不要忘记在因特网上每天都有新的威胁产生，不要忽视堡垒主机的配置过程。如果拥有一个商业的防火墙产品，请仔细阅读厂商提供的文档，特别是与操作系统相关的配置。

为加强作为堡垒主机的计算机系统的安全性，应该着重考虑以下几点：

(1) 重新安装一个安全版本的操作系统。

(2) 关闭不必要的服务。

(3) 删除终端用户的应用程序，但这些应用程序必须与堡垒主机的防火墙功能无关。

(4) 使用操作系统的资源保护机制牢固控制对所有文件和目录的访问。

(5) 配置详细的审计和安全日志。

(6) 运行安全检查程序以确定安全基准。

10.6　应用网关和代理服务器

包过滤器工作在网络传输层，通过检查 IP 和其它协议的头部信息来实现过滤。而代理服务器工作在应用层，它能提供多种服务。网络中所有的包必须经过代理服务器来建立一个特别的连接，因而代理服务器提供了客户和服务器之间的通路。另一个经常用来表示代理服务器的专业术语是应用网关(Application Gateway)。与包过滤器中内部网络和外部网络传输的是相同的 IP 包不同，代理服务器并不传输实际的包。它接收客户的请求，然后代表客户向服务器发出实际的请求。在客户和服务器之间没有实际的 IP 包经过。代理服务器位于连接的中间，它分别向客户和服务器通话来保持它们的连接。

包过滤器和代理服务器的主要区别之一就是代理服务器能够理解各种高层应用。包过滤器只能基于包头部中的有限信息，通过编程来决定通过或者丢弃网络包；而代理服务器是与特定的应用相关，它根据用户想要执行的功能，编程决定是允许或者拒绝对一个服务器的访问。

在图 10-16 中可以看到代理服务器是怎样来阻塞内部网和因特网之间实际的 IP 通信的。一个想要浏览某个 Web 页面的用户从工作站向因特网中的该页面发出一个请求，因为用户的浏览器被设置为向代理服务器发送 HTTP 请求，因此这个请求不会直接传送到这个实际的 Web 服务器。

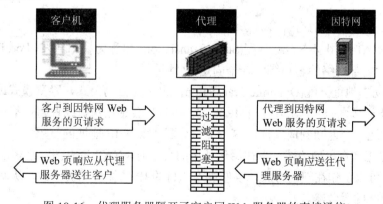

图 10-16　代理服务器隔开了客户同 Web 服务器的直接通信

实际上，代理服务器从它连接到本地网络的网络适配器接收请求，然而它并不将包含该请求的 IP 包路由(或者转发)到因特网中实际的目标服务器。运行于代理服务器中的代理应用程序根据一系列被管理员确认的规则来决定是否允许该请求。如果允许，代理服务器就生成一个对该页面的请求，并使用其它的(连接到因特网上的)网络适配器地址作为请求的源地址。当因特网上的 Web 服务器接收到该请求后，它只能认为代理服务器是请求该页面的客户，然后它就将数据发送回代理服务器。

当代理服务器接收到所请求的 Web 页面以后，它并不是将这个 IP 包发往最初的请求客户，而是对返回的数据进行一些管理员设置的检查。如果通过了检查，代理服务器就用它的本地网络适配器地址创建一个新的 IP 包，将页面数据发送到客户。

正如我们看到的，阻塞 IP 通信并不是使用代理服务器的唯一好处。它可以针对请求类型执行某些检查，并检查返回数据的内容。另外，根据设置的一系列规则，我们可以让代理服务器接受或拒绝某些数据。

对于允许客户通过防火墙访问的每一种网络服务，可能都需要一个独立的代理服务器应用程序。标准的代理应用程序对于典型的 TCP/IP 应用，例如 FTP、Telnet 以及像 HTTP 这样流行的服务已经足够。不过对于新的服务或者那些很少使用的服务，可能找不到代理软件。

代理服务器的工作是双向的。可以使用代理服务器来控制网络内部哪些用户可以建立因特网请求，也可以使用它来决定哪些外部客户或者主机可以向内部网络发送服务请求。在这两种情况下，这两个网络之间都没有直接的 IP 包通过。

10.6.1 网络地址转换器

网络地址转换(NAT)是一个很流行的代理服务。防火墙的重要功能之一就是对外部网络隐藏内部网络的信息。这些信息包括 TCP/IP 地址和网络中工作站和服务器之间的确认数据。为了隐藏主机信息，当 NAT 代表内部网络的客户在因特网上建立连接时，它使用自己的 IP 地址(或者某个 IP 地址范围)。在受保护的网络里，客户之间使用分配的真实 IP 地址进行通信。当一个请求被送往防火墙时，NAT 应用程序将源地址字段替换为它自己的地址。当应答返回到 NAT 应用程序时，它将它自己的目标地址字段替换为最初建立请求的客户的地址。

实现 NAT 的地址映射有许多方法：

(1) 一些 NAT 使用静态地址分配(Static Translation，也称为端口转发，Port Forwarding)，它们用 NAT 为内部网络的客户绑定一个固定 IP 地址。

(2) 使用动态地址分配(Dynamic Translation，也称为自动模式，隐藏模式或 IP 伪装)的 NAT 为访问外部网络的客户分配 1 个 IP 地址。在客户会话结束，或者超过某一时限后，合法的外部网络地址会返回到地址池，等待下次分配，实现 IP 地址的复用。

NAT 可以工作在单向方式，当初始化外出的会话时，NAT 为内部网络客户分配一个网络地址。它也可以工作在双向方式，以便进入的目的 IP 地址可以被修改，从而发送数据包到处于内部网络的服务器。

1. 基本 NAT

到目前为止，所讨论的有关网络地址转换的概念(静态和动态分配)都是指基本 NAT。这要求给 NAT 分配一个或多个有效因特网地址，以便用这些地址为内部网络用户建立连接。这意味着在任何时刻，分配给 NAT 使用的有效 IP 地址应该不小于连往外部网络的会话数。如果给 NAT 分配 10 个可以使用的 IP 地址，那么在内部网络就只能有 10 个客户同时向外部网络建立连接。

图 10-17 显示了这样一个例子。这里，分配给工作站 A 的网络地址是 10.10.10.1。当它请求建立因特网连接时，NAT 从它的地址池中使用 140.176.123.1 来建立实际的连接。

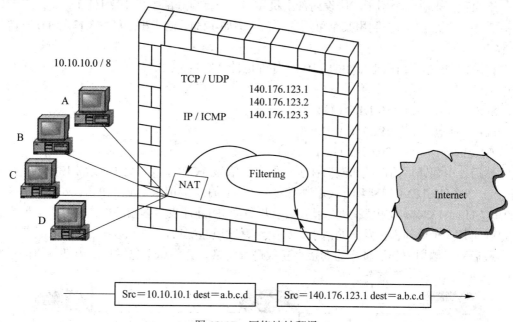

图 10-17 网络地址翻译

当工作站 B 和 C 发出连接请求时，NAT 使用地址池中接下来的两个地址。然而，当工作站 D 尝试一个因特网连接时，NAT 没有可以使用的地址，因此它的请求会失败。如果使用静态 NAT，工作站 D 的因特网连接请求永远都不会成功。如果使用动态 NAT，在一个工作站将它的地址返回到地址池以后，工作站 D 的连接请求就会成功。

2. 网络地址端口转换

如果使用的外出连接数是有限的，那么对于该网络使用基本 NAT 可能是理想的。如果同时有许多用户向外部建立连接，而 NAT 又没有足够多的有效 IP 地址，那么这种方法就不行了。前面章节介绍了套接字的概念，IP 地址和端口号的组合被用于唯一地表示一个 TCP 或者 UDP 通信终端。一般的标准(并不一定要遵守)是将端口 0～1023 保留为服务器使用，客户或者其它的应用程序可以使用 1024 以上的端口。例如，在一个 TCP 连接中，客户会发送一个请求到服务器，在这个请求的头部包含目标 IP 地址和端口号信息以及客户自己的源 IP 地址和端口号。端口号并不需要相互对应，它们只是唯一地标识一个连接，以便主机能够跟踪是哪一个应用程序在与其它主机上的哪个应用程序进行通信。

客户使用的目的地端口号通常被目标服务器解释为用户所要求的某种服务。例如，

Telnet 服务器一般监听端口 23。不过客户发送包的源端口可以改变，重要的只是让 Telnet 服务器知道用户的端口号是多少，并在服务器发送应答报文给客户时使用该端口号。

　　你可能已经明白接下来会讨论什么。为了扩大允许的外部连接数，而不需要增加分配给 NAT 的 IP 地址数，一种新的称为网络地址端口转换(network address port translation,NAPT) 的 NAT 能够替换客户的 IP 地址和源端口号。使用这种方法，通过改变源端口号，一个有效的因特网地址能够为 LAN 中的多个客户提供服务。NAPT 服务器维护一张将客户的连接转换为外部 IP 地址和为该 IP 地址分配的唯一端口号的表，这样就可以确定各个用户的连接了。

　　下面我们来看一个例子。假设内部主机 10.1.1.7 要与外部主机 192.168.13.15 建立一条 Web 连接。主机 10.1.1.7 利用某个可用的端口，例如 1234，向主机 192.168.13.15:80 发送一个 TCP 包。

　　路由器/防火墙(内部地址 10.10.10.1，外部地址 202.117.112.1)接收到这个包以后在翻译表中记录：

Source　　　　　　 :　　　10.1.1.7:1234
Public Host　　　 :　　　192.168.13.15:80
Translation　　　 :　　　202.117.112.1:13344

　　然后使用翻译后的地址和端口在因特网上传输该 TCP 包，因此 192.168.13.15:80 接收到来自 202.117.112.1:13344(防火墙外部地址)发出的连接请求。返回的响应也就发送给 202.117.112.1:13344。防火墙接收到这个包以后在它的翻译表中搜索匹配的套接字，证实这个包确实是一个内部主机发出的请求。如果没有发现匹配项，这个包丢弃并记录下来。

　　最后防火墙用内部源客户的套接字参数进行替换，并将这个包发送到内部网络的最终客户。图 10-18 表示了整个过程。

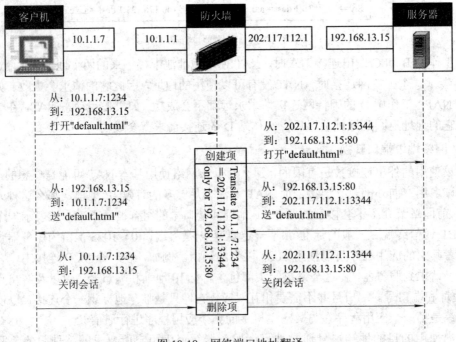

图 10-18　网络端口地址翻译

NAT 所改变的其它数据

　　除了改变源 IP 地址并可能改变源端口号以外，别忘了其它一些字段也需要修改。它们是包头部的校验和字段。修改 IP 地址就需要重新计算校验和，否则会导致该包在接收端被丢弃。

使用 NAT 的结果是可以使用一个因特网 IP 地址来代表内部网络的大量客户。

10.6.2　内容屏蔽和阻塞

屏蔽因特网访问是近年来一个很热门的话题，它允许管理员阻塞内部网络的用户对某些站点的访问。一些产品允许详细指明要阻塞的网站，而另一些产品阻塞网络通信的内容，可以设置要阻塞的词语或者数据。毕竟，对于一个商业网络来说，老板可能希望员工将时间花在工作上，而不是让员工欣赏"有意思"的站点。

使用内容屏蔽和阻塞技术不仅能限制员工将时间花在工作上，它也能减少法律责任。例如，如果一个员工下载了令人讨厌的资料(像色情文学和让人讨厌的信息)，并且当他展示这些资料时其它员工认为这是对他的攻击，那么公司是否有责任呢?阻止要比发生以后再解决简单得多。因此，目前内容屏蔽和阻塞技术十分流行。

因为代理服务器位于客户和提供网络服务的服务器之间，所以有很多方法来进行内容屏蔽或阻塞访问。

(1) URL 地址阻塞：可以指定哪些 URL 地址会被阻塞(或者允许访问)。这种方法的缺点就是因特网中的 URL 地址会经常改变。每天都有成千上万的页面被添加进来，让一个繁忙的管理员审查所有这些新页面是不可能的。

(2) 类别阻塞：这种方法可以指定阻塞含有某种内容的数据包。例如，含有黄色内容或者仇恨内容的数据包。

(3) 嵌入的内容：一些代理软件应用程序能够设置为阻塞 Java、ActiveX 控件，或者其它一些嵌入在 Web 请求的响应里的对象。这些对象可以在本地计算机上运行应用程序，因此可能会被黑客利用来获得访问权限。

内容阻塞软件并不是完美的，它不应该是阻塞某些数据流入内部网络的唯一方法。尽管可以列出一长串的 URL 地址来阻塞用户的访问，但是有经验的用户可以在 HTTP 请求中使用服务器的 IP 地址来通过这一检查。更糟的是，IP 地址并不一定要写成点分十进制记法。一个 IP 地址实际是一个 32 位的数字，点分十进制记法只是一种通常的简便记法。大多数浏览器会很乐意接受表示 32 位地址的十进制教(例如数值等于该 32 位二进制数的整数)。以地址 216.65.33.219 为例，用二进制表示，其值分别是：

　　　　216　=　11011000
　　　　65　=　01000001
　　　　33　=　00100001
　　　　219　=　11011011

如果将这些字符串组合起来，其二进制形式为:11011000010000010010000111011011。将它转变为十进制数，就是 3628147163。因此访问地址为 216.65.33.219 的站点时，在大多数浏览器中可以使用以下两种形式，它们得到的结果是一样的:

http://216.65.33.219

http://3628147163

不要使用阻塞软件作为唯一防御特洛伊木马和计算机病毒的软件。阻塞只能找到那些已知的"指纹"，而不能防止新病毒的威胁，直到进行升级。另外在 E-mail 里也很容易伪装一些病毒程序。由于这些原因，应该在网络的所有计算机上都安装一个好的病毒筛选(和清除)程序。

10.6.3　日志和报警措施

代理服务器一个不可忽视的重要功能就是能够记录用户的各种行为信息。在事先可预测的条件下，一些行为还可以设置为触发一个警报(例如：一封寄给管理员的 E-mail；一条在控制台上弹出的消息)。

应用层代理通常比一般的或者链路层代理能够提供更多的记录信息。因为链路层代理很像包过滤器，只能根据地址信息(IP 地址、端口号)做出决定。而应用层代理是为了特定的服务或者协议编写的，它们能理解用户使用的服务和协议，也能得到更多的协议信息。

日志是审查任何一个系统、代理服务器、文件服务器、甚至是一个普通的用户工作站的重要组成部分。一定要阅读所能买到的有关代理软件的所有文档。尝试各种记录选项，观察捕获的数据，直到熟悉以这种方式获得的信息为止。

参 考 文 献

[1]　William R, Cheswick . Firewalls and Internet Security . John Wiley & Sons，2000

[2]　William R, Cheswick . Firewalls and Internet Security: Repelling the Wily Hacker . Addison Wesley Professional , 2nd edition , 2003

[3]　Robert Ziegler, Linux Firewalls . New Riders Publishing，2nd edition ，2001

[4]　Keith Strassberg, Gary Rollie, Richard Gondek . Firewalls: The Complete Reference . McGraw-Hill Osborne Media，2002

[5]　Norbert Pohlmann,Tim Crothers . Firewall Architecture for the Enterprise . John Wiley & Sons，2002

[6]　M.Chatel . Classical versus Transparent IP Proxies . http://rfc.net/rfc1919.html，1996

[7]　Comer D. Internetworking with TCP/IP volume 1: Principles, Protocols, and Architecture . Prentice-Hall, 1991

[8]　Comer D, Stevens D. Internetworking with TCP/IP volume 2: Design, Implementation, and Internals . Prentice-Hall, 1994

思 考 题

[1]　试述各种防火墙技术在 TCP/IP 协议中的层次关系，如果采用 OSI 协议体系结构

描述，会有什么不一样?

[2]　为什么状态包检测防火墙主要用于对 TCP 连接的检测?

[3]　试述各种防火墙体系结构的优缺点?

[4]　考虑如下例子: 假设你在一个公司，被本地的一所大学开发一个特殊课题。你公司的 B 类网络地址是 172.16，该大学的 A 类网络地址是 10。为了开发这个课题，使用一个数据包过滤路由器，你将你的网络直接连接到该大学的网上，但不允许所有的因特网访问通过这个连接(因特网访问必须通过你的因特网防火墙)。为该大学开发的特殊课题使用你的 B 类网络的子网号 176.16.6，你可以使该大学的所有子网能够进入该课题的子网。但不允许大学的某个子网 10.1.99，访问你的整个 B 类网络。请编写该包过滤路由器的过滤规则，并讨论过滤规则的应用顺序(按照规则的自然顺序; 按照规则的有效范围顺序)同实际的过滤结果的关系。

[5]　TCP 协议头中 SYN 控制位在包过滤防火墙中的作用是什么?

[6]　包过滤器的优缺点是什么?

第 11 章　入侵检测系统

　　传统的安全防御技术是静态的安全策略，相对于网络环境下日新月异的攻击手段缺乏主动的反应能力。为此，一种新型的安全理念——动态安全防御技术应运而生。而入侵检测作为动态安全防御技术的核心技术之一，是防火墙的合理补充，被誉为防火墙之后的最后一道安全防线。

　　本章将对入侵检测的相关理论进行系统的介绍和阐述，为深入进行这方面的研究提供必要的理论支持。

11.1　引言

　　计算机网络的迅猛发展给当今社会所带来的各种便利是毋庸置疑的，它把人们的工作、生活、学习紧密地联系在了一起，也使得人们对计算机网络的依赖性在不断增强，所以我们必须确保计算机网络的安全。

　　而计算机安全的三大中心目标是：保密性(Confidentiality)、完整性(Integrity)、可用性(Availability)。人们在实现这些目标的过程中不断进行着探索和研究。其中比较突出的技术有：身份认证与识别、访问控制机制、加密技术、防火墙技术等。但是这些技术的一个共同特征就是集中在系统的自身加固和防护上，属于静态的安全防御技术，它对于网络环境下日新月异的攻击手段缺乏主动的反应。针对日益严重的网络安全问题和越来越突出的安全需求，自适应网络安全技术(动态安全技术)和动态安全模型应运而生，典型的就是 P^2DR 模型(如图 11-1 所示)。

图 11-1　P^2DR 模型

　　P^2DR 模型由 Policy(安全策略)、Protection(防护)、Detection(检测)、Response(响应)这几个功能部件组成。首先，在整体安全策略的控制和指导下，在综合运用防护(如防火墙、操作系统身份认证、加密等手段)的同时，利用检测工具(如漏洞评估、入侵检测等系统)了解和评估系统的安全状态，通过适当的响应将系统调整到"最安全"和"风险最低"的状态。防护、检测和响应构成了一个完整的、动态的安全循环。

　　入侵检测作为动态安全技术的核心技术之一，是防火墙的合理补充，帮助系统对付网络攻击，扩展了系统管理员的安全管理能力(包括安全审计、监视、进攻识别和响应)，提高了信息安全基础结构的完整性，是安全防御体系的一个重要组成部分。

　　入侵检测的诞生是网络安全需求发展的必然，它的出现给计算机安全领域研究注入了新的活力。关于入侵检测的发展历史最早可追溯到 1980 年，当时 James P. Anderson 在一份技术报告中提出审计记录可用于检测计算机误用行为的思想，这可谓是入侵检测的开创性的先河。而另一位对入侵检测同样起着开创作用的人就是 Dorothy E.Denning，他在 1987 年的一篇论文[3]中提出了实时入侵检测系统模型，它成为后来的入侵检测研究和系统原型的基础。早期的入侵检测系统是基于主机的系统，它是通过监视和分析主机的审计记录来检测入侵的。

　　另外，入侵检测发展史上又一个具有重要意义的里程碑就是 NSM(Network Security Monitor)的出现，它是由 L. Todd Heberlien 在 1990 年提出的。NSM 与此前的入侵检测系统相比，其最大的不同在于它并不检查主机系统的审计记录，而是通过监视网络的信息流量来跟踪可疑的入侵行为。

　　从此，入侵检测的研究和开发呈现一股热潮，而且多学科多领域之间知识的交互使得入侵检测的研究异彩纷呈。本章我们将对入侵检测的基本理论进行介绍，为大家深入学习和研究起到抛砖引玉的作用。

11.2　入侵检测基本原理

11.2.1　入侵检测的基本概念

　　从计算机安全的目标来看，入侵的定义是：企图破坏资源的完整性、保密性、可用性的任何行为，也指违背系统安全策略的任何事件。入侵行为不仅仅是指来自外部的攻击，同时内部用户的未授权行为也是一个重要的方面，有时内部人员滥用他们特权的攻击是系统安全的最大隐患。从入侵策略的角度来看，入侵可分为企图进入、冒充其它合法用户、成功闯入、合法用户的泄漏、拒绝服务以及恶意使用等几个方面。

　　入侵检测(Intrusion Detection)就是通过从计算机网络或计算机系统中若干关键点收集信息并对其进行分析，从中发现网络或系统中是否有违反安全策略的行为和遭到攻击的迹象，同时做出响应。

　　从上述的定义可以看出，入侵检测的一般过程是：信息收集、信息(数据)预处理、数据的检测分析、根据安全策略做出响应，如图 11-2 所示。

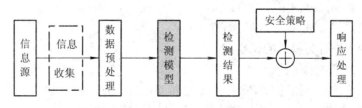

图 11-2　入侵检测的一般过程

　　其中，信息源是指包含有最原始的入侵行为信息的数据，主要是网络、系统的审计数据或原始的网络数据包。数据预处理是指对收集到的数据进行预处理，将其转化为检测模型所接受的数据格式，也包括对冗余信息的去除即数据简约。这是入侵检测研究领域的关键，也是难点之一。检测模型是指根据各种检测算法建立起来的检测分析模型，它的输入一般是经过数据预处理后的数据，输出为对数据属性的判断结果，数据属性一般是针对数据中包含的入侵信息的断言。检测结果即检测模型输出的结果，由于单一的检测模型的检测率不理想，往往需要利用多个检测模型进行并行分析处理，然后对这些检测结果进行数据融合处理，以达到满意的效果。安全策略是指根据安全需求设置的策略。响应处理主要是指综合安全策略和检测结果所作出的响应过程，包括产生检测报告、通知管理员、断开网络连接或更改防火墙的配置等积极的防御措施。

11.2.2　入侵检测系统

入侵检测系统(Intrusion Detection System，简称 IDS)是实现入侵检测功能的一系列的软件、硬件的组合。它是入侵检测的具体实现。作为一种安全管理工具，它从不同的系统资源收集信息，分析反映误用或异常行为模式的信息，对检测的行为做出自动的反应，并报告检测过程的结果。简单地说，入侵检测系统至少包括这几个功能部件：

(1) 提供事件记录的信息源；

(2) 发现入侵迹象的分析引擎；

(3) 基于分析引擎的结果产生反应的响应部件。

入侵检测系统就其最基本的形式来讲，可以说是一个分类器，它是根据系统的安全策略来对收集到的事件或状态信息进行分类处理，从而判断出入侵和非入侵的行为。一般来说，入侵检测系统在功能结构上是基本一致的，均由数据采集、数据分析以及响应部件等几个功能模块组成，只是具体的入侵检测系统在采集数据、采集数据的类型以及分析数据的方法等方面有所不同而已。但是由于入侵技术手段的不断变化，使得入侵检测系统必须能够维护一些与检测系统的分析技术相关的信息，以使检测系统能够确保检测出对系统具有威胁的恶意事件。通常这类信息包括：

(1) 系统、用户以及进程行为的正常或异常的特征轮廓；

(2) 标识可疑事件的字符串，包括关于已知攻击的特征签名；

(3) 激活针对各种系统异常情况以及攻击行为采取响应所必需的信息。

作为新型的安全防御体系的一个重要组成部分，它的作用发挥的充分与否将在很大程度上影响整个安全策略的成败。其主要功能有：

(1) 用户和系统行为的监测和分析；

(2) 系统配置和漏洞的审计检查；

(3) 重要的系统和数据文件的完整性评估；

(4) 已知的攻击行为模式的识别；

(5) 异常行为模式的统计分析；

(6) 操作系统的审计跟踪管理及违反安全策略的用户行为的识别。

显然，入侵检测系统完善了以前的静态安全防御技术的诸多不足，是对防火墙的合理补充，为计算机网络、系统的安全防护提供了新的解决方案。

同样，入侵检测系统作为网络安全发展史上一个具有划时代意义的研究成果，要想真正成为一种成功的产品，至少要满足以下的功能要求：实时性、可扩展性、适应性、安全性和可用性、有效性等。

11.3　入侵检测系统分类

入侵检测系统作为动态安全防御技术的应用实例,是继防火墙之后的第二道安全防线,它的运用将可大大提高系统安全防护水平。关于入侵检测系统的分类有多种,这里主要介绍两种:一种是根据入侵检测系统的输入数据来源的分类;另一种是根据入侵检测系统所采用的技术来分类。

11.3.1　按数据来源的分类

由于入侵检测是个典型的数据处理过程,那么数据采集是其首当其冲的第一步,同时,针对不同的数据类型,所采用的分析机理也是不一样的。根据入侵检测系统输入数据的来源来看,它可分为:基于主机的入侵检测系统和基于网络的入侵检测系统。

1.　基于主机的(Host-Based)入侵检测系统

基于主机的入侵检测系统(HIDS)通常以系统日志、应用程序日志等审计记录文件作为数据源。它是通过比较这些审计记录文件的记录与攻击签名(Attack Signature,指用一种特定的方式来表示已知的攻击模式)以发现它们是否匹配。如果匹配,检测系统就向系统管理员发出入侵报警并采取相应的行动。基于主机的 IDS 可以精确地判断入侵事件,并可对入侵事件作出立即反应。它还可针对不同操作系统的特点判断出应用层的入侵事件。

由于审计数据是收集系统用户行为信息的主要方法,所以必须保证系统的审计数据不被修改。但是,当系统遭到攻击时,这些数据很可能被修改。这就要求基于主机的入侵检测系统必须满足一个重要的实时性条件:检测系统必须在攻击者完全控制系统并更改审计数据之前完成对审计数据的分析、产生报警并采取相应的措施。

早期的入侵检测系统大多都是基于主机的 IDS,作为入侵检测系统的一大重要类型,它具有着明显的优点:

(1) 能够确定攻击的成功与否。由于基于主机的 IDS 使用包含有确实已经发生的事件信息的日志文件作为数据源,因而比基于网络的 IDS 更能准确地判断出攻击的成功与否。在这一点上,基于主机的 IDS 可谓是基于网络的 IDS 的完美补充。

(2) 非常适合于加密和交换环境。由于基于网络的 IDS 是以网络数据包作为数据源,因而对于加密环境来讲,它就无能为力了,但对于基于主机的 IDS 就不同了,因为所有的加密数据在到达主机之前必须被解密,那样才能被操作系统所解析。而对于交换网络来讲,基于网络的 IDS 在获取网络流量上面临着很大的挑战,但基于主机的 IDS 就没有这方面的限制。

(3) 近实时的检测和响应。基于主机的 IDS 不能提供真正的实时响应,但是由于现有的基于主机的 IDS 大多采取的是在日志文件形成的同时获取审计数据信息,因而就为近实时的检测和响应提供了可能。

(4) 不需要额外的硬件。基于主机的 IDS 是驻留在现有的网络基础设施之上的,包括文件服务器、Web 服务器和其它的共享资源等,这样就减少了基于主机的 IDS 的实施成本。因为不再需要增加新的硬件,所以也就减少了以后维护和管理这些硬件设备的负担。

(5) 可监视特定的系统行为。基于主机的 IDS 可以监视用户和文件的访问活动，这包括文件访问、文件权限的改变、试图建立新的可执行文件和试图访问特权服务。例如，基于主机的 IDS 可以监视所有的用户登录及注销情况，以及每个用户在连接到网络以后的行为。而基于网络的 IDS 就很难做到这一点。基于主机的 IDS 还可以监视通常只有管理员才能实施的行为，因为操作系统记录了任何有关用户账号的添加、删除、更改的情况，一旦发生了更改，基于主机的 IDS 就能检测到这种不适当的更改。基于主机的 IDS 还可以跟踪影响系统日志记录的策略的变化。最后，基于主机的 IDS 可以监视关键系统文件和可执行文件的更改。试图对关键的系统文件进行覆盖或试图安装特洛伊木马或后门程序的操作都可被检测出并被终止。而基于网络的 IDS 有时就做不到这一点。

除了上述的优点外，基于主机的 IDS 也存在一些不足：会占用主机的系统资源，增加系统负荷，而且针对不同的操作系统必须开发出不同的应用程序，另外，所需配置的 IDS 数量众多。但是对系统内在的结构没有任何的约束，同时可以利用操作系统本身提供的功能，并结合异常检测分析，更能准确的报告攻击行为。

2．基于网络的(Network-Based)入侵检测系统

基于网络的入侵检测系统(NIDS)以原始的网络数据包作为数据源。它是利用网络适配器来实时地监视并分析通过网络进行传输的所有通信业务的。其攻击识别模块在进行攻击签名识别时常用的技术有：

- 模式、表达式或字节码的匹配；
- 频率或阈值的比较；
- 事件相关性处理；
- 异常统计检测。

一旦检测到攻击，IDS 的响应模块通过通知、报警以及中断连接等方式来对攻击行为作出反应。

作为入侵检测发展史上的一个里程碑，基于网络的 IDS 是网络迅速发展，攻击手段日趋复杂的新的历史条件下的产物，它以其独特的技术手段在入侵检测的舞台上扮演着不可或缺的角色。较之于基于主机的 IDS，它有着自身明显的优势：

(1) 攻击者转移证据更困难。基于网络的 IDS 使用正在发生的网络通信进行实时攻击的检测，因此攻击者无法转移证据，被检测系统捕获到的数据不仅包括攻击方法，而且包括对识别和指控入侵者十分有用的信息。由于很多的黑客对审计日志很了解，他们知道怎样更改这些文件以藏匿他们的入侵踪迹，而基于主机的 IDS 往往需要这些原始的未被修改的信息来进行检测，在这一点上，基于网络的 IDS 有着明显的优势。

(2) 实时检测和应答。一旦发生恶意的访问或攻击，基于网络的 IDS 可以随时发现它们，以便能够更快地作出反应。这种实时性使得系统可以根据预先的设置迅速采取相应的行动，从而将入侵行为对系统的破坏减到最低。而基于主机的 IDS 只有在可疑的日志文件产生后才能判断攻击行为，这时往往对系统的破坏已经发生了。

(3) 能够检测到未成功的攻击企图。由于有些攻击行为是旨在针对防火墙后面的资源的攻击，虽然防火墙本身可能会拒绝这些攻击企图，如果利用放置在防火墙外的基于网络的 IDS 就可以检测到这种企图。而基于主机的 IDS 并不能发现未能到达受防火墙保护的主

机的攻击企图。通常，这些信息对于评估和改进系统的安全策略是十分重要的。

(4) 操作系统无关性。基于网络的 IDS 并不依赖主机的操作系统作为检测资源，这样就与主机的操作系统无关。而基于主机的系统需要依赖特定的操作系统才能发挥作用。

(5) 较低的成本。基于网络的 IDS 允许部署在一个或多个关键访问点来检查所有经过的网络通信。因此，基于网络的 IDS 系统并不需要在各种各样的主机上进行安装，大大减少了安全和管理的复杂性，这样所需的成本费用也就相对较低。

当然，对于基于网络的 IDS 来讲，同样有着一定的不足：它只能监视通过本网段的活动，并且精确度较差，在交换网络环境中难于配置，防欺骗的能力也比较差，对于加密环境它就更是无能为力了。

3. 分布式的入侵检测系统

从以上对基于主机的 IDS 和基于网络的 IDS 的分析可以看出：这两者各自都有着自身独到的优势，而且在某些方面是很好的互补。那么采用这两者结合的入侵检测系统，那将是汲取了各自的长处，又弥补了各自的不足的一种优化的设计方案。通常这样的系统一般为分布式结构，由多个部件组成，它能同时分析来自主机系统的审计数据及来自网络的数据通信流量信息。

分布式的 IDS 将是今后人们研究的重点，它是一种相对完善的体系结构，为日趋复杂的网络环境下的安全策略的实现提供了最佳的解决对策。

11.3.2　按分析技术的分类

从入侵检测的典型实现过程可以看出，数据分析是入侵检测系统的核心，它是关系到能否检测出入侵行为的关键。因为检测率是人们关注的焦点，不同的分析技术所体现的分析机制也是不一样的，那么对数据分析得到的结果当然也就大不相同，而且不同的分析技术对不同的数据环境的适用性也不一样。根据入侵检测系统所采用的分析技术来看，它可以分为采用异常检测的入侵检测系统和采用误用检测的入侵检测系统。

1. 异常检测(Anomaly Detection)

异常检测，也被称为基于行为的(Behavior-Based)检测。其基本前提是：假定所有的入侵行为都是异常的，即入侵行为是异常行为的子集。原理是：首先建立系统或用户的"正常"行为特征轮廓，通过比较当前的系统或用户的行为是否偏离正常的行为特征轮廓来判断是否发生了入侵行为，而不是依赖于具体行为是否出现来进行检测的。从这个意义上来讲，异常检测是一种间接的方法。图 11-3 是典型的异常检测系统示意图。

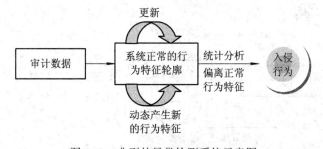

图 11-3　典型的异常检测系统示意图

从异常检测的实现机理来看，异常检测所面临的关键问题有：

(1) 特征量的选择。异常检测首先是要建立系统或用户的"正常"行为特征轮廓，这就要求在建立正常模型时，选取的特征量既要能准确地体现系统或用户的行为特征，又能使模型最优化，即以最少的特征量就能涵盖系统或用户的行为特征。作为异常检测的最关键的第一步，它将直接影响检测性能的优劣。

(2) 阈值的选定。因为在实际的网络环境下，入侵行为和异常行为往往不是一对一的等价关系的(这样的情况是经常会有的：某一行为是异常行为，而它不一定是入侵行为；同样存在某一行为是入侵行为，而它却不一定是异常行为的情况)，这样就会导致检测结果的虚警(False Positives)和漏警(False Negatives)的产生。由于异常检测是先建立正常的特征轮廓并以此作为比较的基准，这个基准，即阈值的选定是非常关键的，阈值选的过大，那漏警率就会很高，这对被保护的系统的危害会很大；相反，阈值选的过小，则虚警率就会提高，这对入侵检测系统的正常工作带来很多的不便。总之，恰当地选取比较的阈值是异常检测的关键，它是直接衡量这一检测方法准确率好坏的至关重要的因素。

(3) 比较频率的选取。由于异常检测是通过比较当前的行为和已建立的正常行为特征轮廓来判断入侵的发生与否，因而比较的频率，即经过多长时间进行比较的问题也是一个重要因素，经过的时间过长，检测结果的漏警率会很高，因为攻击者往往通过逐渐改变攻击的模式使之训练成系统所接受的行为特征，从而不能被检测出来；如果经过的时间过短，就存在虚警率提高的问题，因为有的正常的进程在短时间内的资源消耗会很大，这样检测系统就会误认为有入侵行为的发生。另外，正常的行为特征轮廓存在更新的问题，这也是在选取比较的频率时必须考虑的因素。

从异常检测的原理我们可以看出，该方法的技术难点在于："正常"行为特征轮廓的确定；特征量的选取；特征轮廓的更新。由于这几个因素的制约，异常检测的虚警率会很高，但对于未知的入侵行为的检测非常有效，同时它也是检测冒充合法用户的入侵行为的有效方法。此外，由于需要实时地建立和更新系统或用户的特征轮廓，这样所需的计算量很大，对系统的处理性能要求会很高。

2. 误用检测(Misuse Detection)

误用检测，也被称为基于知识的(Knowledge-Based)检测。其基本前提是：假定所有可能的入侵行为都能被识别和表示。原理是：首先对已知的攻击方法进行攻击签名(攻击签名是指用一种特定的方式来表示已知的攻击模式)表示，然后根据已经定义好的攻击签名，通过判断这些攻击签名是否出现来判断入侵行为的发生与否。这种方法是通过直接判断攻击签名的出现与否来判断入侵行为的，从这一点来看，它是一种直接的方法。图11-4是典型的误用检测系统示意图。

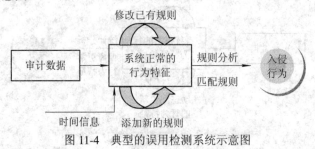

图 11-4 典型的误用检测系统示意图

同样，误用检测也存在着影响检测性能的关键问题：攻击签名的正确表示。

误用检测是根据攻击签名来判断入侵的，那么如何有效地根据对已知的攻击方法的了解，然后用特定的模式语言来表示这种攻击？(即攻击签名的表示)将是该方法的关键所在，尤其是攻击签名必须能够准确地表示入侵行为及其所有可能的变种，同时又不会把非入侵行为包含进来。

由于很大一部分的入侵行为是利用系统的漏洞和应用程序的缺陷，那么通过分析攻击过程的特征、条件、排列以及事件间的关系，就可具体描述入侵行为的迹象。而这些迹象不仅对分析已经发生的入侵行为有帮助，而且对即将发生的入侵行为也有预警作用，因为只要部分满足这些入侵迹象就意味着可能有入侵行为的发生。

误用检测是通过将收集到的信息与已知的攻击签名模式库进行比较，从而发现违背安全策略的行为的。因此，它就只需收集相关的数据，这样系统的负担明显减少了。该方法类似于病毒检测系统，其检测的准确率和效率都比较高。而且这种技术比较成熟，国际上一些顶尖的入侵检测系统都采用的该方法，如 Cisco 的 NetRanger、IIS 的 Real Secure 以及 Axent 公司的 IntruderAlert 等。但是其检测的完备性则依赖于攻击签名知识库的不断更新和补充。另外，误用检测是通过匹配模式库来完成检测过程的，所以在计算处理上对系统的要求不是很高。

通常，这里所能检测到的入侵行为往往是利用操作系统的缺陷、应用软件的缺陷或网络协议实现上的缺陷等来进行实施攻击的。误用检测通过检测那些与已知的入侵行为模式类似的行为或间接地违背系统安全策略的行为，来识别系统中的入侵活动。使用这种技术的入侵检测系统，可以避免系统以后再次遭受同样的入侵攻击行为，而且系统安全管理员能够很容易地知道系统遭受到哪种攻击并采取相应的行动。但是，知识库的维护需要对系统中的每一个缺陷都要进行详细的分析。关于攻击的知识，要依赖于操作系统、软件的版本、硬件平台以及系统中运行的应用程序等。

误用检测的主要局限性表现在：

(1) 它只能根据已知的入侵序列和系统缺陷的模式来检测系统中的可疑行为，而面对新的入侵攻击行为以及那些利用系统中未知或潜在缺陷的越权行为则无能为力。也就是说，不能检测未知的入侵行为。由于其检测机理是对已知的入侵方法进行模式提取，对于未知的入侵方法由于缺乏先验知识就不能进行有效的检测。因而在新的网络环境下漏警率会比较高。

(2) 与系统的相关性很强，即检测系统知识库中的入侵攻击知识与系统的运行环境有关。对于不同的操作系统，由于其实现机制不同，对其攻击的方法也不尽相同，因而很难定义出统一的模式库。

(3) 对于系统内部攻击者的越权行为，由于他们没有利用系统的缺陷，因而很难检测出来。

3. 采用两种技术混合的入侵检测

入侵检测的两种最常用技术在实现机理、处理机制上存在明显的不同，而且各自都有着自身无法逾越的障碍，使得各自都有着某种不足。但是采用这两种技术的混合的方案，将是一种理想的选择，这样可以做到优势互补。

11.3.3 其它的分类

除了上述对入侵检测系统的基本分类外，还有其它不同形式的分类方法，如按照入侵检测系统的响应方式来划分，可分为主动的入侵检测系统和被动的入侵检测系统。主动的入侵检测系统对检测到的入侵行为进行主动响应、处理；而被动的入侵检测系统则对检测到的入侵行为仅进行报警。这里就不再作过多的介绍。

11.4 入侵检测系统模型

入侵检测系统是动态安全防御策略的核心技术，比较有影响力的入侵检测系统模型有：① CIDF 模型；② Denning 的通用入侵检测系统模型。其中，CIDF 模型是在对入侵检测系统进行规范化的进程中提出的，逐渐被入侵检测领域所采纳的模型；而 Denning 的通用入侵检测系统模型，作为入侵检测发展历程中颇具影响力的实例，给入侵检测领域的研究带来相当重要的启示。现在很多的入侵检测系统研究原型都是基于这两个模型，所以有必要对其作一介绍。

11.4.1 入侵检测系统的 CIDF 模型

Common Intrusion Detection Framework(CIDF)(http://www.gidos.org/)工作组是由 Teresa Lunt 发起的、专门从事对入侵检测系统(IDS)进行标准化的研究机构，主要是对入侵检测系统的通用结构、入侵检测系统各组件间的通信接口问题、通用入侵描述语言(CISL: Common Intrusion Specification Language)以及不同入侵检测系统间通信问题等关于入侵检测的规范化问题进行研究。

CIDF 提出了一个入侵检测系统的通用模型(如图 11-5 所示)，它将入侵检测系统分为以下几个单元：

(1) 事件产生器(Event generators)；

(2) 事件分析器(Event analyzers)；

(3) 响应单元(Response units)；

(4) 事件数据库(Event databases)。

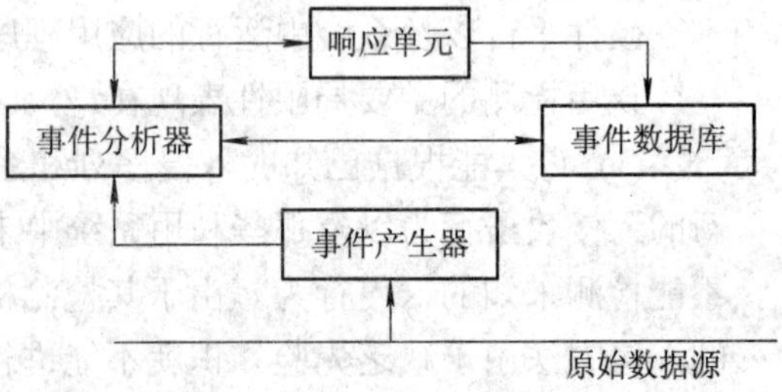

图 11-5 简化的入侵检测系统 CIDF 模型

CIDF 模型将入侵检测系统(IDS)需要分析的数据统称为事件(Event)，它可以是网络中的数据包，也可以是从系统日志等审计记录途径得到的信息。

事件产生器即检测器，它是从整个计算环境中获得事件，并向系统的其它部分提供此事件；事件分析器分析得到的数据，并产生分析结果；响应单元则是对分析结果作出反应的功能单元，它可以作出切断连接、改变文件属性等反应，甚至发动对攻击者的反击，也可以只是简单的报警；事件数据库是存放各种中间和最终数据的地方的总称，它可以是复杂的数据库，也可以是简单的文本文件。各功能单元间的数据交换采用的是 CISL 语言。

图 11-5 是入侵检测系统的一个简化模型，它给出了入侵检测系统的一个基本框架。一

般地，入侵检测系统由这些功能模块组成。在具体实现上，由于各种网络环境的差异以及安全需求的不同，所以在实际的结构上就存在一定程度的差别。图 11-6 是互联网工程任务组提出的对 CIDF 模型的一个更详细的描述。

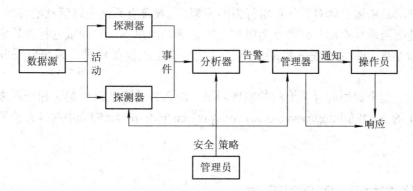

图 11-6 IETF 的入侵检测模型实例

这里介绍的模型是 IETF 下的 IDWG(入侵检测工作组：http://www.ietf.org/html. charters/idwg-charter.html)对入侵检测系统进行标准化的设计方案。目前还只是 Internet 草案，未形成正式的 RFC 文档。现有的各种入侵检测系统的研究原型还未采纳这种标准。但是，在不久的将来，随着行业的不断规范化，这一模型将会被投入到实际运用中。

11.4.2 Denning 的通用入侵检测系统模型

Dorothy E.Denning 于 1987 年提出了一个通用的入侵检测模型。该模型由以下 6 个主要部分组成：主体(Subjects)、客体(Objects)、审计记录(Audit Records)、行为轮廓(Profiles)、异常记录(Anomaly Records)及活动规则(Activity Rules)，如图 11-7 所示。

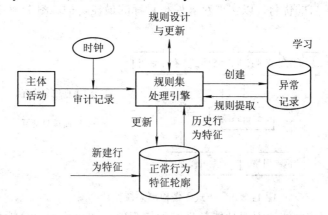

图 11-7 Denning 的通用入侵检测系统模型

在该模型中，主体是指目标系统上活动的实体，通常指的是用户，也可能是代表用户行为的系统进程，或者是系统自身。主体的所有行为都是通过命令来实现的。客体是指系统资源，如文件、命令、设备等，它是主体的行为的接受者。对于主体和客体没有明显的界限，往往在某一环境下的主体在另一环境下则成为客体。

审计记录是指主体对客体进行操作而在目标系统上产生的记录，如用户的登录、命令的执行、文件的访问等都会在系统中产生相应的记录。它是由<主体，活动，客体，异常条

件，资源使用状况，时间戳>构成的六元组。其中活动是指主体对客体的操作，如登录、退出、读、写等；异常条件是指主体活动出现异常情况时系统的状态；资源使用状况是指系统的资源消耗情况；时间戳是指活动发生的时间。

行为轮廓是描述主体对客体正常行为的模型，它包含有系统正常活动的各种相关信息。异常记录是指当系统检测到异常行为时产生的记录，由事件、时间戳、行为轮廓组成。活动规则是指系统判断是否是入侵的准则，以及当满足入侵条件时，系统所采取的相应的对策。

这个模型是个典型的异常检测的实现原型，对入侵检测的研究起着相当重要的推动作用。像 SRI 的 NIDES(http://www.sdl.sri.com/projects/nides/index5.html)的异常检测器就是基于该模型的。

11.5　分布式入侵检测系统

一方面，由于网络环境的分布性和开放性，使得我们要保护的目标主机和网络在数量和层次上将不再局限在很有限的范围内，而且不断发展的网络技术使得攻击手段也在不断推陈出新，这样对入侵行为的检测将面临更大的挑战。另一方面，单一机制的入侵检测系统存在着自身难以克服的缺陷，无法满足日益苛刻的安全需求。这使得人们在深入研究的同时不得不另辟蹊径。分布式入侵检测系统就是这一时期的产物，它的出现为人们提供了新的安全解决方案。

分布式入侵检测系统是采用基于主机的和基于网络的入侵检测系统相结合的综合方案，这样既可以克服基于主机的入侵检测系统和基于网络的入侵检测系统的各自不足，又可以充分发挥它们各自的优势，以实现对被保护目标的最佳防护。图 11-8 是分布式入侵检测系统的组成框图。

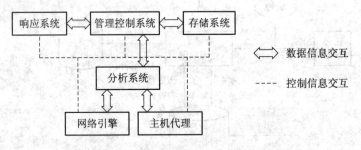

图 11-8　分布式入侵检测系统设计框图

由图可以看出，该系统的主要功能部件有网络引擎、主机代理、分析系统、管理控制系统、存储系统、响应系统等。网络引擎主要是从网络流量中获取原始数据包，并对其进行预处理，将处理后的数据发送给分析系统；主机代理则是从受保护的主机系统获取审计数据，并对其进行预处理，将处理过的数据送往分析系统；分析系统对预处理后的数据进行分析，根据不同的数据特点建立相应的检测模型，即采用不同的检测算法对数据进行分析处理，并将分析结果送到管理控制系统；管理控制系统是整个系统同用户交互的窗口，它提供各种管理控制信息，并协调其它部件的工作；存储系统是用来对各种结果进行存储的地方，并提供灵活的数据维护、处理和查询服务，同时也是一个安全的日志系统；响应系统则是对确认的入侵行为采取相应措施的子系统。

从所采用的技术角度来看，分布式入侵检测系统的检测机制是误用检测和异常检测并举的方案。具体的工作模式如图 11-9 所示。

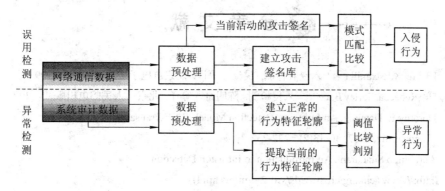

图 11-9　分布式入侵检测系统的检测机制示意图

图 11-10 给出了一个典型的分布式入侵检测系统在实际网络环境下的部署图。在本图中，我们在防火墙内外都设置了网络引擎，这样我们就可以充分利用基于网络的 IDS 的优点，实时地进行攻击企图的识别，并可将其阻断在防火墙之外。同时，还可监控透过防火墙的攻击行为，为我们及时地更新防火墙的配置提供依据。对于主机代理的设置则是要根据具体的安全防护策略来进行部署。这样，我们就可以最大限度地发挥不同类型的 IDS 的优势，实现对被保护网络的最大安全化。

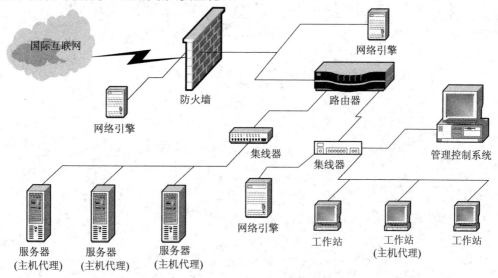

图 11-10　典型的分布式入侵检测系统部署图

11.6　小结

入侵检测是信息时代网络技术蓬勃发展的必然产物，它的出现给从事信息安全研究的人们一个全新的遐想空间。而且关于入侵检测的研究涉及到多学科的知识的交互。这里只是对入侵检测基本理论的阐述，很多问题还不是很深入，目的是能给大家在从事这方面研究时有所启示。

参 考 文 献

[1]　[美]Terry.Escamilla 著. 入侵者检测. 吴焱，等译. 北京：电子工业出版社，1999

[2]　[美]Rebecca.Gurley.Bace 著. 入侵检测. 陈明奇，等译. 北京：人民邮电出版社，2001

[3]　Dorothy E. Denning. An Intrusion-Detection Model. IEEE Transactions on Software
　　　Engineering, 1987, SE-13(2) : 222-232

[4]　Aurobindo Sundaram. An Introduction to Intrusion Detection
　　　(http://www.acm.org/crossroads/xrds2-4/intrus.html)

[5]　Julia Allen, Alan Christie, William Fithen, et al. State of the Practice of Intrusion Detection Technologies . (http://www.cert.org/archive/pdf/99tr028.pdf)

[6]　Sandeep.Kumar. Classification and Detection of Computer Intrusions: [Ph.D.dissertation] Department of Computer Science，Purdue University，August 1995

第12章 安全编程

由于商业、非商业的原因，程序员所希望的就是在最短的时间内完成程序并实现尽可能多的功能。这就很容易导致程序中存在安全问题，也将大大增加应用程序的后续费用(包括清除漏洞、给用户升级产品、产品更新时的技术支持等所需的费用)。事实上，在过去的许多年里，互联网上的许多攻击都是利用程序员在程序中犯下的错误实现的，其中包括常见的缓冲区溢出攻击和格式化字符串攻击等。

在程序设计过程中，如果我们能遵守一定的安全编程准则，那么就可以大大减少程序中的安全错误，从而也能让后续费用降到最低。本章主要讨论程序设计中常见的安全问题，并针对这些问题给出了安全建议和正确的使用方法。本章主要是针对 C 语言展开讨论，虽然其它编程语言中也存在安全问题。

12.1 缓冲区溢出(buffer overflow)

所谓的缓冲区溢出，是指一种系统攻击的手段，它是通过往程序的缓冲区写超出其长度的内容，造成缓冲区的溢出，从而破坏程序的堆栈，使程序转而执行其它指令，以达到攻击的目的。美国俄勒冈州科学与技术研究生院(OGI)最近公布的一篇论文[1]称："过去 10 年中，缓存溢出一直是计算机的最大安全隐患。由于这种攻击使得任何人都能够完全控制某一台主机，因此构成了对计算机安全的最大威胁。"

缓冲区溢出问题大部分是由于在程序中没有进行适当的边界检查造成的。安全问题分析家认为，解决缓存溢出问题的第一步是，人们必须更加小心地进行计算机的编程。程序员只要增加能够处理过长字符串的指令，就能够防止对他们的产品的攻击。安全分析家 Alan Paller 说："造成问题的原因是程序员的粗心大意。你编写了一个程序，让他人输入信息，为他们提供了一定数量的字符空间，但是你不检查程序能不能接受更多的字符。像这样的程序员是不称职的，这也是产生问题的根源。他的错误将要我们花费很大的精力来加以解决。"

本节将首先介绍缓冲区攻击的基本原理；然后给出针对缓冲区溢出的安全建议。

12.1.1 背景知识

为了更好的了解缓冲区溢出的机理，我们先来介绍一些背景知识。首先看一看执行状态下的 C 语言程序结构和处理器处理机器代码的情况。

一个应用程序在运行时，它在内存中的映像可以分为三个部分：代码段、数据段和堆栈段。代码段对应于运行文件中的 Text 节，如图 12-1 所示，其中包括运行代码和只读数据。这个段在内存中一般被标记为只读，任何企图修改这个段中数据的指令将引发一个

Segmentation Violation 错误。数据段对应于运行文件中的 Data 节和 BSS，其中存放的是各种数据(经过初始化的和未经初始化的)和静态变量。

图中，堆栈。保存调用程序的参数信息，所需要的本地变量，其它帧指针等。堆栈的特点是其生长方向与内存的生长方向相反，即堆栈的底端是内存的高端，而堆栈的高端是内存的低端。堆。动态内存分配区。BSS。符号块起始地址，未初始化数据段(函数之外)，如 int foo; float baz。数据段。初始化数据(函数之外)，如 int hit=9,char head[]="ugh"。文本段。就是机器指令，等于操作码+操作数。

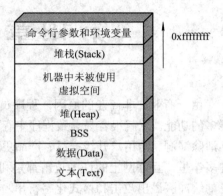

图 12-1　程序内存布局

除此之外，CPU 当中还有一些很重要的寄存器是我们所关心的，我们重点看一下指令指针(Instruction Pointer，IP)，也被称为程序计数器。IP 寄存器指向下一条被执行指令的地址。一般代码是不能够直接访问 IP 值的。在每条指令被执行之后 IP 值自动增加一个值以指向下一条要执行的指令地址。当你要调用子程序时，系统就需要知道下一条指令的地址以及如何返回原始调用处。调用指令通常规定了要往 IP 所加的值，并把它压入堆栈。而调用函数中的返回指令会把堆栈值弹出给 IP 以恢复调用后下一条指令的执行。图 12-1 中的堆栈就是存储和取出返回地址信息的地方。

现在大部分程序员都用高级语言进行模块化编程。在这些应用程序中，不可避免地会出现各种函数调用，比如调 C 运行库、Win32 API 等等。这些调用大部分都被编译器编译为 Call 语句。当 CPU 在执行这条指令时，除了将 IP 变为调用函数的入口点以外，还要将调用后的返回地址压入堆栈。这些函数调用往往还带有不同数量的入口参数和局部变量，在这种情况下，编译器往往会生成一些指令将这些数据也存入堆栈(有些也可通过寄存器传递)。我们称由于一个函数调用所导致的需要在堆栈中存放的数据和返回地址为一个堆栈帧(Stack Frame)。

下面我们通过一个简单的例子来分析一下栈帧的结构：

```
    void proc(int i)              // 被调用函数
    {
      int local;                  // 本地变量
      local=i;
    }
    void main()                   // 主函数
    {
      proc(1);                    // 调用 proc 函数，带一个参数，参数值为 1
    }
```

这段代码经过编译器编译后为(以 PC 为例)：

```
    main: push 1                  // 入口参数压栈
          call proc               // 主函数调用子函数处
          …
```

```
proc: push ebp                      // 子函数入口处, 将基址寄存器压栈
mov    ebp,esp
    sub    esp,4                     // esp 指针减 4, 为局部变量分配空间
    mov    eax,[ebp+08]             // ebp+08 即访问参数 1
    mov    [ebp-4],eax              // ebp-4 即访问局部变量 local
    add    esp,4                     // 收回局部变量空间
    pop    ebp                      // 恢复 ebp 值
    ret    4                        // 调用返回
```

不难看出, 这个程序在执行 proc 过程时, 栈帧的结构如图 12-2 所示。

由此可以看出, 当程序中发生函数调用时, 计算机依次完成如下操作: 首先把入口参数压入堆栈; 然后保存指令寄存器(EIP)中的内容作为返回地址(RET); 再把基址寄存器(EBP)压入堆栈; 随后将当前的栈指针(ESP)拷贝到 EBP 做为新的基地址; 最后为本地变量留出一定空间, 同时将 ESP 减去适当的数值。因此, 栈帧的一般结构如图 12-3 所示。

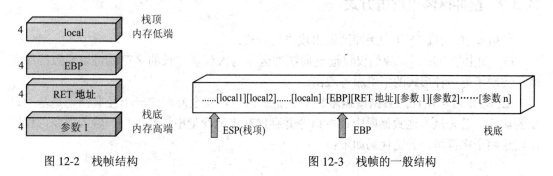

图 12-2　栈帧结构　　　　　　　　　　图 12-3　栈帧的一般结构

12.1.2　缓冲区溢出基本原理

我们先举一个例子说明一下什么是缓存溢出:

```
void function(char *str)                // 函数定义
{
    char buffer[16];
    strcpy(buffer,str);
}
void main()                             // 主函数
{
    char large_string[256];
    int i;

    for( i = 0; i < 255; i++)
    large_string[i] = 'A';

    function(large_string);             // 调用函数 function
}
```

首先我们看一下未执行 strcpy 时(已经调用函数 function)堆栈中的情况，如图 12-4 所示。

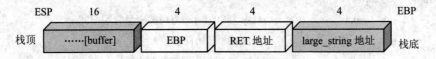

图 12-4　调用 function 后的堆栈情况

当执行 strcpy()函数时，程序将 256 字节的字符 'A' (0x41)拷贝给 buffer 数组中，然而 buffer 数组只能容纳 16 字节。由于 C 语言并不进行边界检查，所以结果是 buffer 数组后面的 240 字节的内容也被覆盖掉了，这其中包括 EBP、RET 地址、large_string 地址。此时 RET 地址变成了 0x41414141h，所以当函数结束调用返回时，它将返回到 0x41414141h 地址处继续执行下一条指令。但由于这个地址并不在程序实际使用的虚存空间范围内，所以系统就报"Segmentation Violation"错误。这就是所谓的缓冲区溢出。

12.1.3　缓冲区溢出攻击方式

一般而言，有以下几种缓冲区溢出攻击的方式：

(1) 如上举例所示，我们仅仅通过向缓冲区中写入任意超长的字符就可以导致程序崩溃，实现了另一种形式的拒绝服务攻击。

(2) 攻击者可用任意数据覆盖堆栈中变量的内容。安全漏洞的一个经典例子是基于口令的认证。首先从本地数据库中读取口令并存储在本地变量中；然后用户输入口令，程序比较这两个字符串。关键代码如下：

```
[...]
char origPassword[12] = "Secret\0";
char userPassword[12];
[...]
gets(userPassword);    /* 读取用户输入的口令*/
[...]

if(strncmp(origPassword, userPassword, 12) != 0)
{
printf("Password doesn't match!\n");
exit(-1);
}
[...]
/* 口令认证通过时允许用户访问*/
[...]
```

现在用户的输入超过 12 个字符(32 位对准)就会覆盖数组 origPassword[]的内容。因此如果用户输入是 opensesame!!opensesame!!，userPassword[]和 origPassword[]的内容就是同一个字符串 opensesame!!，从而比较结果为二者相等。

(3) 覆盖堆栈中保存的寄存器。因此，通过输入超长的字符从而覆盖指令指针 IP，攻击者可以利用函数结尾的 RET 来执行程序中的任意程序代码。一般而言，不是利用程序本身的代码，而是植入攻击者自己的机器代码(一般称之为 Shellcode)。要做到这一点，只需把机器代码写到变量中，然后被拷贝到堆栈中，同时把保存的 IP 地址设成攻击代码的开始地址。如果变量长度不足以保存机器代码，就要把机器代码存储在程序环境中——堆或任意用户可访问的地址空间。当函数执行完毕，RET 从堆栈中获得 IP 的值(已被攻击者设置)并写入 CPU 的 IP 寄存器中，则计算机就忠实的执行攻击代码序列。

(4) 此外，为了执行第三方代码也可以覆盖函数指针。例如在下面这段代码中，定义了两个未初始化的静态变量 buff 和 funcPtr，它们都保存在 BSS 段中。由于 strncpy()函数没有进行边界检查，因此，argv[1]提供的字符串长度有可能超过 BUFFSIZE，从而导致函数指针可能被覆盖。

```
void good_function(const char *str) {...}
int main(int argc, char *argv[])
{
    static char buff[BUFFSIZE];
    static void (*funcPtr)(const char *str);
    funcPtr = &good_function;
    strncpy(buff, argv[1], strlen(argv[1]));
    (void)(*funcPtr)(argv[2]);
}
```

这样，攻击者只要把 Shellcode 代码放在全局、本地或环境变量中，并使函数指针指向这段程序代码。当用函数指针调用函数时，执行的将不是函数代码而是攻击代码。

12.1.4　有关 Shellcode

一般而言，攻击者利用缓冲区溢出漏洞并不是仅仅想使程序崩溃，而是想通过这种攻击做更多的事。如通过缓冲区溢出提升权限，从而获得对系统更多的访问和控制权。这些目的的实现就是由所谓的 Shellcode 来完成的。

12.1.5　安全建议

1．编写正确的代码

前面提到过，解决缓存溢出问题的第一步是，人们必须更加小心地进行计算机的编程。程序员只要增加能够处理过长字符串的指令，就能够防止对他们的产品的攻击。

针对这些易受缓冲区溢出攻击的 Libc 函数，Arash Baratloo、Timothy Tsai 和 Navjot Singh(朗讯技术公司)开发出了封装这些库函数的 Libsafe[4]。Libsafe 是一个简单的动态载入库。安装 Libsafe 后，Libsafe 解析那些不安全的 Libc 库函数并用 Libsafe 中实现的安全函数代替，而 Libsafe 实现边界检查，从而保证代码更安全。

微软在 strsafe.h[5]中提供了安全处理字符串的函数集。其设计目标是：始终以 NULL 结束字符串、始终指定目标缓存区大小、始终返回一致的状态码。

2．数组边界检查

根据缓冲区溢出的基本原理可知，要实现缓冲区溢出就必须扰乱程序的流程，使程序不按既定的流程运行。如果给局部变量分配的内存空间没被溢出，改变程序运行状态也就无从谈起。为此，我们可以利用一些编译器或工具对程序进行数组边界检查，即当对数组进行读写时要确保对数组元素的操作是在正确的范围内进行。目前，Compaq C 编译器、Richard Jones 和 Paul Kelly[6]开发的一个 gcc 的补丁以及 IBM 开发的 Purify 等都能实现一定的数组边界检查功能。

3．程序指针完整性检查

程序指针完整性检查和边界检查有略微的不同。与防止程序指针被改变不同，程序指针完整性检查在程序指针被引用之前检测它是否有变。因此，即便一个攻击者成功地改变了程序的指针，由于系统事先检测到了指针的改变，因此这个指针将不会被使用。

StackGuard[7]通过不允许改动活动函数的返回地址 RET 来防止某些类型的缓冲区溢出攻击。StackGuard 在堆栈中函数返回地址后面存储一些附加的字节(称为 canary)，当函数返回时，首先检查这个附加的字节是否被改动过，如图 12-5 所示。

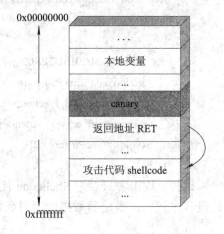

如果攻击者企图进行缓冲区溢出攻击，则他要覆盖缓冲区，修改附加字节，从而在函数返回前被检测到。但是，如果攻击者预见到这些附加字节的存在，并且能在溢出过程中同样地制造他们，那么他就能成功地躲过 StackGuard 的检测。通常，我们有如下的两种方案对付这种欺骗：

(1) 终止符号。也就是附加符号使用 C 语言的终止符号，如 0(null)，CR，LF，-1(EOF)等不能在常用的字符串函数中使用的符号，因为这些函数一旦遇到这些终止符号，就结束函数过程。

图 12-5　基于 canary 的堆栈防溢出

(2) 随机符号。附加符号使用一个在函数调用时产生的一个 32 位的随机数来实现保密，使得攻击者不可能猜测到附加字节的内容。而且，每次调用，附加字节的内容都在改变，也无法预测。

实验数据表明，StackGuard 对于各种系统的缓冲区溢出攻击都有很好的保护作用，并能保持较好的兼容性和系统性能。有分析表明，StackGuard 能有效抵御现在的和将来的基于堆栈的攻击。

很多攻击者开始利用指针来修改返回地址这种更一般的方法实现缓存溢出攻击，如堆溢出、格式串攻击等。这些技术可以成功避开上述提到的数组边界检查和 StackGuard 等溢出攻击保护机制。

PointGuard[8]是 StackGuard 的扩展，它可以解决指针溢出攻击问题。PointGuard 加密保存在内存中的指针，并仅当指针被加载到 CPU 寄存器里时才解密指针。攻击者虽然可以覆盖一个指针值，但由于不知道解密密钥，因此无法伪造指针值。图 12-6 显示 PointGuard 防止溢出攻击的过程。被攻击者覆盖的指针被送入 PointGuard 解密，得到一个随机地址引用，这个随机地址很有可能指向一个不在进程地址空间的位置，从而导致受害程序崩溃。

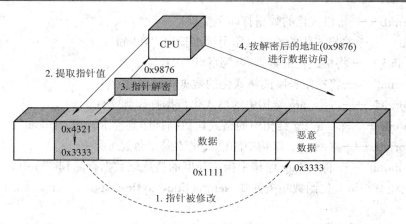

图 12-6 基于 PointGuard 防溢出攻击

4．不可执行的缓冲区技术

根据上面介绍的缓冲区溢出原理我们知道，为了利用缓冲区溢出漏洞达到攻击的目的，往往需要向缓冲区中写入可执行代码。因此，防止缓冲区溢出攻击的一个有效方法就是通过使被攻击程序的数据段地址空间不可执行，从而使攻击者不可能执行植入到被攻击程序输入缓冲区中的代码。这就是所谓的不可执行的缓冲区技术。一些旧版本的操作系统就是这样实现的，但是最近的 UNIX 和 MS Windows 系统为了实现好的性能和功能而允许在数据段中动态的放入可执行代码。由于绝大部分情况下合法程序并不需要在堆栈中存放可执行代码，因此，完全可以让操作系统使程序的堆栈段不可执行。目前，Linux 和 Solaris 为此发布了安全补丁。几乎所有的合法程序都不会在堆栈中存放代码，因此这种做法几乎不产生任何兼容性问题，但在 Linux 中有两个特例，其可执行的代码必须被放入堆栈中：

(1) 信号传递。Linux 通过把传递信号的代码放入进程堆栈，然后引发中断跳转到该代码处执行来实现向进程发送 Unix 信号。非执行缓冲区的补丁在发送信号的时候是允许缓冲区可执行的。

(2) GCC 的在线重用。研究发现 gcc 在堆栈区里放置了可执行的代码作为在线重用之用。

不可执行缓冲区技术可以有效地对付把代码植入自动变量的缓冲区溢出攻击，而对于其它形式的攻击则没有效果。

12.2　格式化字符串(Format String)

在 2000 年下半年，一种称之为"格式化字符串"的漏洞开始威胁系统和网络的安全。这种攻击方式与缓冲区溢出类似，也是通过覆盖缓冲区来达到攻击的目的，只是这种攻击方式是利用格式化函数，如 printf()的格式化字符串%n 来覆盖缓冲区。本节将首先介绍导致格式化字符串漏洞的原因；接着介绍利用格式化字符串漏洞可实现的攻击方式；最后针对格式化字符串漏洞提出了一些安全建议。

12.2.1　格式化函数和格式化字符串

格式化函数是一类 ANSI C 函数，包括：

(1) fprintf ——将格式化的数据打印至文件;

(2) printf ——将格式化的数据打印至标准输出"stdout";

(3) sprintf ——将格式化的数据存储到缓存中;

(4) snprintf ——将指定长度的格式化的数据存储到缓存中;

(5) vfprintf ——将 va_arg 结构中的格式化数据打印到文件;

(6) vprintf ——将 va_arg 结构中的格式化数据打印到标准输出"stdout";

(7) vsprintf ——将 va_arg 结构中的格式化数据存储到缓存中;

(8) vsnprintf ——将 va_arg 结构中指定长度的格式化数据存储到缓存中。

另外,还有与格式化函数相关的如 setproctitle、syslog、err 、verr、warn、vwarn 等函数。

在格式化函数的参数中有一项就是所谓的格式化字符串,它控制格式化函数所要进行的操作并指定要打印的参数的数据类型和格式。格式化函数一般的调用格式为:

printf("<格式化字符串>", <参量表>);

其中,格式化字符串包括两部分内容:一部分是正常字符,这些字符将按原样输出;另一部分是格式化控制字符,以"%"开始,后跟一个或几个规定字符,用来控制输出内容格式,如表 12-1 所示。参量表是需要输出的一系列参数,其个数必须与格式化字符串所说明的输出参数个数一样,各参数之间用","分开,且顺序一一对应,否则将会出现意想不到的错误。

表 12-1 格式化控制符

符 号	作 用
%d	十进制有符号整数
%u	十进制无符号整数
%f	浮点数
%s	字符串
%c	单个字符
%p	指针的值
%e,%E	指数形式的浮点数
%x,%X	无符号以十六进制表示的整数
%g,%G	自动选择合适的表示法
%o	无符号以八进制表示的整数
%n	得到输出字符的个数
%m	输出错误时的相应的字符串提示
%%	输出正文字符中的"%"字符
\n	换行
\f	清屏并换页
\r	回车
\t	Tab 符
\xhh	表示一个 ASCII 码用 16 进制表示,其中 hh 是 1 到 2 个 16 进制数

12.2.2　格式化字符串漏洞基本原理

从基础知识介绍中我们知道，格式化字符串控制着格式化函数所要进行的操作，并指定要打印的参数的数据类型和格式。格式化字符串是一包含文本及格式化参数的 ASCII 串，如：

printf("The number is: %s\n", "2011");

这里，要打印的文本是"The number is:"，后面跟的是格式化参数%s，在输出时将被后面的参数(2011)代替。因此，这条语句的执行结果为 The number is: 2011。在这个例子中，格式化字符串指定的参量个数和参量表中的参量个数均为 1，接下来我们看一个格式化串指定的参量个数大于参量表中参量个数的例子：

```
/* <- begin ->  test1.c */
#include <stdio.h>

int main(void)
{
    char string[]="Hello World!";

    printf("String: %s, arg2: %#p , arg3: %#p\n", string);
    return 0;
}
/* <- end ->   */
```

这里，我们只提供了一个数据参数"string"，但在格式串中有三个打印控制字符。根据上一节中所介绍的堆栈知识，我们可以得到程序在调用 printf 函数时的堆栈情况如图 12-7 所示。

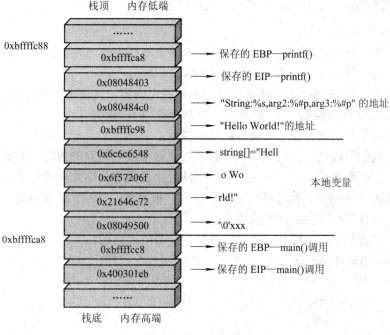

图 12-7　程序堆栈帧

因此这个程序将有如下运行结果：

　　[root@ecm format]$ ./test1

　　String: Hello World! , arg2: 0x6c6c6548 , arg3: 0x6f57206f

　　由上面的分析可以看出，arg2，arg3 所显示的是 main()中数组 string 中的前两个字的内容。也就是说，printf()只根据格式控制字符串内的控制字符(%)的个数来依次显示堆栈中控制字符串参数后面地址的内容，每次根据"%格式"移动相应的字节数(如%s 为 4 个字节，%f 为 8 个字节)。

　　一般来说，格式化字符串由程序员定制，因而不会出现太大的安全问题。但是，如果程序中的格式化字符串由用户提供，用户就可以定制格式化字符串实现格式化字符串攻击。例如用某个值覆盖函数的返回指针，那么程序返回时就会跳到指定的位置去运行。

12.2.3　格式化字符串攻击

1．使程序崩溃

　　利用格式化字符串使程序崩溃是比较简单的攻击方法。几乎在所有的 UNIX 系统中，当程序通过一个指针访问用户不可用的缓存区时，进程将向内核发送 SIGSEGV 信号，然后程序终止并生成内核转存文件 core。通过 gdb 调试 core 文件可以获得一些有用的信息，如程序所用的非法指针。因此最简单的攻击方法就是利用类似于下面的语句：

　　　　　　　printf("%s%s%s%s%s%s%s%s%s");

使程序崩溃。

　　因为格式参数'%s'显示由堆栈提供的地址内存中的字符串，而堆栈中有许多数据，因此很可能会去读取非法地址中的数据内容，从而导致进程崩溃。同样，我们也可以利用'%n'格式参数向一个地址写数据而导致进程崩溃。

2．查看堆栈及进程内存

　　更进一步，我们可以利用格式化字符串来查看堆栈中的内容。考虑下面的语句：

　　　printf("%08x．%08x．%08x．%08x．%08x\n");

这条语句将以 8 位 16 进制数的形式依次显示堆栈中内容，其输出将具有如下形式：

　　40012980．080628c4．bffff7a4．0000005．08059c04

这有助于我们在开发攻击程序时确定地址偏移量。

　　同样，我们可以利用格式化字符串查看堆栈以外其它内存的内容。为做到这一点，我们首先要找到一个格式参数，它能显示一个地址中的内容，即此格式参数对应的输出参数列表中的项为一个指针，指针指向某个内存区。很显然，"%s"能做到这一点。然后必须将所要显示内存的地址存放到堆栈的正确位置。

　　有时，格式化字符串本身会存放在堆栈中，看下面代码：

```
void main(int argc,char *argv[])
{
    char buf [256]=" ";              // 分配内存空间
    if (argc == 2)
    {
```

```
        strncpy(buf,argv[1],255);          // 拷贝命令行参数
        printf(buf);                       // 显示命令行参数信息, 没有提供参量表
        //printf("%s",buf);                // 正确显示方式, 格式控制符 + 参量表
    }
}
```

在上面的代码中, buf 中存储的是由第一个命令行参数 argv[1]提供的格式化字符串。假设提供的格式化字符串为: "abcd%d%s", 则调用 printf()时, 堆栈中的情况如图 12-8 所示。

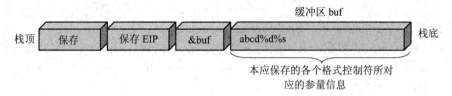

本来, 按照格式控制字符串 "abcd%d%s", 其后应该紧跟两个被输出的参量, 而现在没有提供, 因此 printf()就会把图 12-6 中&buf 后面的内存空间认为是等待输出的参量。从地址 buf 到 "abcd" 之间共有 4 个字符即 4 字节, 因此我们用 1 个%d 来对应这 4 个字节, 这样, 最后一个格式参数 "%s" 对应了地址 "abcd"。因此将显示地址 "abcd" 中的内容。如果地址 ap 到缓冲区 buf 之间还有其它数据, 则可以通过调节 "%d" 的个数来使 "%s" 对应 "abcd"。如果地址 ap 到地址 "abcd" 之间的字节长度不是 4 的倍数, 可以在地址 "abcd" 前添加字节使其成为 4 的倍数; 当然, 我们可以利用 "%c" 来使地址步进, 只是此时步进速度太慢。

3. 覆盖内存区

格式化字符串攻击更主要的是利用格式化字符串来覆盖内存区, 一般是覆盖指令指针, 改变程序的流程, 使调用结束时执行攻击者想要执行的代码。

我们首先介绍类似于传统的缓冲区溢出的格式化字符串漏洞。这种漏洞一般是由于格式化函数对输出长度不作检查, 而输出数据又是由用户全部或部分提供而导致的。为了达到攻击的目的, 用户一般提供具有以下形式的输出数据:

"abcdef%nd<RET><nops><shellcode>"

其中, abcde 可以是任意字符, 主要是为了对齐地址; '%nd' 中的 n 是指打印宽度; RET 指返回地址; shellcode 是用户提供的可执行二进制代码等。这样可以用 RET 来覆盖原来的指令指针 EIP, 从而使程序返回时跳转到 shellcode 执行。

接下来, 我们介绍如何直接覆盖返回地址。首先看以下程序:

```
#include <string.h>
void main(int argc,char **argv)
{    char outbuf[512];
     char buffer[512];
     sprintf (buffer, "ERR Wrong command: %400s",argv[1]);          //%前 19 个字符
     sprintf (outbuf, buffer);
}
```

在上述程序代码中，第一个 sprintf() 利用 "%400s" 指定了打印数据的长度，因此不会产生溢出。但在第二个 sprintf() 中，程序员将本应出现在第三个参数位置的 buffer 参数放在第二个参数的位置，而 buffer 的部分内容是由用户提供的，这就导致了安全隐患。现在，我们给 argv[1] 提供如下形式的字符数据：

%102dAAAA

此时，单步调试该程序，其中主要的参数信息如图 12-9 所示。

在第一个 sprintf() 函数调用执行完以后，buffer 数组中的值如图 12-10 所示，其组成如下：

(1) 长 19 个字节的字符串 "ERR Wrong command:"。

(2) 长 400 个字节的填充，其中最后 9 个字节来自 argv[1]，也就是 "%102dAAAA"，剩下是 391 个空格。

(3) 一个结束字符。

(4) 剩下 92 个数组元素没有变化，仍然是 0xCC。

此时对 buffer 数组的操作并没有越界。

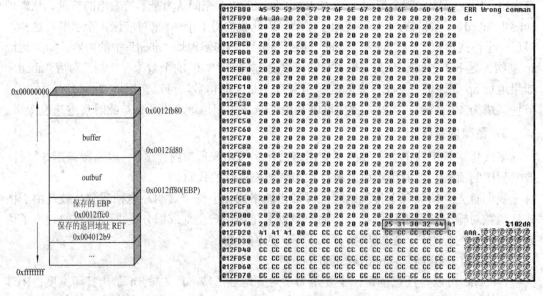

图 12-9　堆栈布局　　　　　　　　　　　图 12-10　buffer 数组

等执行第二个 sprintf() 函数调用，也就是要把 buffer 数组内容输出到 outbuf 数组中，此时：

(1) 图 12-10 中，%102d(方框标注部分)之前的元素总共 410 个字节原封不动的拷贝给 outbuf。

(2) sprintf() 在碰到 %102d 以后，在 outbuf 数组后继续添加 102 个空格。

(3) 再拷贝 4 个大写 A 字符给 outbuf 数组。

(4) 再添加结束字符 '\0'。

显然，在前两步完成以后，已经往 outbuf 数组拷贝了 512 个字节，因此在第三步所拷贝的 4 个大写 A 字符已经超出 outbuf 数组范围，从而覆盖到了图 12-9 所示的 "保存的 EBP"

值，导致溢出。所以，如果继续加大格式控制符宽度值，也就是把%102d 改为%106 的，则可以覆盖到返回地址，彻底控制程序执行流程。

除了开始的"%102d"外，这和前一章讲述的缓存溢出漏洞完全一样。因此，我们也可以使程序返回，跳转到由我们提供的地址处，从而执行我们提供的 shellcode。

第二种实现内存覆盖的方法是利用'%n'格式控制符，其作用是把已经打印输出的字符个数值写入某个地址，如：

```
int i;
printf ("string%n\n", (int *) &i);
printf ("i = %d\n", i);
```

上述代码将输出"i = 6"。利用%n 格式控制符就可以同前面的输出任意地址的内容所采用的方法一样，往任意地址写入数据。

以下述程序为例：

```
#include <stdio.h>
int main(int argc, char *argv[])
{
    char buf[512]="";
    strncpy(buf,argv[1],500);
printf(buf);
return 0;
}
```

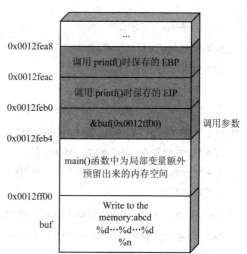

图 12-11 堆栈示意图

这次我们给 buf 提供的数据为：" Write to the memory:abcd%d…%d…%d%n "；Windows 系统下，在执行 printf()函数调用时，堆栈的布局如图 12-11 所示。

printf()函数执行时，将首先打印输出"Write to the memory:abcd"，然后从调用参数的下方，即 0x0012feb4，依次根据%d 格式开始打印，只要有足够多的%d，就能一直覆盖到 buf 数组内的元素。当控制符到最后一个%n 时，如果刚好对应 abcd，那么就会以 abcd 为目的地址写入数据。如果将 abcd 换成保存 EIP 的地址，调整打印长度使长度值等于存放 shellcode 的地址，则函数返回时就跳转到 shellcode 去执行。

一般来说，shellcode 的地址是一个比较大的值。如果用%d 来打印，为使打印长度达到这个地址值会使格式化字符串非常长。因此我们利用格式参数中的打印宽度即最后的格式参数为'%nu'的形式：

```
int a,b=10;
printf("%10u%n",b,&a);
/*a==10*/
printf("%100u%n",b,&a);
/*a==100*/
```

这样，我们就可以覆盖返回地址了。但是在有些系统中，这种方法不一定有效。这是因为这些系统对 n 的值有限制，不允许打印超过一定值的 0。为了实现上述目的，我们将地址分 4 次写入存储了返回地址的内存中。在 x86 中整数以小端顺序存放在 4 个字节中，如 0xbfffd33c 在内存中为 "\x3c\xd3\xff\xbf"。从而执行下面代码：

```
int a=10;
unsigned char exp[4];
printf("%64u%n",a,(int *)exp);
```

后，exp[0]中存放的是 '\x40'，即 64。为了将地址写入内存中，我们采取类似于下面的代码：

```
int a=10;
unsigned char canary[5];
unsigned char addr[4];

/* 0  覆盖前，初始化*/
memset(addr,'\x00',sizeof(addr));
strcpy(cannary,"AAAA");

/* 1 */ printf("%16u%n",a,(int *)&addr[0]);
/* 2 */ printf("%32u%n",a,(int *)&addr[1]);
/* 3 */ printf("%64u%n",a,(int *)&addr[2]);
/* 4 */ printf("%128u%n",a,(int *)&addr[3]);
/*覆盖以后*/
printf("addr: %02x%02x%02x%02x\n",addr[0],addr[1],addr[2],addr[3]);
printf("canary: %02x%02x%02x%02x\n",canary[0],canary[1],canary[2],canary[3]);
执行结果将是在标准输出上打印：
addr: 10204080
canary: 00000041
```

为了能更好的理解上述结果，我们来看一下 addr[]和 canary[]两个数组元素的变化过程，如图 12-12 所示。

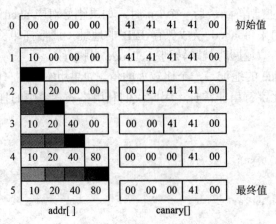

图 12-12 堆栈示意图

上图中，第 1 列是 addr[]，第二列是 canary[]。第 0 行是在向内存写数据前的情形，此时 addr[]全 0，canary[]前 4 个字节置为 'A'。从第一行开始，我们依次进行了 4 次覆盖，每次覆盖向右移一个字节。第 5 行是覆盖后的结果。从图中可以看出，我们成功的改写了 addr[]，但是也同时破坏了 canary[]的数据。

上面我们是每一个格式化串字写一次数据，我们还可以利用一个格式化串写多次数据：

```
printf("%16u%n%16u%n%32u%n%64u%n",
       a,(int *)&addr[0], a,(int *)&addr[1], a,(int *)&addr[2], a,(int *)&addr[3]);
```

在这里要注意的一点是：第二个 '%n' 前虽然是 '%16u'，打印长度只有 16，但是在第一个 '%n' 前已经打印了 16 个字节，因此将向 addr[1]中写入 32。

我们已经提到，上述的写数据方式会破坏其它数据。为避免这个问题，我们可以采用 '%hn' 格式参数。'h' 要求 '%n' 以短整数的形式写入内存中。因此语句：

```
printf("%.29010u%hn%.32010%hn",a,(short int *)&addr[0],a,(short int *)&addr[2]);
```

将不会破坏其它数据。

12.2.4 安全建议

从上面的分析可以知道，格式化字符串漏洞是源于函数接受了不可信源的数据并把这些数据作为格式化字符串。当程序中存在：

```
[...]
snprintf(buf, sizeof(buf), UntrustedUserDataBuffer);
[...]
```

类似语句时可能导致格式化字符串漏洞。为了避免格式化字符串漏洞，在编程时应采用如下正确的使用方式：

```
[...]
snprintf(buf, sizeof(buf), "%s", UntrustedUserDataBuffer);
[...]
```

更一般来说，当采用：

```
my_sprintf(Buffer, "%s", UntrustedUserDataBuffer);
```

方式时，就可以使函数不再解析用户数据中的格式化控制符，从而使程序更安全。

目前有很多相关工具可以对非信任源提供的字符串进行分析扫描，如词法分析工具 pscan[9]可以按照下述规则：

如果函数的最后一个参数是格式字符串且不是静态字符串，则给出报告。

进行判断。

Shankar[10]则扩展现有的 C 语言类型系统，提出利用附加的类型修饰符(Type Qualifier) 把来自非信任源的输入标记为污点(Tainted)，而且由污点源衍生出来的数据同样会被标记为污点。对于那些试图将污点数据解释为格式字符串的操作将给出警告。例如，对于以下演示代码：

```
tainted int getchar();

int main(int argc, tainted char *argv[]);
```

　　getchar()函数的返回值以及主函数的命令行参数 argv[]都被标记为污点，如果任何污点类型的表达式被用作格式字符串，则用户将会被警告程序中存在的潜在安全漏洞。

　　另一种防范格式化字符串漏洞的策略是通过动态地改变 C 运行环境、编译器或者库函数来实现的。如 FormatGuard[11]是一个编译器修改器，通过插入代码实现动态检测，并且拒绝参数个数与格式转换字符个数不匹配的格式化函数调用。但是应用程序必须使用 FormatGuard 重新进行编译。

12.3　整数安全

　　整数在程序设计中是必比不可少的重要组成部分，编程语言也为程序设计人员提供了不同长度的整数类型，如 C 语言的 short int、int 和 long int。但是我们知道，整数在计算机中的表示是有范围限制的，不管是哪种类型表示的整数总有一定的范围，超出其范围时我们称为整数的溢出。

　　整数溢出是一种软件行为，导致的原因是数字运算的结果超出了系统所能处理的范围。当一个数字运算得出了一个系统位宽无法存储的大结果时，该结果会被截取，会得到异常的结果值，这个溢出的值可以被用来实现一个关键的操作，诸如数组索引、内存分配或内存废弃等。这类行为不仅可以让程序崩溃，而且还可以被黑客利用来访问系统中的特权内存内容。

　　查询以往的漏洞公告，我们会发现关于整数溢出方面的漏洞非常多。如 Windows 系统平台下的 Outlook Express、Windows Mail、Mozilla Firefox、Microsoft Windows GDI WMF 文件解析整数溢出漏洞、Windows 资源管理器 PNG 图形整数溢出漏洞、PuTTY SFTP 客户端包解析整数溢出漏洞等等，整数溢出已经成为 C 和 C++程序中漏洞的源泉。

12.3.1　整数

　　计算机中的整数可以分为"不带符号的整数"（或称为正整数)和"带符号的整数"两类。它们可以用 8 位、16 位、32 位甚至是 64 位来表示。

　　无符号整数可以直接用其二进制来表示，而有符号整数表示通常采用：原码 (Sign-and-magnitude)、反码(Ones' complement)、补码(Two's complement)表示法。

　　原码表示法利用最高位表示数的符号位，0 表示正，1 表示负，而剩下的比特位表示该数的绝对值。

　　反码表示法对于正数，和原码编码一样，对于负数，它恰好等于对应正数编码取反(应该是因此而取名为反码)。

　　补码表示法对于正数，编码与原码(反码)一样，对于负数，它等于反码+1。

　　例如，8 位整数–64 的三种表示方法如下：

$(-64)_原 = 11000000$；

$(-64)_反 = 10111111$；

$(-64)_补 = 11000000$；

不管是哪种表示方法，整数都有其表示范围。

带符号整型用来表示正值和负值，值的范围由该类型所占数据位数和编码技术决定。在一个使用补码表示法的计算机上，带符号整数的取值范围是 -2^{n-1} 到 $2^{n-1}-1$。

无符号整数的取值范围是 0 到 2^n-1，其中 n 都代表该类型所占的位数大小。

12.3.2 整数类型转换

C 语言规定，不同类型的数据需要转换成同一类型后才可进行计算。数据类型转换有两种形式，即隐式类型转换和显示类型转换。

所谓隐式类型转换就是在编译时由编译程序按照一定规则自动完成，而不需人为干预。因此，在表达式中如果有不同类型的数据参与同一运算时，编译器就在编译时自动按照规定的规则将其转换为相同的数据类型。

C 语言规定的隐式转换原则是由低级向高级转换，以数据安全为第一要则。例如，如果一个操作符带有两个类型不同的操作数时，那么在操作之前应先将较低的类型转换为较高的类型，然后进行运算，运算结果是较高的类型。

和整数有关的转换规则有：

(1) 字符型必须先转换为整数型，short 型必须转换为 int 型，称为整型提升。

(2) 只能从较小的整数类型隐式地转换为较大的整数类型，不能从较大的整数类型隐式地转换为较小的整数类型。

(3) 如果无符号整型操作数的级别大于或等于另一个操作数类型的级别，则带符号整型操作数将被转换为无符号整型操作数的类型。例如，下述代码的执行结果并不会打印 OK！

```
unsigned int b=10;
int c=-1;
if(b>c) printf("OK");
```

(4) 无符号的整型操作数变量可以转换为有符号的整型，只要无符号操作数的大小在有符号操作数类型的范围之内。

(5) 赋值时，一律是赋值运算符右边值按照左边类型进行赋值转换。

显式类型转换显示类型转换又叫强制类型转换，它不是按照前面所述的转换规则进行转换，而是直接将某数据转换成指定的类型。例如：

```
long val = 30000;
int i = (int)val;     // A valid cast.
```

12.3.3 整数溢出漏洞

所谓漏洞就是一系列允许违反显式或者隐式安全策略的情形。整数溢出并不直接的改写内存或者直接改变程序的控制流程，相比普通的漏洞利用要巧妙的多。其问题根源在于对整数的计算结果很难进行判断对错，因此对于攻防双方来说都不容易发现这种漏洞。但还是有很多情形，我们可以强迫一个变量包含错误的值，从而导致后续代码出现安全问题。

接下来我们就一些比较典型的由整数错误运算逻辑所导致的漏洞进行分析探讨。

1. 无符号整数的下溢和上溢

无符号整数的下溢问题是由于无符号整数不能识别负数所导致的。示例代码如下：

```
BOOL fun(size_t cbSize)    // size_t : unsigned integer
{
    if(cbSize > 1024)
        rerurn FALSE;
    char *pBuf = new char[cbSize – 1];
    //未对 new 的返回值进行检查
    memset(pBuf,    0x90,    cbSize – 1);
    ………
    return TRUE;
}
```

在上述代码中，在调用 new 分配内存后，程序未对函数调用结果的正确性进行判断。如果 cbSize 取值为 0 的话，则 cbSize-1 等于-1。但是 memset()函数中第三个参数本身是无符号数，因此会将-1 视为正的 0xffffffff，函数执行之后程序崩溃。

无符号整数的上溢问题也不难理解，示例代码如下：

```
BOOL fun(char *s1，size_t len1，char *s2，size_t len2)
{
    if(len1 + len2 + 1 > 1024)
        return FALSE;
    char *pBuf = new char[len1 + len2 + 1];
    if(pBuf == NULL)
        return FALSE;
    memcpy(pBuf,    s1,    len1);
    memcpy(pBuf + len1,    s2,    len2); //可能造成程序崩溃
    ……
    return TRUE;
}
```

本例子中代码看起来没什么问题，该检测的地方也都检测了。但这段代码却可能出现整数上溢问题，len1 和 len2 都是无符号整数，如果 len1 = 8，len2 = 0xffffffff，由于加操作的限制，8+0xffffffff+1 产生的结果是 8。也就是说，new 运算只分配 8 个字节的内存，而后面却要进行多达 0xffffffff 的字符串拷贝操作，结果导致程序崩溃。

2．符号错误

符号错误问题可以是多种多样的，可能是有符号整数之间的比较、或者是有符号整数的运算、也可以是无符号整数和有符号整数的对比所引起的。

这里举一个典型的例子：

```
int copy_something(char *buf,    int len)
{
    char szBuf[800];
    if(len > sizeof(szBuf))            /* [1] */
```

```
            {
                    return –1;
            }
            return memcpy(szBuf,  buf,  len);      /* [2] */
        }
```

上面代码的问题在于 memcpy()函数的第三个参数 len，其类型是无符号整数。但是在之前的数据边界检测却使用了有符号整数。假设提供一个负数给 len， 这样可以绕过[1]的范围检测，但是这个值却被使用在[2]的 memcpy()函数的参数里面。由于负数 len 被转换成一个非常大的正整数，导致 szBuf 缓冲区后面的数据被重写，进而使得程序崩溃。

以下是 NetBSD 1.4.2 及之前的版本所使用的范围检查代码：

```
        if ( off > len– sizeof(type-name))
            goto error;
```

代码中的变量 off 和 len 都是有符号整型，而 sizeof 运算符返回的则是一个无符号整型，因此按照前面的类型转换规则，len– sizeof(type-name)都应当转换成无符号整型进行计算。当 len 小于 sizeof(type-name)时，减法操作造成下溢，得到一个很大的正值，从而使得上述 if 判断逻辑失效。

3. 截断的问题

截断问题主要发生在大范围整数(如 32 位)拷贝给小范围整数(如 16 位)的时候。同样来看以下代码：

```
        BOOL fun(char *name,  int cbBuf)
        {
            unsigned short cbCalculatedBufSize = cbBuf;
            char *buf = new char[cbCalculatedBufSize];
            if (buf == NULL)
                    return FALSE;
            memcpy(buf,  name,  cbBuf);
            ……
            return TRUE;
        }
```

如果 cbBuf 是 0x00010020，那么无符号短整型变量 cbCalculatedBufSize 取值只有 0x20，因为只从 0x00010020 复制了低 16 位。因此，给 buf 仅分配了 0x20 个字节内存空间，由此在 memcpy()函数调用中将 0x00010020 个字节复制到新分配的目标缓冲区中，导致溢出。

如果整数溢出发生，之后的所有相关操作的结果都将发生变化。与缓冲区溢出不同的是，整数溢出发生时不会马上发生异常，即使程序执行结果与预期的不同，也很不容易发现问题所在。

前面提到，整数溢出在很多时候会导致缓冲区溢出漏洞的发生，包括堆栈溢出和堆溢出。但并不是所有由整数溢出导致的缓冲区溢出都是可以利用的。相反，大多数情况是不能利用的，原因就在于其中涉及到诸如近乎 4 G 这样的大内存操作，会发生段错误。

12.3.4　安全建议

　　所有的整数溢出漏洞都是由整数范围错误所导致的。因此，防止整数漏洞的第一道防线就是进行范围检查，可以显式进行，也可以通过使用强类型达成。很多整数输入都定义有明确的范围，或者拥有一个合理的上下限。例如可以限制一个代表人的年龄的变量其取值范围在 0～150 之间。

　　另一种解决方案就是利用整数安全库，确保整数运算不受非信任源的数据影响，如 SafeInt C++类库和 RCSint 库。

　　一如既往的利用各种工具、过程和技术来发现和防止整数漏洞也是非常有意义的。静态分析和代码审核对于发现各类安全错误同样非常有效。

12.4　条件竞争

　　当一个安全程序中存在非原子方式运行的调用时就会出现所谓的条件竞争。本节将分析一个实际的例子来说明条件竞争并介绍如何避免条件竞争。

12.4.1　用户 ID

　　为了更好的理解条件竞争，我们首先介绍 UNIX 系统中的用户 ID。

1. User ID

　　每个用户都被赋予一个唯一的号，简称 UID(User ID)。UID 0 属于根 root，任何以 UID 0 工作的用户将不会有任何的安全限制。普通用户的 UID 值一般从 100 开始，如 500。所有小于此值的用户 ID 属于系统进程。用户的 UID 数值越小代表其权限越高。

2. Group ID

　　Unix 系统有多个组。如管理员属于 root 组或一般用户 wheel 组。用户一般隶属于创建此用户的用户组或标志其行为的组，如 fb4、wwwadmin、students、accounting 等。一个用户可属于 1～NGROUPS_MAX(32)个组。

3. SetUID 和 SetGID

　　通常，有些程序需要更高的权限以完成某一任务，例如普通用户在改变自己的口令时，需要往口令文件写入新的口令值，而通常口令字文件只有超级用户才有权限这么做，这时要么由拥有权限的用户(如超级用户)来执行，要么通知系统，程序在执行时需要分配一定的权限。前一种方法非常费力并很不安全(每次更改自己的口令都要超级用户在场)，所以要么所有人都知道该口令(即一般用户都知道超级用户的口令)，要么知道口令的人(超级用户)不得不为了另外的用户完成任务而登录系统。为了实现这种目的，Unix 文件系统实现有两个文件队列。如果某个程序带有 SetUID 标志，则表示调用该程序的其它程序(如普通权限用户)可以暂时获得该程序所属用户的(有效)UID，而不是执行该程序用户的 UID(真实 UID)。这同样适用于 SetGID 标志。

4．真实 UID/GID 和有效 UID/GID

真实 UID 是用户的 UID。如，用户 Thomas 的 UID 为 543，说明 Thomas 是一般用户。现在如果他执行一个来自 root 用户的 SetUID 程序，则程序的有效 UID 为 0，真实 UID 为 543。

12.4.2　条件竞争

当特权应用进程打开文件时，系统需要首先检查用户是否有资格打开文件。很多情况下会采用如下错误的使用方式：

```
[...]
if(access("/home/long/vulfile", W_OK) == 0)
{
        /* 用户具有写权限*/
        if((fd = open("/home/long/vulfile", O_WRONLY)) < 0)
        {
                fprintf(stderr, "I'm not allowed to open the file!\n");
                exit(-1);
        }
}
[...]
```

在上面的代码段中，access( )调用利用用户的真实 UID 和真实 GID，而不是 SetUID 或 SetGID 程序的有效 UID/GID 来检验用户对目标的访问权限。但是，open( )调用确是使用用户的有效 UID/GID 来检验用户的访问权限。在 access( )和 open( )调用之间存在一段时间。这样，攻击者就可以在 access( )调用后删除文件/home/long/vulfile，然后让它与文件/etc/security/shadow 建立链接。从而当调用 open( )时就会通过链接打开文件/etc/security/shadow 而不是文件/home/long/vulfile。至此，攻击者就可以处理它本不能访问的数据。

从上面的分析可以得到整个攻击情景：用户 long 对文件/home/long/vulfile 具有写权限。程序中通过 access("/home/attacker/vulfile", W_OK)检查了用户的写权限。这时，long 删除了文件/home/long/vulfile，然后与一个 long 没有写权限的文件设置了链接。这样，open(2)根据链接就打开了被保护的文件。

12.4.3　安全建议

针对上面的安全隐患，在编程时可采取以下几种方法：

1．使用 faccess()

```
[...]
fd = open("file", O_WRONLY);
if(faccess(fd, W_OK) != 0)
{
```

```
        fprintf(stderr, "Nice try!\n");
        exit(-1);
    }
    [...]
```

缺点：

(1) 很多操作系统并没有实现 faccess()。

(2) 在 faccess()前需首先调用 open(2)。在 UNIX 系统中，open(2)可用于打开设备文件。在打开设备文件时可能已经对相应的设备执行了某种操作。如：当打开磁带设备文件时，磁带必须倒带；在反复备份的情况下就有可能导致先前备份数据的丢失。

2．使用标志位 O_NOFOLLOW

在 open(2)调用中使用选项 O_NOFOLLOW 可以禁止根据符号链接来打开文件。

缺点：攻击者可以采用硬链接来达到目的。

3．使用 fork()

唯一可移植的、也是最安全的方法就是使用 fork(2)产生子进程。子进程永久的放弃特权，然后打开文件，在将文件描述符返回给父进程后终止子进程。

```
    [...]
    pid_t child_pid;
    [...]
    if((child_pid = fork()) < 0)        //fork()失败
        [Exit]
    else if(child_pid > 0) // 父进程部分
        [获得文件描述符、等待子进程]
    else                        // 子进程部分
    {
        inf fd;
        if(setgid(getgid()) < 0)
            [Exit]
        if(setuid(getuid()) < 0)
            [Exit]
        /*如果进程的有效 UID 为 0，则通过 setuid(2)和 setgid(2)会改变所有的用户 ID；否则，只
          设置有效用户 ID*/
        if( (fd = open("userfile", O_WRONLY)) < 0)
            [Exit]
        /* 现在就可以把文件描述符传递给父进程了。不过需要注意的是，不同操作系统对此的实
          现有所不同*/
        [...]
    }
    [...]
```

12.5 临时文件

在编程过程中，还应注意的一个问题是关于临时文件。对临时文件的错误处理方式也将导致安全问题。

一般来说，临时文件是任何人都可写的目录(在 UNIX 下是/tmp、/var/tmp)。UNIX 系统可以通过设置文件属性(chmod o+t /tmp：表示用户只能移动自己拥有的文件)来防止删除公共目录下的文件。但是设置的文件属性并不能提供对子目录的保护。也就是说，如果任何人都可以对子目录执行写操作，那么所有人就都可以修改这个目录下的所有文件。因此，从安全角度来讲，必须对每个子目录明确的设置文件属性。

除了对文件的非法删除外，对于临时文件还存在的安全隐患就是上一节讲到的条件竞争或者说易受到链接攻击。下面是两种生成临时文件方法的代码段：

```
[...]
FILE *tmp_datei;
[...]
tmp_datei = tmpfile();
[...]


[...]
char *tmp_name;
int tmpfd;

tmp_name = tmpnam(NULL);

if( (tmpfd = open(tmp_name, O_RDWR | O_CREAT)) < 0)
        [EXIT]
unlink(tmp_name);
/*删除文件，这样当程序执行完或关闭文件描述符后文件已不存在*/
[...]
```

由于这两种方法都是以非原子方式运行并遵循符号链接，因此，二者都是不安全的。上面代码中的 tmpnam(3)、tempnam(3)及 mktemp(3)只保证产生的文件名在调用时不存在。但是在生成文件名和 open(2)之间，攻击者可以为生成的文件名创建链接，从而导致条件竞争。

为了避免对临时文件操作时的条件竞争，可以采用如下方法：

```
[...]
int tmpfd;
[...]
if( (tmpfd = mkstemp("/tmp/MyTempFile.XXXXXX")) < 0)
```

```
    [Exit]
fchmod(tmpfd, 0600);
    [...]
```

　　系统调用 mkstemp(3)可以生成唯一的文件名并以安全的方式打开这个文件。可是 mkstemp(3)不是 POSIX 标准(BSD4.3)，而且旧版本的 mkstemp 会设置文件的访问权限为 0666，也就是说，任何人都可以对文件进行读写操作。为了使代码更具移植性，可以采用如下方法：

```
    [...]
int tmp_fd;
FILE *tmp_stream;
char tmp_name;
    [...]

if((tmp_name = tmpname(NULL)) == NULL)
    [Exit]

if((tmp_fd = open(tmp_name, O_RDWR|O_CREAT|O_EXCL, 0600)) < 0)
{
        fprintf(stderr, "Possible link attack detected!\n");
        exit(-1);
}
/*
** We want to use the stream-I/O functions in stdio.h
**
*/
if( (tmp_stream = fdopen(tmp_fd, "rw")) < 0)
    [Exit]
    [...]
```

12.6　动态内存分配和释放

12.6.1　背景知识

　　首先要说明的是本节所述的动态内存分配和释放都是基于 Linux 系统实现的。

　　malloc/calloc/realloc/free 是用来分配和释放动态内存的。malloc()定义一个内部结构 malloc_chunk 来定义分配和释放的内存块：

```
struct malloc_chunk
{
```

```
INTERNAL_SIZE_T prev_size;          /* 上一个块的大小(当上一个块空闲时)*/
INTERNAL_SIZE_T size;               /* 当前块的大小*/
struct malloc_chunk* fd;            /* 双向链表的前向指针，指向下一个块。这个成员只在
                                       空闲块中使用*/

struct malloc_chunk* bk;            /* 双向链表的后向指针，指向上一个块。这个成员只在
                                       空闲块中使用*/

};
```

根据这个结构，我们可以得到内存块的结构图如图 12-13 所示。

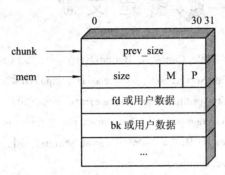

图 12-13　内存块结构图

当分配内存时，malloc()函数返回给用户 mem 指针(即 chunk+8)，而 chunk 指针只是 malloc()内部使用(此时没有使用 fd 和 bk 指针)。因此，当用户要求分配 size 字节内存时，实际上分配了至少 size+8 个字节，只是用户可用的只有 size 字节而已。当内存块为空闲(或已被释放)时，内存块通过一个双向循环链表存放，fd 和 bk 分别是双向链表的前向和后向指针。

从上图可以看到，"当前块大小 size"的最低位是一个"P"标志。当 P 位置 1 表示上一内存块正在使用，此时，prev_size 一般为 0；如果 P 位清零表示上一内存块空闲，prev_size 填充的是上一内存块的大小。标志位 M 表示此内存块是否由 mmap()分配的。

接下来看 free(mem)如何释放内存块。首先将 mem 转换为 chunk(mem-8)，并调用 chunk_free()来释放 chunk 所指的内存块。接下来程序检查其相邻的内存块是否空闲：如果是空闲的，则将相邻的空闲内存块合并；如果不是，就只设置后一个相邻块的 prev_size 和 size(清 PREV_INUSE 标志)。最后将得到的空闲块加入双向链表中。

在释放内存过程中，有一步是合并相邻的空闲内存块。为了完成合并，在合并之前需要先将相邻的空闲块从链表中删除。这是通过宏 unlink 来实现：

```
#define unlink(P, BK, FD)
{
    BK = P->bk;
    FD = P->fd;
    FD->bk = BK;
    BK->fd = FD;
}
```

12.6.2　安全隐患

从上面的讨论可以看出，当释放动态内存时可能会调用 unlink 宏。而 unlink 宏中有两个写内存的操作。可以通过使用函数指针、返回地址等覆盖指针 fd 和 bk，从而改变程序的流程。

为了保证程序的安全，应该保证 free()调用时释放的内存块确实是已分配的。

<h2 style="text-align:center">参 考 文 献</h2>

[1]　Crispin Cowan, Perry Wagle, Calton Pu .Buffer Overflows:Attacks and Defenses for the Vulnerability of the Decade . DARPA Information Survivability Conference and Expo (DISCEX),Jan 2000

[2]　Thomas Biege . Security-specific Programming Errors . may 2001.
　　　http://www.linux-knowledge-portal.org /en /content.php?&content/security/

[3]　Jason Jordan . Windows NT Buffer Overflow's From Start to Finish.
　　　http://www.technotronic. com/jason/bo.html

[4]　Avaya Labs, Libsafe . http://www.research.avayalabs.com

[5]　Michael Howard, Strsafe.h: Safer String Handling in C, http://msdn.microsoft.com/en-us/library/ ms 995353.aspx

[6]　Jones RW,Kelly P. Backwards-compatible bounds checking for arrays and pointers in C programs. Third Intl. Workshop on automated debugging , 1997

[7]　Crispin Cowan, Calton Pu, Dave Maier . StackGuard: Automatic Adaptive Detection and Prevention of Buffer-Overflow Attacks . 7th USENIX Security Conference, pages 63–77, San Antonio, TX, Jan 1998

[8]　Cowan C,Beattie S,Johansen J,et al. PointGuard:Protecting Pointers From Buffer Overflow Vulnerabilites. The 12th USENIX Security Symposium, Washington DC, 2003

[9]　Alan DeKok.　PScan: A limited problem scanner for C source files.
　　　http://deployingradius.com/pscan/

[10]　Umesh Shankar, Kunal Talwar, Jeffrey S. Foster and David Wagner Detecting Format String Vulnerabilities with Type Qualifiers. Proceedings of the 10th conference on USENIX Security Symposium,August 13-17,2001,pp:201-218

[11]　Cowan C, Barringer M, Beattie S, et al. FormatGuard: Automatic Protection from printf Format String Vulnerabilities. In Proceedings of the Tenth USENIX Security Symposium. Washington, DC, August 13–17, 2001, pp:191–199.

<h2 style="text-align:center">思 考 题</h2>

[1]　分析下列代码，找出各自存在的安全漏洞(注：前面的数字代表代码行号)。

代码 1:

```
1. int main(int argc, char* argv[]) {
2.    char source[10];
3.    strcpy(source, "0123456789");
4.    char *dest = (char *)malloc(strlen(source));
5.    for (int i=1; i <= 11; i++) {
6.        dest[i] = source[i];
7.    }
8.    dest[i] = '\0';
9.    printf("dest = %s", dest);
0. }
```

代码 2:

```
1. int main(int argc, char* argv[]) {
2.    char a[16];
3.    char b[16];
4.    char c[32];

5.    strcpy(a, "0123456789abcdef");
6.    strcpy(b, "0123456789abcdef");
7.    strcpy(c, a);
8.    strcat(c, b);
9.    printf("a = %s\n", a);
10.    return 0;
11. }
```

代码 3:

```
1. int main(int argc, char *argv[]) {
2.    int i = 0;
3.    char buff[128];
4.    char *arg1 = argv[1];

5.    while (arg1[i] != '\0' ) {
6.        buff[i] = arg1[i];
7.        i++;
8.    }
9.    buff[i] = '\0';

10.    printf("buff = %s\n", buff);
```

11. }

[2]　针对如下口令验证程序，请问有什么办法绕过？(注：前面的数字代表代码行号)
```
1. bool IsPasswordOkay(void) {
2.     char Password[12];

3.     gets(Password);
4.     if (!strcmp(Password, "goodpass"))
5.         return(true);
6.     else return(false);
7. }

8. void main(void) {
9.     bool PwStatus;

10.    puts("Enter password:");
11.    PwStatus = IsPasswordOkay();
12.    if (PwStatus == false) {
13.        puts("Access denied");
14.        exit(-1);
15.    }
16.    else puts("Access granted");
17. }
```

[3]　Newest innd 2.2.2 是一个很普遍的新闻服务器软件，innd 2.2.2(包括更早的版本)存在一个远程溢出漏洞。问题出在 innd/art.c 的函数 ARTcancelverify：
```
if (!EQ(local, p)) {
    files = NULL;
    (void)sprintf(buff, "\"%.50s\" wants to cancel %s by \"%.50s\"", p, MessageID, local);
    ARTlog(Data, ART_REJECT, buff);
    }
```
其中，buff 有 256 个字节长，但是 MessageID 能达到 1000 个字节以上。当向一个特定的新闻组发送"cancel request"，并且"cancel request"包含有效的 Message-ID，这段代码就会起作用。

请根据 sprintf 函数的调用规则分析存在溢出漏洞的原因，画出调用该函数时的堆栈示意图。

[4]　修改 function()函数中的部分代码，使 main()函数的打印结果是 0 而不是 1。
```
void function(int a, int b, int c) {
    char buffer1[5];
```

```
        char buffer2[10];
        int *ret;

        ret = buffer1 + 12;
        (*ret) += 8;
    }

void main() {
    int x;

    x = 0;
    function(1,2,3);
    x = 1;
    printf("%d\n",x);
    }
```

第 13 章　恶意代码安全

13.1　恶意代码

代码是指计算机用以执行完成特定功能的程序指令代码。任何事物都有正反两面，人类发明的所有工具既可造福也可作孽，这完全取决于使用工具的人。计算机程序也不例外，软件工程师在编写了大量的有用软件(操作系统、应用系统和数据库系统等)的同时，也出现了扰乱社会和他人的计算机程序，这些代码统称为恶意代码(Malicious Codes)。

恶意代码或恶意软件(Malware)是指未经用户授权便干扰或破坏计算机系统/网络的程序或代码。由此定义，恶意代码有两个显著的特点：非授权性和破坏性。

恶意代码种类很多，主要有计算机病毒、网络蠕虫、特洛伊木马、后门、DDoS 程序、僵尸程序、Rootkit、黑客攻击工具、间谍软件、广告软件、垃圾邮件和弹出窗体程序等。

图 13-1 给出了所有恶意代码的分类情况。这可以分成两类：需要宿主的程序和可以独立运行的程序。前者实际上是程序片段，它们不能脱离某些特定的应用程序、应用工具或系统程序而独立存在；而后者是完整的程序，操作系统可以调度和运行它们。

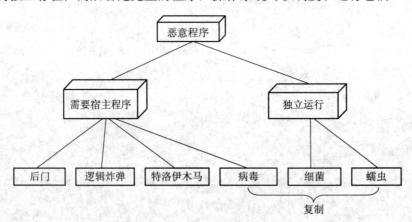

图 13-1　恶意代码分类

也可以把这些软件威胁按照能不能够自我复制来进行分类。不能够自我复制的可能是程序片段，当调用宿主程序完成特定功能时，就会激活它们。可以自我复制的程序可能是程序片段(病毒)，也可能是一个独立的程序(蠕虫、细菌)。当执行它们时，将会复制出一个或多个自身的副本。以后这些副本可以在同一个系统中或其它系统中被激活。

值得注意的是，随着恶意代码编写技术的提升，各种代码之间都在取长补短，技术的融合日益深入，恶意代码之间的分界线愈益模糊。所以有些恶意代码可能包含其它的恶意代码。例如逻辑炸弹或特洛伊木马可能是病毒或者蠕虫的一部分。

1．后门(Backdoor/ Trapdoor，陷阱门)

后门是进入程序的一个秘密入口，知道这个后门的人就可以通过它绕过访问控制的一般安全检查，而直接获得访问权限。很多年来，程序员为了调试和测试程序一直合法地使用后门。当这些后门被用来获得非授权访问时，后门就变成了一种安全威胁。RootKit 就是一种通过替代或者修改被系统管理员或普通用户执行的程序进入系统，从而实现隐藏和创建后门的程序。

2．逻辑炸弹(Logic bomb)

合法程序中的代码，当符合某种条件的时候就会"爆炸"。用来触发逻辑炸弹的条件可以是某些文件的出现或缺失、某个日期或星期几、某一特定用户运行该应用程序等。

3．特洛伊木马程序(Trojan horse)

特洛伊木马程序是一个有用的(或表面开起来很有用的)程序或命令过程，其中包含了秘密代码。当调用的时候，这些秘密代码将执行一些不必要的或有害的操作。

4．病毒(Virus)

计算机病毒是指编制、或者在计算机程序中插入的，破坏数据、影响计算机使用，并能自我复制的一组计算机指令或者程序代码。病毒是能够通过修改其它程序而"感染"它们的一种程序；修改以后的程序里面包含了病毒程序的一个副本，这样它们就能够继续感染其它程序，实现自我传播。

5．蠕虫(Worm)

网络蠕虫通过网络连接从一个系统向另一个系统传播。一旦在一个系统中激活，网络蠕虫就能够像计算机病毒或细菌一样活动。它也能植入特洛伊木马程序或执行一些破坏性动作。

在复制自身的时候，网络蠕虫会使用一些网络工具。这包括：

(1) 电子邮件功能。蠕虫会把自身的副本邮寄到其它系统中去。

(2) 远程执行能力。蠕虫能够运行其它系统中的副本。

(3) 远程登录能力。蠕虫能够像用户一样登录到远程系统中，然后使用系统命令从一个系统向另一个系统复制自身。

这样蠕虫程序的一个新的副本就在远程系统中运行了。

网络蠕虫和计算机病毒有很多相似之处，包括休眠期、传播期、触发期和执行期。

6．细菌(Bacteria)

细菌是那些不会直接损坏文件的程序。它们的唯一目的就是复制自己。细菌以指数的形式增长，最终会占用全部的处理器、内存或磁盘空间，从而使用户无法访问这些资源。

13.2　恶意代码的命名规则

恶意代码的一般命名格式为：

<恶意代码前缀>.<恶意代码名称>.<恶意代码后缀>

前缀表示了该病毒发作的操作平台或者病毒的类型，常见的前缀有：Trojan(木马程序)、Worm(网络蠕虫)、Macro、PE、Win32、Win95、VBS、BackDoor 等。如果没有前缀，一般

表示 DOS 操作系统下的病毒。

名称是指一个恶意代码的家族特征，是用来区别和标识恶意代码家族的。如 CIH、Sasser(振荡波蠕虫)。

后缀是指一个恶意代码的变种特征，一般都采用英文中的 26 个字母来表示，如 Worm.Sasser.B 就是指振荡波蠕虫病毒的变种 B，也可以采用数字与字母混合表示变种标识。

恶意代码的前缀对我们快速的判断该恶意代码属于哪种类型有非常大的帮助的。通过判断其类型，就可以对这个恶意代码有个大概的评估。下面附带一些常见的恶意代码前缀的解释：

1. 系统恶意代码

系统病毒的前缀为：Win32、PE、Win95、W32、W95 等。这些病毒的共有特性是可以感染 Windows 系统的 *.exe 和 *.dl 文件，并通过这些文件进行传播。

2. 蠕虫

蠕虫的前缀是：Worm。蠕虫的公有特性是通过网络或者系统漏洞进行传播，很大部分的蠕虫都有向外发送带毒邮件，阻塞网络的特性。比如冲击波(阻塞网络)，小邮差(发带毒邮件)等。

3. 木马

木马其前缀是：Trojan，黑客病毒前缀名一般为 Hack。木马的公有特性是通过网络或者系统漏洞进入用户的系统并隐藏，然后向外界泄露用户的信息；而黑客病毒则有一个可视的界面，能对用户的电脑进行远程控制。木马、黑客病毒往往是成对出现的，即木马病毒负责侵入用户的电脑，而黑客病毒则会通过该木马病毒来进行控制。现在这两种类型都越来越趋向于整合了。一般的木马如 QQ 消息尾巴木马 Trojan.QQ3344 ，还有大家可能遇见比较多的针对网络游戏的木马病毒如 Trojan.LMir.PSW.60。这里补充一点，名中有 PSW 或者什么 PWD 之类的一般都表示这个代码有盗取密码的功能。

4. 脚本病毒

脚本病毒的前缀是：Script。脚本病毒的公有特性是使用脚本语言编写，通过网页进行的传播的病毒，如红色代码(Script.Redlof)。脚本病毒还有如下前缀：VBS、JS(表示编写的脚本语言)，如欢乐时光(VBS.Happytime)、十四日(Js.Fortnight.c.s)等。

5. 宏病毒

其实宏病毒是也是脚本病毒的一种，由于它的特殊性，因此在这里单独算成一类。宏病毒的前缀是：Macro，第二前缀是：Word、Word97、Excel、Excel97(也许还有别的)其中之一。该类病毒的公有特性是能感染 OFFICE 系列文档，然后通过 OFFICE 通用模板进行传播，如：著名的美丽莎(Macro.Melissa)。

6. 后门

后门病毒的前缀是：Backdoor。该类病毒的公有特性是通过网络传播，给系统开后门，给用户电脑带来安全隐患。如 IRC 后门 Backdoor.IRCBot。

7. 病毒种植程序病毒

这类病毒的公有特性是运行时会从体内释放出一个或几个新的病毒到系统目录下，由释放出来的新病毒产生破坏。如：冰河播种者(Dropper.BingHe2.2C)、MSN 射手 (Dropper.Worm.Smibag)等。

8．破坏性程序病毒

破坏性程序病毒的前缀是：Harm。这类病毒的公有特性是本身具有好看的图标来诱惑 用户点击，当用户点击这类病毒时，病毒便会直接对用户计算机产生破坏。如：格式化 C 盘(Harm.formatC.f)、杀手命令(Harm.Command.Killer)等。

9．玩笑病毒

玩笑病毒的前缀是：Joke，也称恶作剧病毒。这类病毒的公有特性是本身具有好看的 图标来诱惑用户点击，当用户点击这类病毒时，病毒会做出各种破坏来吓唬用户，其实病 毒并没有对用户电脑进行任何破坏。如：女鬼(Joke.Girlghost)病毒。

10．捆绑机病毒

捆绑机病毒的前缀是：Binder。这类病毒的公有特性是病毒作者会使用特定的捆绑程 序将病毒与一些应用程序如 QQ、IE 捆绑起来，表面上看是一个正常的文件，当用户运行 这些捆绑病毒时，会表面上运行这些应用程序，然后隐藏运行捆绑在一起的病毒，从而给 用户造成危害。如：捆绑 QQ(Binder.QQPass.QQBin)、系统杀手(Binder.killsys)等。

以上为比较常见的恶意代码前缀，有时候我们还会看到一些其它的，但比较少见，这 里简单提一下。

DoS：会针对某台主机或者服务器进行 DoS 攻击；

Exploit：会自动通过溢出对方或者自己的系统漏洞来传播自身，或者它本身就是一个 用于 Hacking 的溢出工具；

HackTool：黑客工具，也许本身并不破坏你的计算机，但是会被别人加以利用来用你 做替身去破坏别人。

13.3　恶意代码工作机理

恶意代码的行为表现各异，破坏程度千差万别，但基本作用机制大体相同，其整个作 用过程分为六个部分：

(1) 目标定位。为了实现快速的在网络传播自己，恶意代码通常都具有一定的发现新 感染对象的能力。

邮件类恶意代码可以通过搜索本地系统中的电子邮件地址列表，然后给这些邮件地址 发送携带附件的邮件。更复杂的恶意代码还可以利用网络新闻传输协议或者 Google 搜索引 擎来收集电子邮件地址。只要发现类似"mailto:字符串"这样的模式串，就认定跟随其后 的必然是电子邮件地址。

具备直接入侵目标系统的恶意代码则通过随机构造 IP 地址，甚至可以进一步利用端口 扫描技术定位攻击目标攻击。

(2) 感染传播。把自己传输到新的目标系统内部并进一步控制该系统是恶意代码非常 重要的组成部分。有些恶意代码以电子邮件附件的形式发送出去，有些恶意代码则是利用 移动介质进行传播，还有的则是利用目标系统的漏洞实施代码注入、溢出等攻击实现自我传播。

(3) 隐蔽策略。为了不让系统发现恶意代码已经侵入系统，恶意代码可能会改名、删除源文件或者修改系统的安全策略来隐藏自己。

(4) 远程控制实现维持或提升现有特权。恶意代码通过通信模块实现对恶意代码的远程控制，利用该接口，攻击者可以实现僵尸网络攻击多个目标，也可以利用该接口实现代码的更新，或者攻击者能够实时掌握自己的恶意代码感染了多少台计算机及其感染路径。

(5) 潜伏破坏。恶意代码侵入系统后，等待一定的条件，并具有足够的权限时，就发作并进行破坏活动。恶意代码的本质具有破坏性，其目的是造成信息丢失、泄密，破坏系统完整性等。

(6) 重复(1)~(5)对新的目标实施攻击。恶意代码的攻击流程如图 13-2 所示。

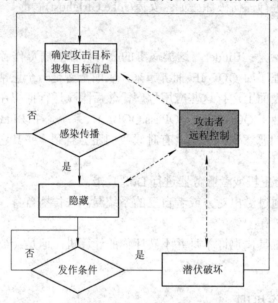

图 13-2　恶意代码工作模型

一段好的恶意代码，首先，必须具有良好隐蔽性、生存性，不能轻松被杀毒软件或者用户察觉。然后，必须具有良好的攻击性即自我传播能力。

为了实现上述目标，恶意代码通常会采用各种技术，包括：

- 恶意代码自我保护技术；
- 恶意代码入侵技术；
- 恶意代码隐蔽技术。

13.3.1　恶意代码自我保护技术

自我保护技术涉及众多研究内容，主要包括以下几个方面：

- 反跟踪技术；
- 加密技术；
- 模糊变换技术；
- 自动生产技术；

● 线程保护技术。

1. 反跟踪技术

恶意代码的主要目的是快速传播，同时有要隐藏行踪避免被发现。反跟踪技术可以减少被发现的可能性，加密技术是恶意代码自身保护的重要机制。恶意代码采用反跟踪技术，可以提高自身的伪装能力和防破译能力，增加检测与清除恶意代码的难度。

目前常用的反跟踪技术有两类：反静态分析技术和反动态跟踪技术。

反静态分析技术也称为反反汇编(Antidisassembly)技术，其目的是要欺骗和干扰各种反汇编工具，增加反汇编分析难度和可读性，该技术主要包括三方面内容：

(1) 花指令方法：花指令是一堆无用的汇编指令，对于程序而言，花指令的有无不影响程序的运行。汇编语言是机器指令的符号化，是底层的编程语言，在汇编时，每一条汇编语句都会根据 CPU 特定的指令符号表将汇编指令翻译成二进制代码。花指令方法就是在指令流中插入很多"数据垃圾"干扰反汇编软件的翻译工作，从而使得它错误地确定指令的起始位置，杜绝了先把程序代码列出来再慢慢分析的做法。下列代码段中的前三条汇编指令就是花指令。

```
void Function()
{
_asm  jz doit
_asm  jnz doit
_asm  __emit  0e8h  //e8 是 call 指令,VC 里__emit 等价于 masm 的 db
doit:
Input++;
Output++;
Input+=Output;
printf("函数结果:%d,%d",Input,Output);
}
```

(2) 隐藏 API：逆向分析人员通过 API 可以在极短时间内获取了大量的有关被分析程序的信息，从而使他们成功定位目标程序的关键代码段。所以隐藏对 API 的调用可以有效地提高程序的抗分析能力。

例如下列程序隐藏了对 MessageBoxA 的函数调用，使得反汇编以后的代码不会看到 ds: MessageBoxA(x,x,x,x) 这样的提示信息：

```
int APIENTRY WinMain(HINSTANCE hInstance, HINSTANCE hPrevInstance, LPSTR lpCmdLine,
int    nCmdShow)
{
// 1. 定义字符串
TCHAR MsgBoxA[MAX_PATH]="MessageBoxA";
// 2. 获取 MessageBoxA 的函数地址
HMODULE hMod=LoadLibrary("user32.dll"); //加载函数所在的 DLL
MYFUNC func=(MYFUNC)GetProcAddress(hMod,MsgBoxA);//获取函数地址
```

```
    func(0,"Reverse Me","Test",0); //调用 MessageBoxA 函数。
    FreeLibrary(hMod);
    return 0;
    }
```

(3) 对程序代码分块加密执行，也称为自修改代码(Self Modifing Code)。为了防止程序代码通过反汇编进行静态分析，程序代码以分块的密文形式装入内存，在执行时由解密程序进行译码，某一段代码执行完毕后立即清除，保证任何时刻分析者不可能从内存中得到完整的执行代码；SMC 可以极好地抵抗解密者的静态分析，而且如果解密者不知道所使用的加密算法的话，会给代码分析制造更多的麻烦。

反动态跟踪技术的目的主要针对 OD 等调试跟踪程序，检测内存或者进程中是否有调试软件运行，进而让这些程序失效、或者直接失去响应、或者检测自身是否运行在调试器下。反动态跟踪技术主要包括以下几方面内容：

(1) 禁止跟踪中断。针对调试分析工具运行系统的单步中断和断点中断服务程序，恶意代码通过修改中断服务程序的入口地址实现其反跟踪目的。"1565"病毒采用该方法将堆栈指针指向处于中断向量表中的 INT 0 至 INT 3 区域，阻止调试工具对其代码进行跟踪。

(2) 封锁键盘输入和屏幕显示，破坏各种跟踪调试工具运行的必需环境。

(3) 检测跟踪法。检测跟踪调试时和正常执行时的运行环境、中断入口和时间的差异，根据这些差异采取一定的措施，实现其反跟踪目的。例如，通过操作系统的 API 函数 IsDebuggerPresentFlag() 来检测调试器是否激活；检测父进程是否为调试器等，从而决定恶意代码是否继续运行。

(4) 其它反跟踪技术。如指令流队列法和逆指令流法等。

2．加密技术

加密技术是恶意代码自我保护的一种手段，加密技术和反跟踪技术的配合使用，使得分析者无法正常调试和阅读恶意代码，不知道恶意代码的工作原理，也无法抽取特征串。从加密的内容上划分，加密手段分为信息加密、数据加密和程序代码加密三种。

大多数恶意代码对程序体自身加密，另有少数恶意代码对被感染的文件加密。例如，"Cascade"是第一例采用加密技术的 DOS 环境下的恶意代码，它有稳定的解密器，可以解密内存中加密的程序体。"Mad"和"Zombie"是"Cascade"加密技术的延伸，使恶意代码加密技术走向 32 位的操作系统平台。此外，"中国炸弹"(Chinese bomb)和"幽灵病毒"也是这一类恶意代码。

3．模糊变换技术

利用模糊变换技术，恶意代码每感染一个客体对象时，潜入宿主程序的代码互不相同。同一种恶意代码具有多个不同样本，几乎没有稳定代码，采用基于特征的检测工具一般不能识别它们。随着这类恶意代码的增多，不但使得病毒检测和防御软件的编写变得更加困难，而且还会增加反病毒软件的误报率。目前，模糊变换技术主要分为 5 种：

(1) 指令替换技术。模糊变换引擎(Mutation Engine)对恶意代码的二进制代码进行反汇编，解码每一条指令，计算出指令长度，并对指令进行同义变换。例如，将指令 XOR REG, REG 变换为 SUB REG, REG；寄存器 REG1 和寄存器 REG2 进行互换；JMP 指令和 CALL

指令进行变换等。

(2) 指令压缩技术。模糊变换器检测恶意代码反汇编后的全部指令，对可进行压缩的一段指令进行同义压缩。压缩技术要改变病毒体代码的长度，需要对病毒体内的跳转指令进行重定位。例如指令 MOV REG，12345668 / ADD REG，86654321 变换为指令 MOV REG，99999999；指令 MOV REG，12345668 / PUSH REG 变换为指令 PUSH 12345668 等。

(3) 指令扩展技术。扩展技术把每一条汇编指令进行同义扩展，所有压缩技术变换的指令都可以采用扩展技术实施逆变换。扩展技术变换的空间远比压缩技术大的多，有的指令可以有几十种甚至上百种的扩展变换。扩展技术同样要改变恶意代码的长度，需要对恶意代码中跳转指令进行重定位。

(4) 伪指令技术。伪指令技术主要是对恶意代码程序体中插入无效指令，例如空指令；JMP 下一指令和指令 PUSH REG/MOV REG，12345668/POP REG 等。

(5) 重编译技术。采用重编译技术的恶意代码中携带恶意代码的源码，需要自带编译器或者操作系统提供编译器进行重新编译，这种技术既实现了变形的目的，也为跨平台的恶意代码出现打下了基础。

4．自动生产技术

恶意代码自动生产技术是针对人工分析技术的。病毒机和变异工具使对计算机病毒一无所知的用户，也能组合出算法不同、功能各异的计算机病毒。多态性发生器可将普通病毒编译成复杂多变的多态性病毒。

多态变换引擎可以使程序代码本身发生变化，并保持原有功能。保加利亚的"Dark Avenger"是较为著名的一个例子，这个变换引擎每产生一个恶意代码，其程序体都会发生变化，反恶意代码软件如果采用基于特征的扫描技术，根本无法检测和清除这种恶意代码。

5．线程保护技术

在 Windows 操作系统中引入了线程的概念，一个进程可以同时拥有多个并发线程。三线程技术就是指一个恶意代码进程同时开启了三个线程，其中一个为主线程，负责创建辅助线程和程序主要功能的实现。创建辅助线程包括两个线程，一个驻留在主进程体内，另一个通过创建远程线程驻留到其它正在运行的进程体内。这两个线程的功能就是监视其它进程或线程的运行情况，如果出现异常立即恢复。

驻留主进程体内的线程同时观察注册表和远程进程的情况。它实时查询注册表里相关键下可执行文件的键值，确保每次开机时都会运行我们的可执行文件。而另一个功能则是监视驻留在远程进程体内辅助线程的运行情况，如果该线程被关闭，立即通过创建远程线程将被关闭的线程驻留到特定的进程内。

驻留在远程进程体内的辅助线程则监视主进程的运行情况，如果主进程被停止，它会确认程序的可执行文件是否也被删除。如果系统目录下的可执行文件不存在，则用备份文件恢复可执行文件，然后再重新启动程序，确保主进程一直能运行。

13.3.2　恶意代码入侵技术

1．代码注入技术

当前操作系统中都有系统服务和网络服务，它们都在系统启动时自动加载。进程注入技术就是将这些与服务相关的可执行代码作为载体，恶意代码程序将自身嵌入到这些可执行代码之中，实现自身隐藏和启动的目的。主要的实现方法有：将你的代码放入某个 DLL，然后通过 Windows 钩子映射该 DLL 到远程进程；将你的代码放入某个 DLL，然后通过 CreateRemoteThread 和 LoadLibrary 技术映射该 DLL 到远程进程；如果不写单独的 DLL，可以直接将你的代码拷贝到远程进程——通过 WriteProcessMemory——并用 CreateRemoteThread 启动它的执行。

2．端口复用技术

端口复用技术，系指重复利用系统网络打开的端口(如 25、80、135 和 139 等常用端口)传送数据，这样既可以欺骗防火墙，又可以少开新端口。

端口复用是在保证端口默认服务正常工作的条件下复用，具有很强的欺骗性。例如，特洛伊木马"Executor"利用 80 端口传递控制信息和数据，实现其远程控制的目的。

3．超级管理技术

一些恶意代码还具有攻击反恶意代码软件的能力。这些恶意代码采用超级管理技术对反恶意代码软件系统进行拒绝服务攻击，使反恶意代码软件无法正常运行。

例如，"广外女生"是一个国产的特洛伊木马，它采用超级管理技术对"金山毒霸"和"天网防火墙"进行拒绝服务攻击。

4．端口反向连接技术

防火墙对于外部网络进入内部网络的数据流有严格的访问控制策略，但对于从内网到外网的数据却疏于防范。端口反向连接技术，系指令恶意代码攻击的服务端(被控制端)主动连接客户端(控制端)。

国外的"Boinet"是最先实现这项技术的木马程序，它可以通过 ICO、IRC、HTTP 和反向主动连接这 4 种方式联系客户端。国内最早实现端口反向连接技术的恶意代码是"网络神偷"。"灰鸽子"则是这项技术的集大成者，它内置 FTP、域名、服务端主动连接这 3 种服务端在线通知功能。

5．缓冲区溢出攻击技术

缓冲区溢出漏洞攻击占远程网络攻击的 80%，这种攻击可以使一个匿名的网络用户有机会获得一台主机的部分或全部的控制权。恶意代码利用系统和网络服务的安全漏洞植入并且执行攻击代码，攻击代码以一定的权限运行有缓冲区溢出漏洞的程序，从而获得被攻击主机的控制权。

缓冲区溢出攻击成为恶意代码从被动式传播转为主动式传播的主要途径。例如，"红色代码"利用 IIS Server 上 Indexing Service 的缓冲区溢出漏洞完成攻击、传播和破坏等恶意目的。"尼姆达蠕虫"利用 IIS 4.0/5.0 DirectoryTraversal 的弱点，以及红色代码 II 所留下的后门，完成其传播过程。

13.3.3　恶意代码隐藏技术

隐藏包括本地隐藏和通信隐藏，其中本地隐藏主要有文件隐藏、进程隐藏、网络连接隐藏、内核模块隐藏、编译器隐藏等；网络隐藏主要包括通信内容隐藏和传输通道隐藏。

1. 本地隐藏

本地隐蔽是指为了防止本地系统管理人员觉察而采取的隐蔽手段。本地系统管理人员通常使用"查看进程列表"，"查看目录"，"查看内核模块"，"查看系统网络连接状态"等管理命令来检测系统是否被植入了恶意代码。

(1) 文件隐蔽。最简单的方法是定制文件名，使恶意代码的文件更名为系统的合法程序文件名，或者将恶意代码文件附加到合法程序文件中。

(2) 进程隐蔽。恶意代码通过附着或替换系统进程，使恶意代码以合法服务的身份运行，这样可以很好地隐蔽恶意代码。可以通过修改进程列表程序，修改命令行参数使恶意代码进程的信息无法查询。也可以借助 RootKit 技术实现进程隐蔽。

(3) 网络连接隐蔽。恶意代码可以借用现有服务的端口来实现网络连接隐蔽，如使用 80(HTTP)端口，将自己的数据包设置特殊标识，通过标识识别连接信息，未标识的 WWW 服务网络包仍转交给原服务程序处理。使用隐蔽通道技术进行通信时可以隐蔽恶意代码自身的网络连接。

(4) 编译器隐蔽。使用该方法可以实施原始分发攻击，恶意代码的植入者是编译器开发人员。

(5) RootKit 隐蔽。Windows 操作系统中的 Rootkit 分为两类：用户模式下的 Rootkit 和内核模式下的 Rootkit。

2. 网络隐蔽

使用加密算法对所传输的内容进行加密能够隐蔽通信内容。隐蔽通信内容虽然可以保护通信内容，但无法隐蔽通信状态，因此传输信道的隐蔽也具有重要的意义。对传输信道的隐蔽主要采用隐蔽通道(Covert Channel)技术。

美国国防部可信操作系统评测标准对隐蔽通道进行了如下定义：隐蔽通道是允许进程以违反系统安全策略的方式传递信息的信道。

隐蔽通道有两种类型：存储隐蔽通道和时间隐蔽通道。存储隐蔽通道是一个进程能够直接或间接访问某存储空间，而该存储空间又能被另一个进程所访问，这两个进程之间所形成的通道称之为存储隐蔽通道。时间隐蔽通道是一个进程对系统性能产生的影响可以被另外一个进程观察到，并且可利用一个时间基准进行测量，这种信息传递通道称为时间隐蔽通道。

例如，进程号隐蔽通道可看作是存储隐蔽通道，发送进程是否占用了某进程号，接收进程可间接观察到。CPU 使用的隐蔽通道可以看作是一个时间隐蔽通道。因为发送进程 H 对 CPU 的使用情况可以被进程 L 观察到，且可以利用时钟每隔一定的时间片进行测量。

13.3.4　恶意代码防范

目前，恶意代码防范方法主要分为两方面：

- 基于主机的恶意代码防范方法

基于主机的恶意代码防范方法主要包括：基于特征的扫描技术、校验和、沙箱技术、安全操作系统对恶意代码的防范，等等。

- 基于网络的恶意代码防范方法。

1. 基于特征的扫描技术

基于主机的恶意代码防范方法是目前检测恶意代码最常用的技术，主要源于模式匹配的思想。扫描程序工作之前，必须先建立恶意代码的特征文件，根据特征文件中的特征串，在扫描文件中进行匹配查找。用户通过更新特征文件更新扫描软件，查找最新的恶意代码版本。这种技术广泛地应用于目前的反病毒引擎中。

一般的计算机病毒本身存在其特有的一段或一些代码。这是因为病毒要表现和破坏，实现的代码是各病毒程序所不同的，有些要在屏幕显示一行信息，有些要完成复制、隐蔽以及争夺系统控制的动作，这些都需要特殊的代码。特征码检测法是检测已知病毒的最简单、开销最小的方法。它检测准确快速、可识别病毒的名称、误报警率低，并依据检测结果可做解毒处理。选定好的特征代码是病毒扫描程序的精华所在。

首先，在抽取病毒的特征代码时要注意它的特殊性，选出最具代表特性的，足以将该病毒区别于其它病毒和该病毒的其它变种的代码串。

其次，在不同的环境中，同一种病毒也有可能表现出不同的特征代码串。

再次，抽取的代码要有适当的长度，既要维持特征代码的唯一性，又要尽量使特征代码短一些，不至于有太大的空间与时间的开销。

一般情况下，代码串是由若干连续字节组成的串，串长度可变，串中可包含一个或者多个"模糊"字节。扫描软件遇到这种串时，只要除"模糊"字节之外的字串都能完好匹配，则也能判别出病毒。例如给定特征串："E9 7C 00 10 ? 37 CB"，则"E9 7C 00 10 27 37 CB"和"E9 7C 00 10 9C 37 CB"都能被识别出来，又例如："E9 7C ?4 37 CB"可以匹配"E9 7C 00 37 CB"，"E9 7C 00 11 37 CB"和"E9 7C 00 11 22 37 CB"。但不匹配"E9 7C 00 11 22 33 44 37 CB"，因为7C和37之间的子串已超过4个字节。

一般这种检测软件由两部分组成：一部分是病毒特征代码库，含有经过特别选定的各种计算机病毒的代码串；另一部分是利用该代码库进行检测的扫描程序。检测程序打开被检测文件，在文件中搜索，比较文件中是否含有病毒数据库中的病毒特征代码。如果发现病毒特征代码，只要特征代码与病毒一一对应，便可以断定，被查文件中患有何种病毒，并提出警告。这种方法有时也称作扫描法或搜索法。

在病毒样本中抽取病毒特征代码可以说是一种分析型的白箱方法，主要缺陷有：

(1) 对从未见过的新病毒，自然无法知道其特征代码，因而无法检测出新病毒；

(2) 这种检测还是一种静态的检测，不能检查多态形病毒，不容易判定病毒运行后会产生怎样的特征信息，特别是有些病毒经过反复变换和加密等一系列反跟踪技术，为静态分析增加了难度；

(3) 不能对付隐蔽性病毒。隐蔽性病毒能先于检测工具运行，将被查文件中的病毒代码剥去，使检测工具只能看到一个虚假的正常文件，被隐蔽性病毒所蒙骗。

(4) 随着病毒种类的增多，逐一检查和搜索已知病毒的特征代码，费用开销大、在网络上运行效率低，影响此类工具的实时检测。

2. 校验和

校验和是一种保护信息资源完整性的控制技术，例如 Hash 值和循环冗余码等。只要文件内部有一个比特发生了变化，校验和值就会改变。未被恶意代码感染的系统首先会生成检测数据，然后周期性地使用校验和法检测文件的改变情况。运用校验和法检查恶意代码有 3 种方法：

(1) 在恶意代码检测软件中设置校验和法。对检测的对象文件计算其正常状态的校验和并将其写入被查文件中或检测工具中，而后进行比较。

(2) 在应用程序中嵌入校验和法。将文件正常状态的校验和写入文件本身中，每当应用程序启动时，比较现行校验和与原始校验和，实现应用程序的自我检测功能。

(3) 将校验和程序常驻内存。每当应用程序开始运行时，自动比较检查应用程序内部或别的文件中预留保存的校验和。

采用被监视文件的校验和来检测病毒，并不是最好的方法。这是因为：

(1) 它不能识别病毒类，不能识别病毒名称。

(2) 病毒感染并非文件内容改变的唯一原因，且文件内容的改变有可能是正常程序所需要的，即对文件内容的变化太敏感，不能区分正常程序引起的变动，而频繁报警。如已有软件版本更新、变更口令、修改运行参数，校验和法都会产生报警。

(3) 使用校验和的方法对隐蔽性病毒也是无效的。因为，隐蔽性病毒进驻内存后，会自动剥去染毒程序中的病毒代码，使校验和法无效。

3．沙箱技术

沙箱技术指根据系统中每一个可执行程序的访问资源，以及系统赋予的权限建立应用程序的"沙箱"，限制恶意代码的运行。

沙箱方案采用了囚笼思想，也就是在真实操作系统中的一种虚拟子系统。一方面，通过让恶意代码在虚拟机中运行，来充分暴露其真实面目。另一方面，由于虚拟机是一个受限环境，恶意代码在其中的一切动作和修改，不会影响真实操作系统。因此，沙箱技术在恶意代码分析和系统安全中的应用日益广泛。

4．安全操作系统对恶意代码的防范

恶意代码成功入侵的重要一环是获得系统的控制权，使操作系统为它分配系统资源。无论哪种恶意代码，无论要达到何种恶意目的，都必须具有相应的权限。没有足够的权限，恶意代码不可能实现其预定的恶意目标，或者仅能够实现其部分恶意目标。

访问控制是操作系统内置的保护机制，类似强制访问控制策略可以减缓病毒的感染速度，但无法避免感染的发生。

5．类属解密

类属解密技术可以有效地检测多态病毒(Polymorphic virus)。多态形病毒每次在感染一个新的程序之前都会对自身进行变异，以此达到隐藏自己的目的。

图 13-3 比较了是否采用变异技术的病毒结构。

因此，被感染了多态形病毒的可执行文件通常由以下几个部分组成：变异引擎、病毒体、原可执行文件。变异引擎产生各种各样的变异算法所对应的机器代码，这些变异代码完成对原病毒体代码指令的加密。

图 13-3 采用了字母+2 替换(例如 a→c，b→d 等)，加密后的病毒代码如 7，8，9 行所示。相应的解密代码在第 6 行。第 1 行是病毒的入口点(Eentry Point)指令。第 2，3，4，5 行是原可执行文件代码。

1	跳至第六步(病毒修改后的入口点，把控制权交给病毒体)	1	跳至第六步
2	拨号	2	拨号
3	按 SEND 按钮	3	按 SEND 按钮
4	等待结束，如果有问题，回到第一步	4	等待结束，如果有问题，回到第一步
5	任务结束	5	任务结束
6	VIRUS instructions	6	第七行开始，每个字符往回移 2，C 变为 A，U 变为 S...(病毒解密循环)
7	VIRUS instructions	7	XKTWU kpuvtwevkopu (Encrypted "VIRUS instructions")
8	VIRUS instructions	8	XKTWU kpuvtwevkopu (Encrypted "VIRUS instructions")
9	Insert document in fax machine. (Stored by the virus)	9	Kpugtv fqewogpv kp hcz ocejkpg. (Encrypted "Insert document in fax machine.")

图 13-3　非变异和变异病毒

从多态形病毒的工作原理我们可以看出，虽然每次病毒在感染其它新的程序之前，都会产生一种新的加密算法和相应的解密算法，但是其病毒体始终都只有一种。所以类属解密技术就是给这种病毒提供一个虚拟的运行环境，让病毒自身的解密代码解出病毒体代码，然后对病毒体代码进行签名特征检测。

一个类属解密扫描器通常包括：

(1) CPU 仿真器。被扫描的可执行文件的运行环境，通常是一个软件仿真的虚拟机。可执行文件在仿真器中逐条执行指令，然后感染其中的文件。

(2) 病毒签名扫描器。扫描解密出来的病毒体代码。

(3) 仿真控制模块。控制代码的执行，确保病毒代码不会对实际的底层计算机造成损害。

由于恶意代码具有相当的复杂性和行为不确定性，恶意代码的防范需要多种技术综合应用，包括恶意代码监测与预警、恶意代码传播抑制、恶意代码漏洞自动修复、恶意代码阻断等。

基于网络的恶意代码防范方法包括：恶意代码检测防御和恶意代码预警。其中常见的恶意代码检测防御包括：

(1) 基于 GrIDS 的恶意代码检测；

(2) 基于 HoneyPot 的检测防御；

(3) 基于 CCDC 的检测防御；

(4) 数字免疫系统。

1. 基于 GrIDS 的恶意代码检测

著名的 GrIDS 主要针对大规模网络攻击和自动化入侵设计的，它收集计算机和网络活动的数据以及它们之间的连接，在预先定义的模式库的驱动下，将这些数据构建成网络活动行为来表征网络活动结构上的因果关系。

它通过建立和分析节点间的行为图(Activity Graph)，通过与预定义的行为模式图进行匹配，检测恶意代码是否存在，是当前检测分布式恶意代码入侵有效的工具。

2. 基于 HoneyPot 的检测防御

早期 HoneyPot 主要用于防范网络黑客攻击。ReVirt 是能够检测网络攻击或网络异常行为的 HoneyPot 系统。

Spitzner 首次运用 HoneyPot 防御恶意代码攻击。HoneyPot 之间可以相互共享捕获的数据信息，采用 NIDS 的规则生成器产生恶意代码的匹配规则，当恶意代码根据一定的扫描策略扫描存在漏洞主机的地址空间时，HoneyPots 可以捕获恶意代码扫描攻击的数据，然后采用特征匹配来判断是否有恶意代码攻击。

3. 基于 CCDC 的检测防御

由于主动式传播恶意代码具有生物病毒特征，美国安全专家提议建立 CCDC(The Cyber Centers for Disease Control)来对抗恶意代码攻击。

防范恶意代码的 CCDC 体系实现以下功能：(1) 鉴别恶意代码的爆发期；(2) 恶意代码样本特征分析；(3) 恶意代码传染对抗；(4) 恶意代码新的传染途径预测；(5) 前摄性恶意代码对抗工具研究；(6) 对抗未来恶意代码的威胁。CCDC 能够实现对大规模恶意代码入侵的预警、防御和阻断。但 CCDC 也存在一些问题：(1) CCDC 是一个规模庞大的防范体系，要考虑体系运转的代价；(2) 由于 CCDC 体系的开放性，CCDC 自身的安全问题不容忽视；(3) 在 CCDC 防范体系中，攻击者能够监测恶意代码攻击的全过程，深入理解 CCDC 防范恶意代码的工作机制，因此可能导致突破 CCDC 防范体系的恶意代码出现。

4. 数字免疫系统

IBM 为了应付日益众多的互联网威胁，对前面的软件模拟法进行了扩展，提出了一种通用的模拟和病毒检测系统，如图 13-4 所示。这个系统的目标就是提供快速的响应时间，使得病毒一被引入系统就能马上被识别出来。当一个新病毒进入一个组织时，免疫系统自动地捕获、分析它、增加检测和隔离物、删除它并将有关病毒信息传递给运行着其它反病毒免疫系统的主机，使得病毒在其它地方运行之前被检测出来。

整个数字免疫系统的工作流程如下：

(1) 每台计算机上的监视程序使用启发式经验规则(寻找经常使用的代码片段)，同时根据系统行为、程序的可疑变化或病毒家族特征码来判断病毒是否出现。监视程序把认为已经感染的程序的副本发送到组织里的管理机上。

(2) 管理机把样本加密，然后发送到中心病毒分析机器。

(3) 这台主机创建一个环境，安全运行已经感染的程序，同时进行病毒分析。为了实现这个目的所采用的技术包括仿真技术，即创建一个受保护的虚拟机器环境，在其中可以执行并分析受到怀疑的程序。然后这台病毒分析机开出一个用来识别、消除该病毒的处方。

(4) 这个最终处方发送回相应的管理机。

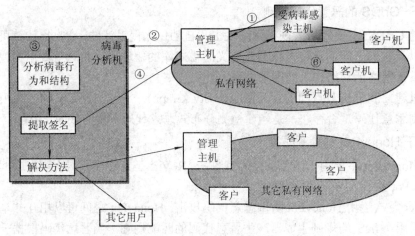

图 13-4　数字免疫系统

(5) 这台管理机器又把该处方发送给受到感染的客户主机。

(6) 同时该处方也发送给组织中的其它客户主机

13.4　恶意代码分析技术

恶意代码分析的主要目的是明确恶意代码的行为特性并提取特征码，为下一步的恶意代码检测和控制清除提供依据，因此，恶意代码分析是否可以快速有效地进行，是降低恶意代码危害的关键一步。目前的分析方法可以分为静态分析和动态分析两大类。

13.4.1　静态分析技术

静态分析不实际运行恶意代码，通过对恶意代码的二进制文件进行分析，从而提取其特征码。这种特征码可直接被恶意程序扫描引擎用来进行恶意代码的检测。

静态分析的优点是，它可以检查恶意代码的所有可能的执行路径，得到的特征码在检测方面具有较高的准确率。静态分析存在的问题在于工程量较大，反汇编难度较高，并且反汇编后的可用信息较少，分析周期较长。同时多态(polymorphic)、变型、加壳等手段的采用使得静态分析变得更加困难，很难提取有效的特征码。

下面我们以实际的恶意代码为例来说明静态分析的一般过程。我们先把恶意程序样本放入虚拟机环境中，其中包含分析过程需要的各种工具。静态分析主要完成文件格式分析，是否进行加壳处理？样本是何种语言编写？以及是否有其它附加的数据等。

13.4.2　文件类型分析

文件分析是恶意程序静态分析的第一步，通过相关工具显示被分析恶意程序文件的相关信息，例如，它是用什么语言写的，是否加壳等。常用的文件分析工具有 TYP、Gtw 或 FileInfo。(所谓加壳就是利用特殊的算法，对 EXE、DLL 文件里的资源进行压缩、加密。类似 WINZIP 的效果，只不过这个压缩之后的文件，可以独立运行，解压过程完全隐蔽，都在内存中完成。恶意程序为了躲避各类杀毒软件的查杀，采用加壳手法减少被检概率。)

图 13-5 给出了 FileInfo 工具的分析结果。

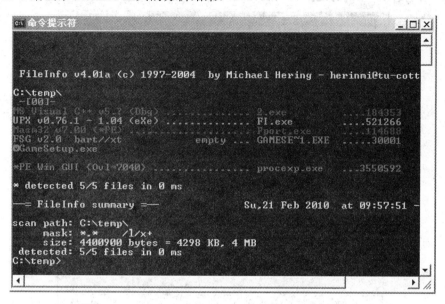

图 13-5 FileInfo 显示结果

在此例中，文件 2.exe 被分析出是用 VC5.0 编译的，Fport.exe 是采用微软汇编语言编写的，procexp.exe 文件类型是 Win GUI，就是 Windows 图形用户界面程序(通常，FileInfo 分析不出文件类型时就报此类型)。另外，此工具也可分析出程序 GAMESE～1.EXE 和 FI.exe 是经过软件加密处理的。

样本经过加壳的程序，需要对其进行查壳，确定程序的加壳类型，并通过脱壳工具或手段进行脱壳，分析出程序的编程语言。如果无法查出壳类型，则认为是一个未知的壳，可以结合动态脱壳进行分析。另外，通过 PE 文件的区段来确定是否有附加进去的数据。

下面我们对 GAMESE～1.EXE 恶意代码进行分析。首先用 PEID 工具侦查其文件格式及壳的型号，如图 13-6 所示。

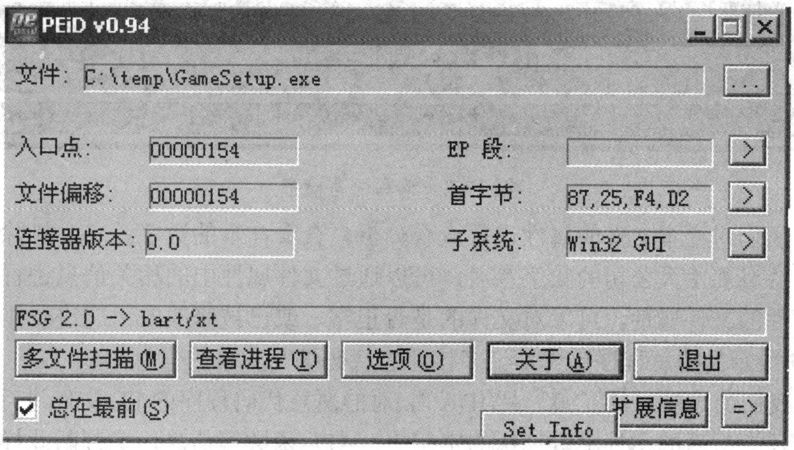

图 13-6 PEID 检查结果

接着进行脱壳操作，如图 13-7 所示。(在这里使用超级巡警的自动脱壳器，可以根据自己对工具的使用习惯进行选择自动脱壳工具或手工脱壳。)

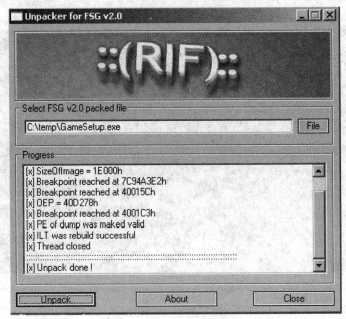

图 13-7　PEID 检查结果

目前，90%的恶意程序都是用运行时工具加壳处理过的。通过加壳或者用类似的包装器多层加密其代码来隐藏自己的意图。而且，加壳过得程序体积变小后可能传染性会更强，因为他们每次渗透攻击时需要通过网络传输的数据更少了。从攻击者的角度，压缩具有的另一个优势是，它也许能够削弱一些已经部署的防御措施的有效性，从而增加了成功攻击的几率。

最后侦察的结果是使用 Dephi 语言进行编码的，如图 13-8 所示。

图 13-8　编写语言检查

接着，我们对样本文件的属性进行查看分析。查看样本的数字签名，排除伪造签名的情况。对于持有那些大公司的数字签名，可以通过文件属性中的相关信息进行查看分析。另外查看文件的文件属性，可以对文件的是否正常、或已被修改的情况进一步的分析。例如，图 13-9 所示的恶意程序包含了许多该恶意代码编写人员的信息。

然后，我们通过静态反汇编工具(IDA 等)对的恶意代码程序的 PE 文件进行反汇编。通过分析静态反汇编后的文件中所使用的字符串、API 函数等信息，来判断此样本的基本功能和特点。通过查看 PE 文件的导入表来判断基本功能和特点等。

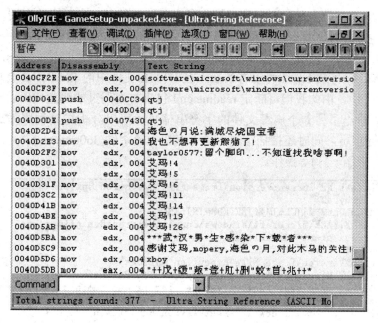

图 13-9　文件属性分析

13.4.3　字符串提取分析

我们对 Nimda 蠕虫进行字符串转储后得到的程序片断，如图 13-10 所示。

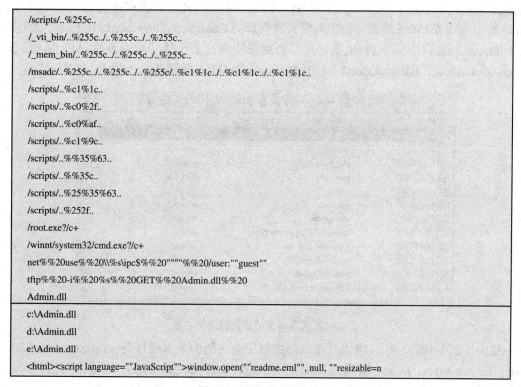

图 13-10　字符串提取分析

恶意代码中的字符串常量对迅速理解代码内部细节的某些方面极为有用。在图 3-10 中显示的字符串转储结果中，可以看到通过 Web 进行的漏洞利用以及利用网络命令(图中的 net use 和 tftp)传播了一个名字为 Admin.dll 的 DLL 文件。而且很明显，Admin.dll 最可能被复制到 c:\，d:\和 e:\目录下。还可以看到嵌入在 HTML 文件中的 JavaScript 会加载一个名为 readme.eml 的文件，由此我们可断定 readme.eml 包含有编码过的恶意代码。

图 13-11 给出了另一个病毒文件的字符串信息。可以分析得到程序添加了用户名为 new1 的超级管理员，同时还扫描宿主上是否存在主流杀软(360tray.exe)，对注册表的相关的映像劫持(图中第一行)等操作。

```
UNICODE "Windows NT\CurrentVersion\Image File Execution Options\"
UNICODE "360tray.exe"
UNICODE "1NHLdLQLhMPMjJCLmJMJfJRKiKDMwJKJiKRL"
UNICODE "CU\SOFTWARE\Microsoft\Windows\CurrentVersion\Run\ctfmon.exe"
UNICODE "daccess start= disabled&"
UNICODE "opqrstuvwxyz"
UNICODE "urrentVersion\Image File Execution Options\"
UNICODE "OFTWARE\Microsoft\Windows\CurrentVersion\Run\ctfmon.exe"
UNICODE "369&net user new1 /active:yes&net localgroup administrators new1 /add"
UNICODE "ptions\"
UNICODE "ARE\Microsoft\Windows\CurrentVersion\Run\ctfmon.exe"
UNICODE "369&net user new1 /active:yes&net localgroup administrators new1 /add"
UNICODE "Microsoft\Windows\CurrentVersion\Run\ctfmon.exe"
```

图 13-11　字符串分析

通过静态分析调式，还可以进一步分析病毒的一些特征行为。样本中恶意程序释放后，程序执行文件为 GameSetup-unpacked.exe，因此，需要对此恶意程序做壳的侦查及脱壳工作(略过)。利用 IDAPro 静态分析工具分析脱壳后的 GameSetup-unpacked.exe 样本，通过观察"Imports"窗口中的 API 函数，可以看到系统调过了一些网络行为的 API 函数，如 InternetOpenUrlA、InternetOpenA、URLDownloadToFileA 等函数，如图 13-12 所示。

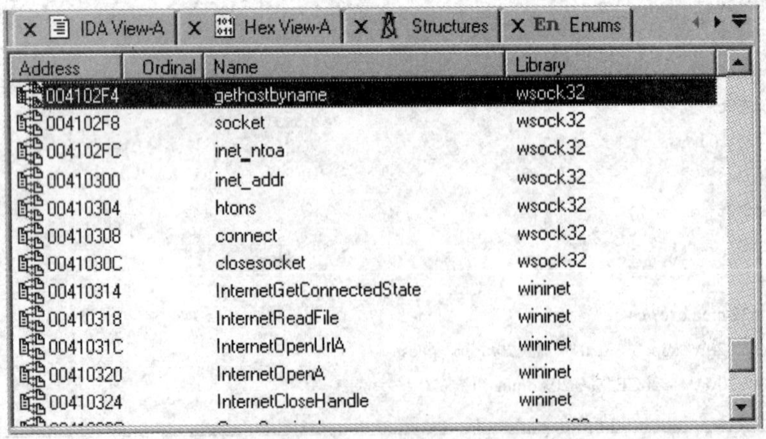

Address	Ordinal	Name	Library
004102F4		gethostbyname	wsock32
004102F8		socket	wsock32
004102FC		inet_ntoa	wsock32
00410300		inet_addr	wsock32
00410304		htons	wsock32
00410308		connect	wsock32
0041030C		closesocket	wsock32
00410314		InternetGetConnectedState	wininet
00410318		InternetReadFile	wininet
0041031C		InternetOpenUrlA	wininet
00410320		InternetOpenA	wininet
00410324		InternetCloseHandle	wininet

图 13-12　病毒所调用的关键网络函数

结合反汇编代码分析，可以看出该恶意程序会关闭的杀毒软件有 virusScan、nod32、Symanter AntiVirus、Duba、System Safety Monitor、Wrapped gift Killer、游戏木马检测大师、超级巡警等等，如图 13-13 所示。

图 13-13　病毒所关闭的杀毒软件

13.5　动态分析

　　静态分析技术一般无需在专用分析系统或者虚拟机上运行恶意代码。动态分析技术则主要使用黑盒测试法。动态分析需要实际运行恶意代码，一般是在受保护的虚拟环境中执行。在恶意代码执行期间分析其动态行为特性，如对注册表、文件系统、网络的访问情况。这些行为特性的分析可以有效的帮助分析人员认识和理解恶意代码的危害特性，为恶意代码的清除和检测提供有利的依据。动态分析的不足在于每次分析，只能检测恶意代码的一条执行路径，有的恶意代码只有在特定的条件下(如指定的日期)才表现出恶意行为，称为多路径问题。另外，动态分析的结果一般不能直接用于恶意代码的检测。但是由于动态分析注重恶意代码运行过程中所表现出的行为特性，因此不受多态，加壳的影响，相对静态分析来说具有快速，直观的特点。

　　由于动态分析需要执行恶意代码，因此分析的是恶意代码的一条执行路径。因而动态分析对于条件触发的恶意代码，可能得到不同的分析结果。多路径问题属于动态分析方法自身的缺点，本文注重动态分析技术的研究，不对多路径进行讨论。

　　接下来，我们对样本的行为进行分析，分析它的本地感染行为，以及网络传播行为。本地行为分析过程需要使用文件监视工具、注册表监视工具来确定恶意代码对系统做了哪些修改。通常情况下样本会释放出病毒体，并把它拷贝到系统目录下，而且通过添加注册表到系统启动项、系统服务启动、注入系统进程中等等方式。另外通过网络抓包工具(SnifferPro、Wireshark 等)，分析其与哪个网站进行连接，打开哪个端口，下载哪些文件，执行哪些操作命令等等的过程。

最后，我们通过动态调试对恶意代码加载调试，进一步分析代码的操作。用动态调试器(OllyICE 等工具)载入病毒后，在程序进程的各个可疑的地方下断点，根据代码来确定恶意代码的有害操作。当然最后还要形成相关的恶意代码分析报告，并对恶意代码进行命名规范，而且还需要对样本使用 MD5 进行完整性校验。

13.5.1 注册表监视

通过注册表监视工具 RegMon 监视恶意程序运行时对注册表的操作行为；也可以用快照工具 Regshot 找出恶意程序运行后新建和修改的注册表项以及本地文件的释放行为。

在干净虚拟机中运行 Regshot，点击快照 A 生成快照。之后在虚拟机中运行恶意程序样本，运行 Regshot，点击快照 B 生成快照，获取恶意程序运行前后注册表的变化，如图 13-14 所示。

快照比较报告 Regshot 2.0.1.40 unicode

综合报告		
	快照 A	快照 B
快照日期	2009-12-16 20:49:09	2009-12-16 20:49:42
本机	84AB665053784F9	84AB665053784F9
用户	Administrator	Administrator
快照类型	全部注册表	全部注册表
键	55640	55643
值	108063	108093
快照时间	1.63 秒	1.68 秒
移除键	0	-
新添键	-	3
移除值	0	-
新添值	-	30
改变值	5	5
所有改变	5	38
另存为注册表文件	Undo.reg	Redo.reg
评论:		

图 13-14　注册表信息

其中被修改的键值如图 13-15 所示。

```
3    09-12-16,20:43:20
94   KEY_LOCAL_MACHINE\SOFTWARE\Microsoft\Windows NT\CurrentVersion\Image File Execution Options\ctfmon.exe]
95     <IFEO[ctfmon.exe]><SoundMan.exe>  [1]
105  elp and Support / helpsvc][Stopped/Auto Start]
106  <C:\WINDOWS\system32\interne.exe-->%WINDIR%\PCHealth\HelpCtr\Binaries\pchsvc.dll><Microsoft Corporation>
```

图 13-15　注册表修改信息

从上图可以清楚地看到恶意程序对著名的映像劫持漏洞[HKEY_LOCAL_MACHINE\
SOFTWARE\Microsoft\Windows\CurrentVersion\Image File Execution Options\ctfmon.exe]的
修改。

13.5.2　监控文件变动

Process Monitor 是一个用于 Windows 系统的高级监视工具，可以显示实时文件系统、
注册表和进程/线程活动。它结合了两个传统 Sysinternals 实用工具(Filemon 和 Regmon) 的
功能，并增加了大量增强功能，其中包括丰富且不具破坏性的筛选功能、全面的事件属性(如
会话 ID 和用户名)、可靠的进程信息、完整的线程堆栈(支持每个操作的集成符号)、同一
文件并行日志记录等功能。异常强大的功能使 Process Monitor 成为系统故障排除和恶意软
件捕获工具包的核心实用工具。

在虚拟机运行上一节静态分析产生的 GameSetup-unpacked.exe 恶意程序，就可以清楚
地看到其一举一动，图 13-16 给出了其往硬盘的写文件操作监控结果。

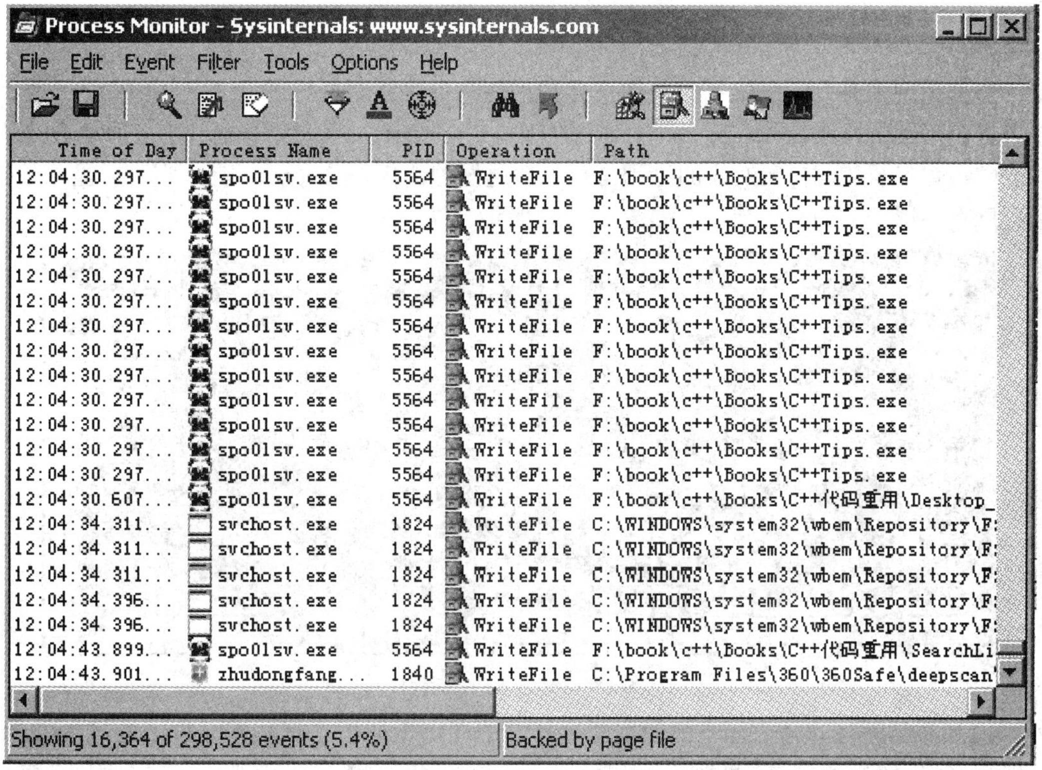

Time of Day	Process Name	PID	Operation	Path
12:04:30.297...	spo0lsv.exe	5564	WriteFile	F:\book\c++\Books\C++Tips.exe
12:04:30.297...	spo0lsv.exe	5564	WriteFile	F:\book\c++\Books\C++Tips.exe
12:04:30.297...	spo0lsv.exe	5564	WriteFile	F:\book\c++\Books\C++Tips.exe
12:04:30.297...	spo0lsv.exe	5564	WriteFile	F:\book\c++\Books\C++Tips.exe
12:04:30.297...	spo0lsv.exe	5564	WriteFile	F:\book\c++\Books\C++Tips.exe
12:04:30.297...	spo0lsv.exe	5564	WriteFile	F:\book\c++\Books\C++Tips.exe
12:04:30.297...	spo0lsv.exe	5564	WriteFile	F:\book\c++\Books\C++Tips.exe
12:04:30.297...	spo0lsv.exe	5564	WriteFile	F:\book\c++\Books\C++Tips.exe
12:04:30.297...	spo0lsv.exe	5564	WriteFile	F:\book\c++\Books\C++Tips.exe
12:04:30.297...	spo0lsv.exe	5564	WriteFile	F:\book\c++\Books\C++Tips.exe
12:04:30.297...	spo0lsv.exe	5564	WriteFile	F:\book\c++\Books\C++Tips.exe
12:04:30.297...	spo0lsv.exe	5564	WriteFile	F:\book\c++\Books\C++Tips.exe
12:04:30.607...	spo0lsv.exe	5564	WriteFile	F:\book\c++\Books\C++代码重用\Desktop_
12:04:34.311...	svchost.exe	1824	WriteFile	C:\WINDOWS\system32\wbem\Repository\F:
12:04:34.311...	svchost.exe	1824	WriteFile	C:\WINDOWS\system32\wbem\Repository\F:
12:04:34.311...	svchost.exe	1824	WriteFile	C:\WINDOWS\system32\wbem\Repository\F:
12:04:34.396...	svchost.exe	1824	WriteFile	C:\WINDOWS\system32\wbem\Repository\F:
12:04:34.396...	svchost.exe	1824	WriteFile	C:\WINDOWS\system32\wbem\Repository\F:
12:04:43.899...	spo0lsv.exe	5564	WriteFile	F:\book\c++\Books\C++代码重用\SearchLi
12:04:43.901...	zhudongfang...	1840	WriteFile	C:\Program Files\360\360Safe\deepscan\

Showing 16,364 of 298,528 events (5.4%)　　　　　　Backed by page file

图 13-16　文件监控结果

恶意程序对应的进程 spo0lsv.exe 在疯狂地往硬盘的不同目录下写一个名字为
Desktop_.ini 的文件，并把自身拷贝到 c:\WINDOWS\system32\driver 目录，如图 13-17 所示。

另外，有些还需要手工进行查找。如对 IE 的临时文件、host 文件、msconfig 文件等进
行手工分析，查看是否对这些文件进行修改或者在目录下生成新的文件。

图 13-17　文件拷贝

13.5.3　网络行为分析

　　监控系统中开发的网络端口是很重要的。恶意程序常常会打开一个或一组端口，给入侵者提供后续的网络访问。可以用标准系统命令"netstat –a"显示系统中正在侦听的所有开放端口，甚至该端口所对应的进程信息。但更好的选择是 Fport 工具，它可以显示是哪个程序在使用开放的网络端口，如图 13-18 所示。

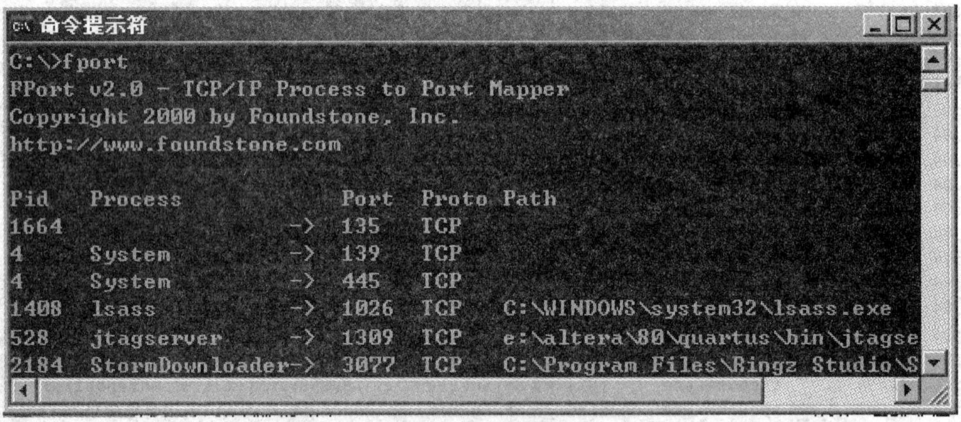

图 13-18　进程所用端口

　　但是并非所有的恶意程序都使用新近打开的端口来通信。有些恶意程序通过 Internet 控制报文协议的 echo 请求来通信。由于很多防火墙允许此类报文穿越，所以其使用范围还挺广泛。如 Loki 程序就是此类攻击的一种。更狡猾的恶意程序还可能使用端口隐藏技术来隐藏它们正在侦听的端口。对于此类工具必须使用嗅探器来监控它们的行为。

　　恶意程序在成功进入受害者系统后，往往会把搜集到的一些敏感信息发送出去，或是主动连接下载恶意程序的主程序，这样就必然要进行网络操作。通过一些网络监视工具可以发现病毒的网络行为。

　　嗅探工具是基于网卡的混杂模式(Promiscuous mode)进行网络监视的。该模式要求网卡接收所有进入的数据分组，如同这些分组的目的地就是本机一样。使用此类对恶意程序进行分析不会影响任何其它主机。这一方面，从网络中捕获到的数据分组对于产生有效的入侵检测系统特征及后续的测试都是非常有帮助的；另一方面，恶意程序所有的工作机理只有通过可以成功重现的测试结果才能被证实。

图 13-19 显示了某个蠕虫程序利用 ARP(地址解析协议)协议实施本地局域网内信息收集的攻击实例。192.168.0.1 是主控的攻击计算机，192.169.0.1 则是受控的有漏洞的目标主机，所有的回应数据分组都返回给受控主机。主控和受控计算基通过 ICQ 进行通信。图 13-19/1 显示的是受控主机在短时间内发出的一连串 ARP 广播分组，那是蠕虫程序往随机生成的 IP 地址发送请求分组。图 13-19/2、图 13-19/3 显示的是具体某个分组的协议头和负载内容。

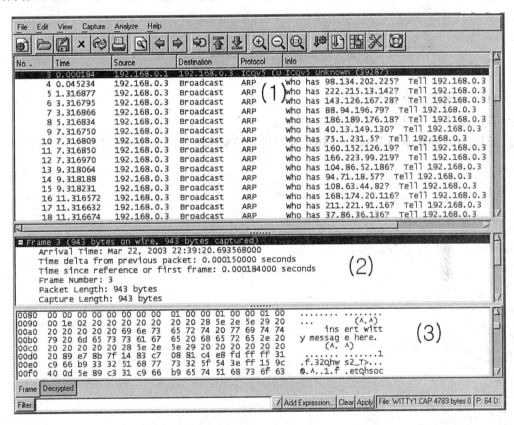

图 13-19　捕获的攻击数据分组

通过动态分析调式，最后使用 OllyICE 工具进行调式，进一步分析样本的操作行为。通过跟踪调式，发现样本可以使用 API 函数 URLDownloadToFileA 将其它恶意程序下载到本地并运行，样本中带有下载恶意文件的地址，但在程序中没有激活，所以没有真正下载的动作。

最后不但要把分析过程中的结果形成相关的恶意代码分析报告，收集恶意代码的样本、释放的文件以及网络行为的数据包，并对恶意代码进行命名规范，而且还需要对样本使用 MD5 进行完整性校验。

 参 考 文 献

[1]　Carey Nachenberg. Computer Virus-Antivirus Coevolution. COMMUNICATIONS OF THE ACM January 1997/Vol. 40, No. 1, pp. 46-51. http://vx.netlux.org/lib/acn01.html

[2]　Mark Ludwig. The Giant Black Book of Computer Viruses . http://vx.netlux.org/lib/vml01-1.html

[3]　David Harley, Robert Slade, Urs E Gattiker . Viruses Revealed. McGraw-Hill, 2002

[4]　Willeam Stallings. Cryptography and Networks Security. Prentice Hall, 1999

[5]　Peter Szor. The Art of Computer Virus Research and Defense. Addison-Wesley Professional . 2005

思 考 题

[1]　恶意代码的分类及其区别。

[2]　查杀病毒技术分类及各自优缺点。

[3]　讨论操作系统 DAC 和 MAC 强制访问控制机制在恶意代码防护的作用？

第 14 章　无线局域网安全

　　无线通信技术已经越来越受到各方面的关注。由于无线通信技术(例如无线局域网,WLAN)无需额外的电缆连接,因此可以为我们提供方便、快捷以及高移动性的组网能力。

　　由于无线通信开放的传输介质,使得其安全性能一直是人们关注的焦点。本章将介绍无线和有线通信的区别,并重点分析无线局域网络(WLAN)的安全机制。

14.1　无线和有线的区别

　　虽然无线通信设备有其特殊的限制,但大都仍可采用标准的安全技术。例如无线领域中的认证、授权和审计原理与传统的有线通信方式中的基本一致。前面各章节中有关安全的设计、配置原则(系统、网络的监视和管理)同样也适用于无线通信环境,但是,无线通信在某些领域中还是有别于有线通信的。本节将逐一介绍这些区别并向读者介绍与这些技术相关的安全本质。

14.1.1　物理安全

　　在讨论无线通信时,物理安全是非常重要的。从定义上来看,我们可以把那些可以使一个组织实现无线数据通信的所有类型的设备统称为移动设备。这就增加了失窃的风险,因为在一个安全组织的物理范围之外也可以使用这些设备。虽然这些设备有一些保护措施,但这些保护措施通常是基于最小信息保护需求的。例如,存储在蜂窝电话设备中的数据都达不到敏感保密等级。

　　对企业而言,物理安全的重要性依赖于存储在设备中的数据保密级别。如传统的蜂窝电话或个人数字助理(PDA)可能会保存个人电话本或联系地址数据库,这就有可能直接把电话号码、邮件地址、特定人或特定合作伙伴的邮政编码泄漏给攻击者。这本身的威胁并不大,更大的风险在于金融应用场合,例如在电话和无线 PDA 失效(挂失)之前,可能已经有大量的非授权电话呼叫。

　　更进一步讲,无线技术使得存储在设备上的数据越来越多,同时也使得设备有更多的方法访问不同的数据和网络。通过使用无线局域网和无线调制解调器,使得笔记本不需要和网络进行物理连接,只要采用目前的无线通信协议就可访问企业网络。这些风险的存在并不意味着就不能用这些技术,而是说应该考虑其需要独特的物理安全。笔记本锁、现在的 PDA 锁是降低设备被偷风险的基本物理安全需求。用户认证和对设备上数据进行加密能在设备被偷的情况下严格限制对数据的访问。我们必须认识到,无线设备的物理层安全非常重要,这可使我们本章讨论的技术得到广泛认可和应用。

14.1.2　设备局限性

目前，无线设备所存在的众多限制，会对存储在这些设备上的数据和设备间建立的通信链路安全产生潜在的影响。相比于个人计算机，无线设备如个人数字助理和移动电话存在以下几方面的限制：① 电池寿命短；② 显示器小；③ 有限的/不同的输入方法(触摸屏与键盘)；④ 通信链路带宽窄；⑤ 内存容量小；⑥ CPU 处理速度低。

上面所列各条大致按它们对安全的影响从小到大的顺序排列。虽然小显示器对运行于设备上的应用程序有所影响，但显然这对安全连接的影响非常小。不可预知的执行时间(等待时间：latency)以及不能保证数据包的收发顺序都会影响加密方法。这些限制中，影响最大的是移动设备的内存容量小和 CPU 处理速度慢，这些因素使得我们通常不愿意选择加密操作。

14.2　安全威胁

在无线局域网环境中，我们需要研究与传统有线 LAN 环境中存在的相同的安全问题。但是对于无线信道，还需要特别强调一些其特有的安全问题。以下是一些目前已知的主动攻击类型：① 社会工程(Social Engineering)；② 身份假冒(Impersonation)；③ 漏洞利用(Exploits)；④ 数据驱动(Data driven)；⑤ 信任传递(Transitive trust)；⑥ 基础结构(Infrastructure)；⑦ 拒绝服务(Denial Of Service)。

由于前 4 类攻击在无线环境和有线环境下类似，本章不再讨论。除了主动攻击外，还存在被动攻击。被动攻击的主要形式是窃听和网络通信流分析。

14.2.1　窃听和网络通信流分析

在无线电环境中窃听非常容易。当通过无线电通道发送消息时，任何人只要拥有合适的接收机并在传输的范围内就能窃听消息，而且发送者和预期的接收者无法知道传输是否被窃听，这种窃听根本无法检测。

由于在无线 LAN 环境下窃听很容易，使得保证网络流量的机密性是个非常昂贵的过程。所有的无线 LAN 标准都考虑了这个问题，并由介质访问控制(MAC)实体通过某种链路级加密实现，但是利用这些算法获得的安全性对许多应用而言是不够的。

网络通信流分析通过分析无线客户端之间的通信模式和特点来获取所需的信息，或是为进一步入侵创造条件。

14.2.2　信任传递

当公司网络包括一部分无线 LAN 时，就会为攻击者提供一个不需要物理安装的接口用于网络入侵。在有线网络中，我们总能通过物理线路从我们的计算机追踪到下一网络节点；但在无线网络环境下，通信双方之间并没有这么一条路径。这使得有效的认证机制对无线 LAN 安全显得尤为关键。在所有的情况下，参与传输的双方都应该能相互认证。

无线 LAN 可用来作为传递信任的跳板。如果攻击者能欺骗一个无线 LAN，让它信任攻击者所控制的移动设备，则在企业网所有防火墙内部就有了敌方的一个网络节点，并且从此以后很难阻止敌方的行动。这种攻击可以通过使用与我们的网络设备相兼容的标准无线 LAN 硬件来实现。而有效阻止这种攻击的方法就是移动设备访问无线 LAN 的强认证机制。要发现不成功的攻击必须依赖于这些不成功攻击企图的日志，但即使发现这种攻击企图也很难确定是否存在真正的攻击。因为在正常操作情况下，无线信道的高误比特率(Bit Error Rate)以及来自其它无线 LAN 移动设备的登录都可能产生不成功登录的日志。

另外一种信任传递攻击是专门针对无线网络的，这种攻击是欺骗移动设备，让移动设备相信攻击者所控制的基站(虚假 AP)。当移动设备开机时，一般会首先登录具有最强信号的网络，如果登录失败，就按信号功率顺序登录其它网络。如果攻击者有一个大发射功率的基站，他就能欺骗移动设备首先登录攻击者所控制的网络。这时存在两种可能性：正常用户成功登录被攻击者所控制的伪装成我们的网络，从而找出密码、秘密密钥等；攻击者仅仅拒绝我们的登录企图，但记录登录过程中所有的消息，并通过分析这些消息找出在我们网络中进行认证时的秘密密钥或密码。在没有有关我们网络服务详细信息的情况下，前一种攻击很难实现并很容易被检测到。而后一种攻击方式所需要的只是与我们设备兼容的标准基站硬件(可能有专门的天线)。这种方式很难检测，这是因为移动设备一般不向上层报告不成功的登录企图(即使在正常环境下也会存在大量的不成功登录企图)。针对这种攻击的唯一保护措施是有效的认证机制，允许移动设备在不泄漏登录网络所使用的秘密密钥或密码的前提下认证基站。

此类攻击还可以同重放攻击、中间人攻击结合起来以获取更多的信息。

14.2.3　基础结构

基础结构攻击是基于系统中存在的漏洞：软件臭虫(Bug)、错误配置、硬件故障等。这些情况同样也会出现在无线 LAN 中。但是针对这种攻击的保护几乎是不可能的——除非发生了，否则你不可能知道有臭虫的存在。所以能做的就是尽可能减低破坏所造成的损失。

14.2.4　拒绝服务

无线电传输的本质使得无线 LAN 很容易受到拒绝服务攻击。如果攻击者拥有一个功率强大收发设备，他就能很容易的产生一个无线电干扰信号，使得无线 LAN 不能利用无线电信道进行通信。这种攻击可在我们的站点外发起，如街道的停车场或下一街区的公寓。发起这种攻击所需要的设备很容易以可承受的价格从任何一家电子商店买到，并且任何一个短波无线电爱好者都会拥有搭建这种设备的能力。

一方面，针对这种攻击的保护非常困难和昂贵。唯一完全的解决方法是把我们的无线网络放在法拉第笼子里，只有在很少的情况下才会这么用。但是官方可以很容易的对发射干扰的收发设备定位，因此在被发现之前攻击者的时间是有限的。

另一方面，无线 LAN 相对有线 LAN 而言不容易受到其它类型的拒绝服务攻击。例如，只要把线路剪断就可把一个固定的 LAN 节点隔离开，这在无线环境中是不可能的。如果攻击者切断了整个站点的电源，则所有有线网络就都没用了，但用笔记本电脑或其它电池供电的计算机构成的 AD-Hoc 无线网络(各计算机之间是直接进行通信)仍可正常使用。

14.3　WLAN 概述

无线局域网是现有有线 LAN 的扩展，它采用无线电波而不是铜电缆或光纤来传输数据。通过无线电通信可以在短距离上把数据以高传输速率传送到具有无线电接收和发射能力的设备。这就使得这些设备就像局域网上的其它有线设备一样。

14.3.1　协议堆栈

无线局域网的协议堆栈设计原则是：尽可能小的改动就可以使现存的应用能使用这些协议。IEEE 802.11 协议栈的最高三层同其它网络相同，数据链路层和物理层结构如图 14-1 所示。

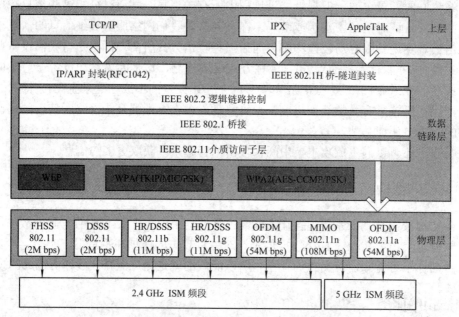

图 14-1　IEEE 802.11 协议栈

IEEE802.11 标准涵盖许多协议子集，并且每一个子集的侧重点都不同，其中 802.11a、802.11b、802.11g 和 802.11n 定义了核心的物理层规范；IEEE802.11-1999 作为 WLAN 的基本协议定义了 802.11 链路协商机制；而 IEEE 802.11i 是为解决 IEEE 802.11 标准中的安全问题而制订的；IEEE802.11e 提供了 802.11 链路服务的质量保证机制等；IEEE 802.11 系列协议定义了 WLAN 网络服务的相关特性。

IEEE 802.11 的介质访问子层/数据链路层主要实现以下功能：① CRC 校验和；② 分段；③ 漫游；④ 认证和关联；⑤ WEP(有线等效保密)协议、WPA、WPA2。

本章将重点讨论协议栈中同安全相关的协议。

14.3.2　无线拓扑结构

最简单的无线局域网只要利用两台带有无线网卡的计算机就可以组成所谓的对等

(Peer-to-Peer)网络。而复杂的无线网络可以包括成千上百台计算机，它们之间的互相通信通过多路访问点(Multiple Access Points ，APs)来实现，AP 实现无线网络内数据同有线以太局域网内数据的交换，我们称这种拓扑结构为基础模式(Infrastructure Mode)，如图 14-2 所示。前面一种情况我们称之为特别(Ad Hoc)无线网络，同 Windows 系统中的对等网络或者点对点网络相类似。在一个 AD Hoc 无线网络中，参与通信双方的关联(Association)是通过一个公共网络标识符(Common Network Identifier)来实现的。关联一旦成功，它们就可以共享文件和其它资源，就如同在有线环境下的对等网络。

图 14-2　WLAN 的拓扑结构

无线对等网的缺点同有线对等网的缺点是一样的：难于管理和可伸缩性差。虽然建立网络很方便，但是随着网络节点数目的增多，管理变得越来越难。我们建议 AD Hoc 网络只用于小型网络。在这种网络中，使用上的便利性占主导地位，而对安全性的要求不是很高。不过在某些临时场合当中，这种大型的对等网也能发挥其方便、快捷的作用。事实上，在 2001 年秋季召开的因特尔开发者论坛(Intel Developer Forum)上，就看到了这种 AD Hoc 网络，它在几十秒的短时间内使得 500 名与会代表的计算机都连到同一个网络当中。

14.3.3　基本和扩展服务集

大体来说，IEEE 802.11 所定义的基本构成部件包括移动端 STA 和无线接入点 AP。STA 通过 AP 访问点连接到有线网络。一个 AP 访问点同一个或者多个 STA 关联，并完成客户同有线以太网络的桥接功能。这种方式通常称为基本服务集(Basic Service Set，BSS)，如图 14-3 所示。BSS 是 IEEE 802.11 网络的基本结构。

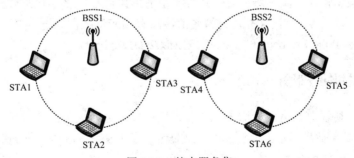

图 14-3　基本服务集

AD-DOC 模式也称为独立基本服务集(IBSS)，它是由一系列彼此相互直接连接的，没有基础架构的站点组成的一个 IEEE 802.11 网络。

一个移动客户离开 AP 的距离越远，它所接收到的无线信号强度越小。正如前面所述，结果只能是系统传输速率下降，为的是获得更好的信号质量。为了增加无线网络的覆盖范围，我们可以采取增加 AP 站点密度这一策略。这种情况我们称之为扩展服务集(Extended Service Set，ESS)。其定义为两个或者多个 AP 分别同特定的有线以太网和它们各自关联的无线客户进行连接，如图 14-4 所示。

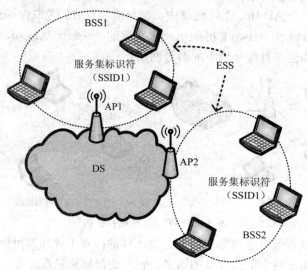

图 14-4　扩展服务集

可以说扩展式服务集 ESS 是一群基本服务集，无线接入点 AP 之间用无线网络加以连接。这种架构的好处是可以扩充有线网络或延伸无线局域网。一般我们会用以太网络交换机连接各个无线局域网络，以构成一个较大规模的扩展服务集 ESS。

对移动用户而言，每个扩展服务集 ESS 都有一个名字加以区分，也就是所谓的 SSID 或 ESSID(Extended Service Set ID：ESSID)。当移动端 STA 的无线局域网卡与无线接入点 AP 在同一个无线网域，数据传输才会被许可，同一个扩展式服务集 ESS 下 ESSID 要保持一致，这样移动端 STA 从一个通讯区域移动到另一个通讯区域或 BSS 下，能够实现漫游。

上述扩展服务集 ESS 使用所谓的分布式系统 DS 作通讯骨干来连接所有的无线接入点 AP。这 DS 事实上是抽象地存在于每个 AP 的通讯协议中，无线接入点 AP 会决定是否要将移动端 STA 的数据帧在该基本服务集内传输，还是往其它 BSS 的 AP 传输或者是传出整个 ESS 外的网络。目前 AP 与 AP 之间的通信还没有相应标准，不过 AP 之间的通讯协议 IAPP(Inter-Access Point Protocol)可以参考 IEEE802.11F 标准。

14.3.4　WLAN 网络服务

IEEE 802.11 协议总共有九种服务机制，它们可以分为两大类：移动端服务和分布式服务。IEEE 802.11 没有具体定义 DS 系统，只是定义了 DS 系统应该提供的服务。无线局域网定义的 9 种服务如下：

(1) 5 种属于 DS 系统的服务为：关联(Association)，解除关联(Diassociation)，分配(Distribution)，集成(Integration)，再关联(Reassociation)。

(2) 4 种属于站点 STA 的服务为：认证(Authentication)，解除认证(Deauthentication)，

保密(Privacy)，MAC 数据传输(MSDU delivery)。

　　基本上，移动端 STA 服务必须实现于无线网络中，该项服务提供了身份认证、解除认证、数据保密、数据传输等四种服务。认证的过程是用来识别无线局域网络中的每个移动端 STA。若没有通过认证，则此移动端 STA 无法加入该无线局域网络。解除认证服务用以消除之前认证通过后的使用权限。如同单位领导离职后需要收回其原有权力一样

　　第三种保密服务用以保护移动端 STA 传输数据的安全与隐私，IEEE 802.11 初衷是希望能提供与有线网络同等的稳私保障，也就是所谓的 WEP(有线等效保密协议)以及后续改进后的其它安全协议。数据传输服务用于稳定地从一个介质访问控制 MAC 位置传递数据至另一个 MAC，也就是在最小数据重复与数据顺序错乱的情况下，把数据从一台机器传送到无线局域网上的另一台机器。

　　对于独立基本服务集 IBSS 架构下的无线局域网络，上述的服务机制已经足够。但在扩展服务集 ESS 架构下，还需要额外的分布式系统服务，这包括了建立关连性服务、解除关连性服务、重建关连性服务、传播服务以及整合服务。这些服务机制介于逻辑路控制 LLC 以及介质方问控制 MAC 这两层之间，用来决定在 ESS 网络架构下如何传送 OSI 第二层数据帧。

　　在无线通讯中，移动端 STA 与无线接入点 AP 之间是没有物理连接的，为了用来建立移动端 STA 与无线接入点 AP 之间的逻辑连接，需要某种服务机制将它们关联起来。关联服务机制使得无线接入点 AP 能支持移动端 STA 去占据网络资源，并且得知要怎么把数据帧往何处传递。重建关联则是指对先前无线接入点 AP 与移动端 STA 间的关联信息的重复，特别是移动端 STA 在整个扩展式服务集 ESS 内漫游时非常有用。解除关联服务用于逻辑上切断 STA 和 AP 之间的通信连接，使 AP 释放出原来被占据的网络资源，以供其它 STA 使用。

　　分配服务是无线接入点 AP 用来传递其接收的数据帧。当 AP 接收到移动端 STA 的数据，AP 上会用分配服务决定该把数据送到该基本服务集 BSS 内的其它移动端，还是藉由整个分布式系统 DS 传送到网络上其它的 AP，使得数据最终可以送到目的地。

　　集成服务用来连结 IEEE 802.11 无线局域网络及其它局域网络，不管是无线还是有线网络。例如 IEEE802.3 以太网络与 IEEE 802.11 无线局域网络的帧数据结构有些差异，因此，整合服务主要是用来对同一层数据帧作协议上翻译的动作，以确保数据在不同网络间可以顺利传递无误

　　在 IEEE 802.11 中，每台主机都要去维护两个状态值，即认证状态、关联状态。状态的不同，限制着不同层次间的通信协议帧类别。一般来说，移动端 STA 首先必须经过认证，然后才是关联程序，从而取得与第一台无线接入点 AP 的通信。

14.4　无线局域网的安全机制

　　设计无线网络时必须考虑其安全性。IEEE 802.11b 标准内置多种安全机制，但是这些机制只提供了基本的安全保护，对于企业级应用还很不够。

14.4.1　SSID 匹配

　　第一个安全机制是扩展服务集 ID(Service Set ID，SSID)，它是一个字母和数字的组合

代码, 这些代码被输入到同一个无线网络的所有 AP 和无线客户中。这类似于微软网络的工作组(WORKGROUP)名字。每个销售商的解决方案都提供了一个缺省 SSID 值。Cisco 使用的是 tsunami, 3COM 使用的是 101, 而 Agere 取名 WaveLAN network。建议首先改变这个缺省 SSID 值以提高网络安全性。

　　AP 在缺省情况下都会广播这个网络名, 允许无线客户获悉当前所有可以使用的无线网络。如果不广播这个值, 那么用户要么事先知道这个网络名, 要么使用某种网络数据捕获软件和工具来获得这种信息。这个功能尤其重要, 因为新发布的 Windows XP 系统集成了可以嗅探这种广播包的无线客户软件, 并且可以列出所有可以使用的网络。因此, SSID 只能提供最低等级的安全性, 不能作为加固网络安全的唯一方法, 更不能广播 SSID, 除非你想让外人知道你的网络。

14.4.2　MAC 地址过滤

　　另一无线网络安全机制就是访问控制列表。访问控制列表就是我们可以通过限制无线网卡的 MAC 地址来控制计算机是否可以和访问点进行关联操作。但是, 访问控制列表将带来额外的管理上的问题。因为, 我们必须在访问控制列表当中为每个可以访问的网卡输入其 MAC 地址。如果要更新这个列表, 也只能手工完成。即使这样, MAC 地址仍然很容易被窃听, 因为它是以明文方式传送。所以, 攻击者要获得对网络的访问权限并不难。

14.4.3　认证和关联

　　目前标准所提供的认证还很有限。客户基于硬件的认证可以是开放系统(Open System)的, 或者基于共享密钥(Shared Key)的。短期内, 共享密钥可以提供基本的认证服务, 但是要想获得更强壮的解决方案, 就得采用 IEEE 802.1x 标准建议。

　　IEEE 802.11 标准定义了一种多阶段方法来建立一条移动端 STA 同访问点之间的网络连接。这个过程使用了一系列的广播式和直接式的命令, 使得无线端点可以识别、认证和关联对方。把一个移动端 STA 连接到网络的整个过程是由移动端 STA 在所有可用的 802.11b 无线频率信道上发送广播查询包开始的。该查询包的内容包含移动端 STA 的 MAC 地址和 ESSID。在通信范围内的任何 AP 都会以它自己的 ESSID、信道频率和 MAC 地址进行响应。利用这些信息, 客户端可以选择适当的 AP, 然后开始身份认证过程。

　　IEEE 802.11 提供了两种认证机制: 开放系统或者共享密钥。一方面, 所谓开放系统认证如图 14-5 所示, 就是允许任何其 MAC 地址符合 AP 设置的过滤策略的客户端通过认证。所有认证数据包都是明文传输。另一方面, 共享密钥认证检查移动端 STA 是否知道和 AP 之间预先共享的一把密钥。移动端 STA 请求一个共享密钥认证, 这时 AP 将返回一个没有加密的挑战正文(随机产生的 128 字节)。移动端 STA 对该正文进行加密并送回 AP。AP 验证数据完整性和有效性, 然后通知移动端 STA。这只有在通信端点双方的密钥互相匹配的情况下才能完成。记住: 认证方法必须在端点传输进行之前进行定义。

　　一旦完成认证, 客户端发起关联过程。客户端传输自己的 ESSID, AP 将对此 ESSID 进行验证。如果验证通过, AP 把该客户加入已认证客户表, 并给客户端返回一个证实消息。到此, 客户端算是同网络建立了连接。因此, ESSID 用于从逻辑上区分两个不同的网络。

客户端和 AP 之间的认证和关联是互相独立的过程。由于客户需要频繁地在 AP 之间切换，在某一点上就需要同不同的 AP 进行认证，但最终只同客户选择的 AP 进行关联。因此，关联之前必须先通过认证。认证和关联的关系如图 14-6 所示。

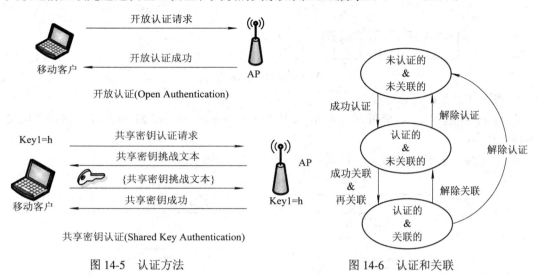

图 14-5 认证方法   图 14-6 认证和关联

如果你需要基于用户的认证，那么必须使用一个 RADIUS(Remote Authentication Dial-in User Service)服务器。RADIUS 的优势在于集中管理，这对于大型应用场合尤为重要。另外，一个优点在于 RADIUS 可以用于 VPN 客户认证以及无线客户认证，这样允许我们从一个中心数据库对多种服务进行认证，从而降低管理负担。

14.4.4 WEP 协议

一旦计算机可以访问网络资源，就有必要对传输的数据进行加密。明文传输的数据很容易被截获。IEEE 802.11b 提供了一种加密机制，称为 WEP，或有线等效保密协议(Wired-Equivalent Privacy)。WEP 使用一个 40 比特或者一个 104 比特加密密钥。

使用 WEP 协议的最大难点在于密钥管理。WEP 协议没有为 AP 和 STA 之间如何统一管理密钥以及无缝地分发密钥提供任何机制，任何密钥的改动对于管理员来说都是一场噩梦。而事实上，管理员必须周期性地变换所有无线设备的密钥。

WEP 是可选的加密标准。按照协议，WEP 通常使用 RC4 流密码算法。RC4 是一种对称加密算法，也就是说，在加密和解密数据载荷时使用的相同密钥。通过组合一个 40 比特用户定义的 WEP 密钥和一个 24 比特初始化向量(IV)来产生最后用于生成密钥的种子值，然后由该种子值产生加密密钥流(key stream:伪随机比特序列)。WEP 密钥通常的形式是一个 10 个字符长的 16 进制字符串(0~9，A~F)或者一个 5 个字符长的 ASCII 字符串。无线传输双方都必须拥有该 WEP 密钥。协议允许 STA 与 AP 最多可共享 4 个 WEP 密钥。

WEP 加密是在 MAC 子层之上的数据链路层实现的。密文由 IV+WEP 密钥组合，明文和校验和三部分产生，如图 14-7 所示。IV 包含 24 个比特的初始化向量以及表明使用哪个 WEP 用户密钥的 KeyID。

然后其它 MAC 子层信息包括目的和源地址、SSID 被插入 WEP 帧之前。

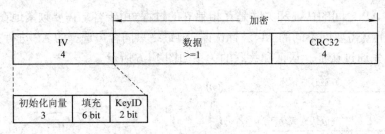

图 14-7　WEP 帧格式

WEP 加密数据帧的过程如下：

(1) 计算校验和。首先根据消息 M 计算完整校验和 c(M)，将 M 和 c(M)连接得到明文 P=[M,c(M)]；

(2) 加密。在这个过程中，将第 1 步得到的明文采用 RC4 算法加密，如图 14-8 所示。

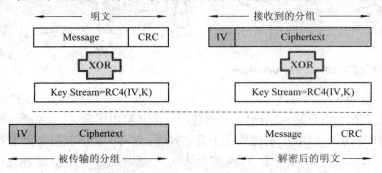

图 14-8　WEP 协议的加密和解密

帧头中所有同 MAC 子层相关的信息都是以明文传输的。该帧发送出去被接收端收到后，获取 IV，并同事先定义的密钥(假设匹配)来产生解密载荷所需的密钥流。

正如 WEP 名字所暗示的那样，其设计目的是为无线网提供同未加密有线网络同等的安全性。但是在有线网络中其物理访问有严格的限制，而无线网络则不同，在无线网的覆盖范围内，任何人只要拥有兼容的接收机都可能进行访问。因此入侵者只要待在 WLAN 覆盖范围内就可捕获足够的数据，运行 Aircrack-ng(http://download.aircrack-ng.org/)等工具，解开加密密钥并窃取数据。

14.4.5　WEP 加密机制存在的安全问题

在过去一段时间，发现了大量有关 WEP 协议的安全缺陷。这主要是由于 WEP 加密机制存在如下安全问题：

1. 缺少密钥管理机制

WEP 没有密钥管理机制，只能通过手工方法对 AP 和 STA 站配置分发新的密钥。实际应用中，由于更换密钥比较麻烦，密钥并不经常被更换，所以一把密钥都是长时间保持不变，使得攻击者有足够的时间对密钥进行破解。同时，如果 WLAN 中一个用户丢失密钥，则会殃及整个网络的安全。

2. 完整性校验值(ICV)算法容易受攻击

CRC-32 校验和用于验证一个帧的内容在传输过程中是否被修改过。该值被添加到帧的末尾一起被送到 RC4 流密码器进行加密。当接收者解密数据包时，校验和就用于验证数据的有效性。由于 CRC-32 运算满足交换律和分配律，ICV 值是信息的线性函数，在理论上就有可能改变消息负载，而保持原加密后的 ICV 不变。这意味着数据有可能被篡改。

3. IV 容易碰撞

IV 在 WEP 中的功能是，使 RC4 算法在使用相同的密钥生成的伪随机数密钥流不重复。所以可简单认为，在知道用户密钥的情况下，WEP 其实是使用 IV 来加密数据包的。根据 WEP 体制，发送人使用 IV 加密数据包，接收人也必须知道这个 IV 才能解密数据。WEP 标准中的 IV 长度为 24 bits。而 2^{24} 仅有约 160 万个。这使得最多约 160 万个数据包后，将会重复 IV。重复的 IV 可以被攻击者根据 RC4 的缺陷用来解析密文。你或许会觉得 160 万个数据包是非常大的一个量，即使按照每个数据包 1500 字节进行计算，有近 24 G 字节的通信量，等待 IV 的重复需要相当的时间。其实在通信频繁的 WLAN 中，这个数值并不大，在 2~5 个小时内即可遍历所有的 IV 值。如果考虑到随机性，只需传输不到 1 万个包，就可能出现重复。也就是说传输十多兆的文件或数据，IV 就会出现碰撞。

4. 共享密钥认证机制

许多销售商的无线解决方案以明文方式传输敏感的管理数据，包括 AP、客户的 ESSID 和 MAC 地址。由于许多无线网卡支持以软件方式改变 MAC 地址，这使得按照 MAC 地址进行过滤的规则变得形同虚设。

由于共享密钥认证过程的第二和第三步有很大一部分内容是相同的：目标发送未加密的挑战文本，发起者加密这些数据，然后返回给目标。由于帧格式非常相似，窃听者可以推导出密钥流，并用它完成手工的网络认证。

5. RC4 加密算法的弱点

2001 年 7 月，新一轮有关漏洞的报告更是层出不穷，特别是 Fluhrer，Mantin，Shamir 的合作研究，给我们揭示了一种最令人不安和危险的漏洞：RC4 的密钥调度算法存在可以利用的安全漏洞。基本上，只要我们获得一次加密传输中的某些密文的组成部分，攻击者就可以计算出隐藏的 WEP 密钥。另外，以明文方式传输的初始化向量也是已知的，明文的第一个字节同样也可以猜出来。因为加密前添加在每个 IP 和 ARP 包之前的 IEEE 802.2 头都是一样的。这样利用前面的 IV 和第一个字节的信息，要确定隐藏的 WEP 密钥就变得相对简单。不像前面的攻击，该种攻击是完全被动的，因此很难被检测出来。

来自 AT&T 实验室和莱斯大学的研究小组已验证利用空闲设备和软件可以在几小时内从网络中抓取隐藏的 WEP 密钥 (http://www.isoc.org/isoc/conferences/ndss/02/papers/stubbl.pdf)。AirSnort 和 WEPCrack 是一对基于 Linux 系统的工具，它们已经实现了 Fluhrer、Mantin 和 Shamir 攻击。这两个脚本程序可以在站点 http://sourceforge.net 找到。

14.5　IEEE 802.1X 协议

IEEE 已经认识到这些安全缺陷，由此制定了 IEEE802.1x 标准，在 IEEE 802.1x 标准所提供的安全体系架构上可以使用不同的认证方法，包括基于数字证书的认证、智能卡、一次一密口令等等。该标准可以很好地解决上述安全问题，实现安全最大化以及使管理功能集中化。

在 IEEE 802.1x 协议当中，有三个最基本的要素：认证器(Authenticator，即 AP)、申请者(Supplicant，即客户)、认证服务器(如，RADIUS)。申请者实体希望从认证器的某个端口获得服务。认证器通过后台的中心认证服务器对申请者进行认证。如果认证通过，认证服务器告诉认证器可以提供服务。

IEEE 802.1x 协议标准采用基于端口(Port-based)的网络访问控制。一个网络端口就是客户站同一个访问点之间的关联。在 IEEE 802.1x 认证成功之前，访问点必须且只允许认证消息通过。为了实现这一点，IEEE 802.1x 使用了一种双端口模型，如图 14-9 所示。认证器(AP)系统提供了两个访问网络的端口：受控制端口和非控制端口。非控制端口对所有的网络通信进行过滤，只允许认证数据通过。非控制端口为认证器和申请者之间交换认证数据提供一条途径。受控制端口的授权状态(Authorization State)决定了数据能否从申请者通过该端口流向 LAN。授权状态最初可能为"未授权"(Unauthorized)，是否能够变为"已授权"(Authorized)要取决于申请者的身份验证情况。

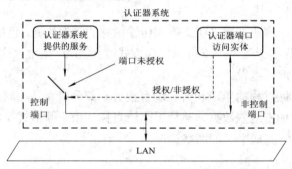

图 14-9　认证器的非控制端口和控制端口

作为标准的一部分，扩展认证协议 EAP(Extended Authentication Protocol)用于无线客户通过使用 RADIUS 服务器的单点签名(Single Sign-on)实现身份认证(当然也支持其它认证机制，标以"扩展"也是因为这一点)。图 14-10 给出了 EAP 协议堆栈。

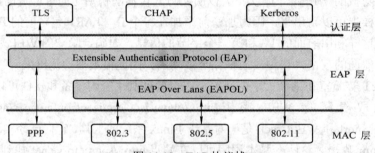

图 14-10　EAP 协议栈

这种扩展使得我们可以在每个会话基础上动态分配客户的 WEP 密钥。所有的数据都使用 RC4 算法和 128 比特长度密钥加密，从而有效抵御被动监听、中间人攻击和其它黑客方法。这样，前面所述的 Aircrack-ng 攻击可能就很难奏效了，因为密钥的动态变化使得攻击者很难获得解开一个密钥所需的足够多数据分组。

EAP 报文有四种类型，分别是：EAP 请求，EAP 响应，EAP 成功和 EAP 失败。EAP

请求由认证器发送给请求者，表明负载包含有挑战的内容。请求者必须使用 EAP 响应进行应答。另外两种报文用于通知请求者认证的结果。EAP 报文格式如图 14-11 所示。代码字段识别 EAP 分组的类型。目前所分配的 EAP 代码如下：1→请求；2→响应；3→成功；4→失败。标识符字段用于匹配请求分组所对应的响应分组。长度字段包括了整个 EAP 分组的长度。后续字段是可扩展的，即任何认证机制都可以封装在 EAP 请求/响应报文中。EAP 工作在网络层，而不是链路层。这样 EAP 可以把报文路由到中心服务器(如 RADIUS)，而不是由网络端口本身(访问点)来进行认证。

EAP 报文被封装在 EAPOL 协议当中在认证器和请求者之间进行传输。

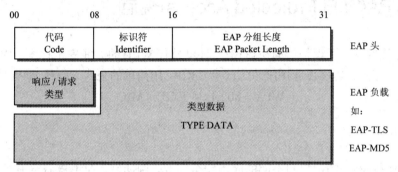

图 14-11　EAP 报文格式

在认证阶段，AP 首先禁止客户通过控制端口访问有线网络，只在连接有线网的非控制端打开一个端口用于同认证服务器通信，所有其它的通信都被禁止。接着，AP 向客户发起 EAP 协议(发送一个 EAP-Request/Identity 分组)，客户发送一个 EAP-Response/Identity 分组给 AP 作为响应，AP 把该分组转发给认证服务器(RADIUS)。认证服务器返回一个挑战给 AP，AP 先解开此包然后重新封装再发送给客户。发送的消息数量和类型根据具体使用的认证方法不同而不同。EAP 支持客户端认证和强互相认证。无线网络中通常应考虑使用强互相认证。客户对挑战进行响应，并经过 AP 转发给认证服务器。如果客户提供了适当的响应，认证服务器返回一条成功消息，现在 AP 已经允许客户访问 LAN 了，详情参看图 14-12。

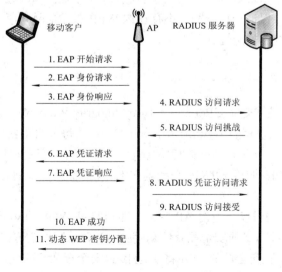

图 14-12　EAP 认证过程

作为整个过程的一部分，AP 会分配一个动态的、唯一(Unicast)的 WEP 加密密钥给客户。WEP 密钥的传输是用一个独立密钥加密的，这个独立的加密密钥是由 RADIUS 服务器产生并传送给 AP 的。

由于网络中客户各自拥有不同的 WEP 密钥，因此将大大增加实施 Fluhrer、Mantin 和 Shamir 攻击所需的数据收集难度。AP 也可以配置成周期性地改变客户 WEP 密钥，进一步增强 WEP 的安全性。

14.6　WPA(WiFi Protected Access)规范

WPA(无线局域网受保护访问协议)是一种可替代 WEP 的无线安全技术。WPA 是 IEEE 802.11i 的一个子集，其核心是 IEEE802.1x 和 TKIP。用简单的公式来解释 WPA 的意义就是：

$$WPA = 802.1x + TKIP + MIC$$

14.6.1　WPA 认证

WPA 考虑到不同的用户和不同的应用安全需要，例如，企业用户需要很高的安全保护(企业级)，否则可能会泄露非常重要的商业机密；而家庭用户往往只是使用网络来浏览 Internet、收发 E-mail、打印和共享文件，这些用户对安全的要求相对较低。为了满足不同安全需求的用户，WPA 规定了两种应用模式：企业模式，家庭模式(包括小型办公室)。

根据这两种不同的应用模式，WPA 的认证也分别有两种不同的方式。对于大型企业的应用，常采用“802.1x + EAP”的方式，用户提供认证所需的凭证。但对于一些中小型的企业网络或者家庭用户，WPA 也提供一种简化的模式，它不需要专门的认证服务器。这种模式叫做 WPA 预共享密钥(WPA-PSK，Pre-Shared Key)，它仅要求在每个 WLAN 节点(AP、无线路由器、网卡等)预先输入一个密钥即可实现。

这个密钥仅仅用于认证过程，而不用于传输数据的加密。数据加密的密钥是在认证成功后动态生成，系统将保证一户一密，不存在像 WEP 那样全网共享一个加密密钥的情形，因此大大地提高了系统的安全性。

14.6.2　WPA 加密

WPA 采用的加密技术是 TKIP(Temporal Key Integrity Protocol)，它与 WEP 一样是基于 RC4 加密算法。TKIP 在现有的 WEP 加密引擎中增加了“每分组重新生成一个新密钥”、“消息完整性码(MIC)”、“具有序列功能的初始化向量”和“密钥产生和定期更新功能”等四种算法，极大地提高了加密强度。TKIP 与当前 WLAN 产品向后兼容，而且可以通过软件进行升级。

WPA 系统在工作的时候，先由 AP 向外公布自身对 WPA 的支持，在 Beacons、Probe Response 等报文中广播自身的安全配置信息(包括加密算法和安全配置等信息)。STA 根据收到的信息选择相应的安全配置，并将所选择的安全配置表示在其发出的 Association Request 和 Re-Association Request 报文中。WPA 通过这种方式来实现 STA 与 AP 之间的加密算法以及密钥管理方式的协商。

支持 WPA 的 AP 需要工作在开放系统认证方式下，STA 以 WPA 模式与 AP 建立关联之后，如果网络中有 RADIUS 服务器作为认证服务器，那么 STA 就使用 802.1x 方式进行认证；如果网络中没有 RADIUS，STA 与 AP 就会采用 PSK 预共享密钥的方式。

STA 通过了 802.1x 身份验证之后，AP 会得到一个与 STA 相同的会话密钥(Session Key)，AP 与 STA 将该会话密钥作为 PMK(Pairwise Master Key，对于使用预共享密钥的方式来说，PSK 就是 PMK)。随后 AP 与 STA 通过 EAPOL-KEY 类型帧进行 WPA 的四次握手(4-Way Handshake)过程，如图 14-13 所示。

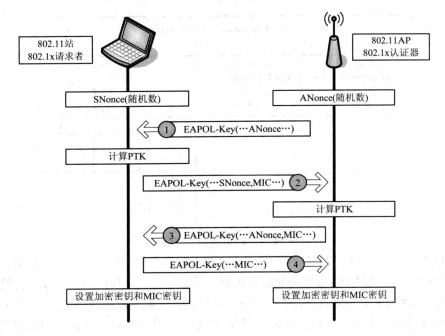

图 14-13　四次握手过程

图中 SNonce 和 Anonce 分别由 STA 和 AP 产生的随机数，在双方获得对方产生的随机数以及地址信息 AA(AP 地址)和 SPA(客户站 STA 地址)以后，可以计算出配对暂时密钥 PTK(Pairwise Transient Key)，计算公式如下：

$$PTK = PRF\text{-}X(PMK, \text{“Pairwise key expansion”}, Min(AA,SPA) \| Max(AA,SPA)$$
$$\| Min(ANonce,SNonce) \| Max(ANonce,SNonce))。$$

PTK 密钥的前 128 比特将用于后续握手分组的完整性检验码 MIC(Message Integrity Code)的计算。其余比特作为其它用途的密钥，如图 14-14 所示。

其中 PTK 的前 128 位用做计算和检验 EAPOL-KEY 报文的 MIC 的密钥，随后的 128 位作为加密 EAPOL-KEY 的密钥；接下来的 128 位作为 AP 与该 STA 之间通信的加密密钥的基础密钥(Base Key)，该密钥将用于推导后续真正加密 AP 和 STA 之间通信报文的密钥；最后两个 64 位的密钥分别作为 AP 与该 STA 之间的报文的 MIC 计算和检验密钥。

由 PTK 分解出来的这一组(五个)密钥是 AP 与该 STA 之间使用的密钥，所以也称为每用户密钥，用于 AP 与 STA 之间的单播报文的加密，这些密钥不会以任何形式出现在无线网络上。

四次握手成功后，AP 要生成一个 256 位的 GTK(Group Transient Key)，GTK 是一组全局加密密钥，用于 AP 与关联的 STA 之间的组播或者广播报文的加密。这个 GTK 密钥可以分解为三种不同用途的密钥，最前面的 128 位作为构造全局"每报文密钥"(Per-packet Encryption Key)的基础密钥，后面的两个 64 位的密钥分别作为计算和检验 WPA 数据报文的 MIC 的密钥。AP 使用 EAPOL-KEY 加密密钥将 GTK 加密并发送给 STA。

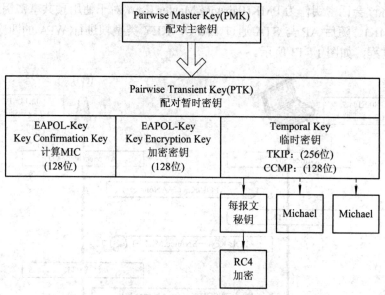

图 14-14　PTK 密钥层次结构

TKIP 并不直接使用由 PTK/GTK 分解出来的密钥作为加密报文的密钥，而是将该密钥作为基础密钥，经过两个阶段的密钥混合过程，从而生成一个新的每一次报文传输都不一样的密钥，该密钥才是用做直接加密的密钥。通过这种方式可以进一步增强 WLAN 的安全性。TKIP 的加密算法如图 14-15 所示，同 WEP 加密算法相比，区别在于加密密钥流的产生上不一样。

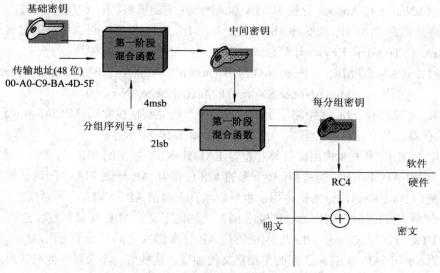

图 14-15　TKIP 加密示意图

14.6.3　WPA 完整性

消息完整性码(MIC)的计算是采用 Michael 算法，该算法的输入是一个 64 位的密钥和任意长度的消息，输出是 64 位的 MIC 值。计算时 64 位密钥分成两个 32 位的子密钥 k_0 和 k_1，消息分割成 32 位长度分组块。消息的填充值是十六进制数 0x5a，后跟 4 到 7 个 0 字节。填充后的消息长度确保是 4 的倍数。图 14-16 给出了消息的填充例子。从中我们发现最后分组块永远是 0，而倒数第二个分组块永远不会是 0。

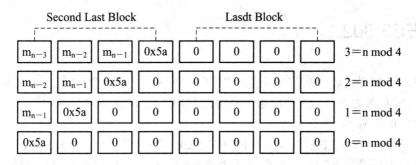

图 14-16　消息填充示意图

Michael 算法包含了多种运算，如异或、移位、模 2 加和交换。其中，交换运算是分别对最低有效两个字节和最高有效两个字节进行互换，例如 XSWAP(ABCD)=BADC，其中，ABCD 分别代表一个字节。

整个 Michael 算法的伪代码如下：

算法 14.1：

Michael$((k_0, k_1), ((m_0, \cdots, m_{n-1})))$

输入：(k_0, k_1)

输入：填充后的消息$(m_0, \cdots, m_{n-1})$

输出：MIC 值(L, R)

$(L, R) \leftarrow (k_0, k_1)$

for i←0 to n−1

$$\text{do} \begin{cases} L \leftarrow L \oplus m_i \\ (L, R) \leftarrow B(L, R)(算法14.2) \end{cases}$$

return (L, R)

算法 14.2：

B(L, R)

输入：(L, R)

输出：(L, R)

$R \leftarrow R \oplus (L \lll 17)$

$L \leftarrow (L+R) \bmod 2^{32}$

$R \leftarrow R \oplus \text{XSWAP}(L)$

$L \leftarrow (L+R)\bmod 2^{32}$

$R \leftarrow R \oplus (L\!<\!<\!<\!3)$

$L \leftarrow (L+R)\bmod 2^{32}$

$R \leftarrow R \oplus (L\!>\!>\!>\!2)$

$L \leftarrow (L+R)\bmod 2^{32}$

return(L, R)

14.7　IEEE 802.11i

为了进一步加强无线网络的安全性，IEEE 802.11 工作组制定了新的安全标准 IEEE 802.11i，其目的是致力于从长远角度来彻底解决 IEEE 802.11 无线局域网的安全问题。Wi-Fi 联盟也随即公布了 WPA 第 2 版(WPA2)。

WPA2 = IEEE 802.11i = IEEE 802.1X/EAP + WEP(可选)/TKIP/CCMP

新一代安全标准 IEEE 802.11i 定义了 RSN(Robust Security Network)的概念，增强了 WLAN 中的数据加密和认证性能，并且针对 WEP 加密机制的各种缺陷做了多方面的改进。

IEEE 802.11i 标准使用 802.1x 认证和密钥管理方式，在数据加密方面，定义了 TKIP(Temporal Key Integrity Protocol)和 CCMP(Counter–Mode/CBC–MAC Protocol)。其中 TKIP 采用 WEP 机制里的 RC4 作为核心加密算法，可以通过在现有的设备上升级固件和驱动程序的方法达到提高 WLAN 安全的目的。CCMP 机制基于 AES(Advanced Encryption Standard)加密算法和 CCM(Counter–Mode/CBC–MAC)认证方式，使得 WLAN 的安全程度大大提高，是实现 RSN 的强制性要求。由于 AES 对硬件要求比较高，因此 CCMP 无法通过在现有设备的基础上进行升级实现。

除了 TKIP 算法以外，IEEE 802.11i 还规定了一个基于 AES 的 CCMP 加密技术，它以计数模式的 AES 为核心算法，采用 CBC-MAC 数据源认证模式，具有分组序号的初始向量。CCMP 为 128 位的分组加密算法，相比前面所述的所有算法安全程度更高。

CCMP 首先使用 CBC-MAC 对明文头、明文头长度和负载计算出一个消息完整检验码(MIC)，然后使用计数模式分别对负载(计数值 1，2，3，…)和 MIC(计数值 0)进行加密。如图 14-17 所示。

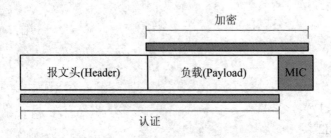

图 14-17　Counter Mode/CBC-MAC 模式

表 14-1 对无线局域网所采用的加密和认证技术进行了比较。

表 14-1 WEP、TKIP 和 CCMP 加密技术比较

	WEP	TKIP	CCMP
密码算法	RC4	RC4	AES
密钥长度	40 或 104 比特	加密：128 比特 认证：64 比特	128 比特
密钥空间	24 比特 IV	48 比特 IV	48 比特 IV
分组密钥	串接	混合函数	不需要
完整性 数据部分 头部分	CRC-32 没有	Michael Michael	CCM CCM
密钥管理	没有	EAP	EAP

14.8 WAPI——中国的 WLAN 安全标准

除了国际上的 IEEE 802.11i 和 WPA 安全标准之外，我国也在 2003 年 5 月份提出了无线局域网国家标准 GB15629.11，这是目前我国在这一领域惟一获得批准的协议。标准中包含了全新的 WAPI(WLAN Authentication and Privacy Infrastructure)安全机制，这种安全机制由 WAI(WLAN Authentication Infrastructure)和 WPI(WLAN Privacy Infrastructure)两部分组成，WAI 和 WPI 分别实现对用户身份的鉴别和对传输的数据加密。WAPI 能为用户的 WLAN 系统提供全面的安全保护。WAPI 安全机制包括两个组成部分：WAI 采用公开密钥密码体制；利用证书来对 WLAN 系统中的 STA 和 AP 进行认证。

WAI 定义了一种名为 ASU(Authentication Service Unit)的实体，用于管理参与信息交换各方所需要的证书(包括证书的产生、颁发、吊销和更新)。证书里面包含有证书颁发者(ASU)的公钥和签名以及证书持有者的公钥和签名(这里的签名采用的是 WAPI 特有的椭圆曲线数字签名算法)，是网络设备的数字身份凭证。

在具体实现中，STA 在关联到 AP 之后，必须相互进行身份鉴别。先由 STA 将自己的证书和当前时间提交给 AP，然后 AP 将 STA 的证书、提交时间和自己的证书一起用自己的私钥形成签名，并将这个签名连同这三部分一起发给 ASU。

所有的证书鉴别都由 ASU 来完成，当其收到 AP 提交来的鉴别请求之后，会先验证 AP 的签名和证书。当鉴别成功之后，进一步验证 STA 的证书。最后，ASU 将 STA 的鉴别结果信息和 AP 的鉴别结果信息用自己的私钥进行签名，并将这个签名连同这两个结果发回给 AP。

AP 对收到的结果进行签名验证，并得到对 STA 的鉴别结果，根据这一结果来决定是否允许该 STA 接入。同时 AP 需要将 ASU 的验证结果转发给 STA，STA 也要对 ASU 的签名进行验证，并得到 AP 的鉴别结果，根据这一结果来决定是否接入 AP。

从上面的描述我们可以看出，WAPI 中对 STA 和 AP 进行了双向认证，因此对于采用虚假 AP 的攻击方式具有很强的抵御能力。

在 STA 和 AP 的证书都鉴别成功之后，双方将会进行密钥协商。首先双方进行密钥算法协商。随后，STA 和 AP 各自会产生一个随机数，用自己的私钥加密之后传输给对方。最后通信的两端会采用对方的公钥将对方所产生的随机数还原，再将这两个随机数模 2 运算的结果作为会话密钥，并依据之前协商的算法采用这个密钥对通信的数据加密。

由于会话密钥并没有在信道上进行传输，因此就增强了其安全性。为了进一步提高通信的保密性，WAPI 还规定，在通信一段时间或者交换一定数量的数据之后，STA 和 AP 之间可以重新协商会话密钥。

WPI 采用对称密码算法实现对 MAC 层 MSDU 进行的加、解密操作。

参 考 文 献

[1]　IEEE 802.11 标准. Wireless LAN Medium Access Control (MAC) and Physical Layer (PHY) Specifications. IEEE, 2011. http://www.ieee802.org/11/

[2]　Aziz A, Diffie W. Privacy and Authentication for Wireless Local Area Networks. IEEE Personal Communications, 1993, 1(1): 25-31

思 考 题

[1]　移动站在 ESS 中漫游时，是否需要重新认证？

[2]　四次握手过程的目的是什么？

[3]　利用抓包工具分析无线局域网的各种分组，如果要破解其口令，应当分析哪些网络分组？